世界森林之書

走進林蔭之下，探索全球樹木、樹種與自然生態

世界森林之書

走進林蔭之下，探索全球樹木、樹種與自然生態

The World Atlas of Trees and Forests

Exploring Earth's Forest Ecosystems

作者 赫曼・舒加特 Herman Shugart、彼得・懷特 Peter White
薩桑・薩奇 Sassan Saatchi 以及 傑羅姆・夏夫 Jérôme Chave
審訂 丁宗蘇　翻譯 張雅億

世界森林之書

走進林蔭之下，探索全球樹木、樹種與自然生態
The World Atlas of Trees and Forests: Exploring
Earth's Forest Ecosystems

作者	赫曼‧舒加特（Herman Shugart）、彼得‧懷特（Peter White）、薩桑‧薩奇（Sassan Saatchi）以及傑羅姆‧夏夫（Jérôme Chave）
翻譯	張雅億
審訂	丁宗蘇
責任編輯	謝惠怡
美術設計	郭家振
行銷企劃	廖巧穎

發行人	何飛鵬
事業群總經理	李淑霞
社長	饒素芬
圖書主編	葉承享

出版	城邦文化事業股份有限公司 麥浩斯出版
E-mail	cs@myhomelife.com.tw
地址	104台北市中山區民生東路二段141號6樓
電話	02-2500-7578

發行	英屬蓋曼群島商家庭傳媒股份有限公司城邦分公司
地址	104台北市中山區民生東路二段141號6樓
讀者服務專線	0800-020-299（09:30～12:00；13:30～17:00）
讀者服務傳真	02-2517-0999
讀者服務信箱	Email:csc@cite.com.tw
劃撥帳號	1983-3516
劃撥戶名	英屬蓋曼群島商家庭傳媒股份有限公司城邦分公司

香港發行	城邦（香港）出版集團有限公司
地址	香港灣仔駱克道193號東超商業中心1樓
電話	852-2508-6231
傳真	852-2578-9337

馬新發行	城邦（馬新）出版集團Cite（M）Sdn. Bhd.
地址	41, Jalan Radin Anum, Bandar Baru Sri Petaling, 57000 Kuala Lumpur, Malaysia.
電話	603-90578822
傳真	603-90576622

總經銷	聯合發行股份有限公司
電話	02-29178022
傳真	02-29156275

定價	新台幣1500元／港幣500元

2023年10月初版一刷
ISBN　978-986-408-948-2
版權所有‧翻印必究（缺頁或破損請寄回更換）

國家圖書館出版品預行編目（CIP）資料

世界森林之書：走進林蔭之下，探索全球樹木、樹種與自然生態 / 赫曼．舒加特
(Herman Shugart), 彼得．懷特 (Peter White), 薩桑．薩奇 (Sassan Saatchi), 傑
羅姆．夏夫 (Jérôme Chave) 作；張雅億翻譯. -- 初版. -- 臺北市：城邦文化事業股
份有限公司麥浩斯出版：英屬蓋曼群島商家庭傳媒股份有限公司城邦分公司發行，
2023.10
　　面；　公分
譯自：The world altas of trees and forests : exploring earth's forest
ecosystems.
ISBN 978-986-408-948-2(精裝)

1.CST: 森林 2.CST: 森林生態學 3.CST: 樹木 4.CST: 世界地理

436.12　　　　　　　　　　　　　　　　112009025

目錄

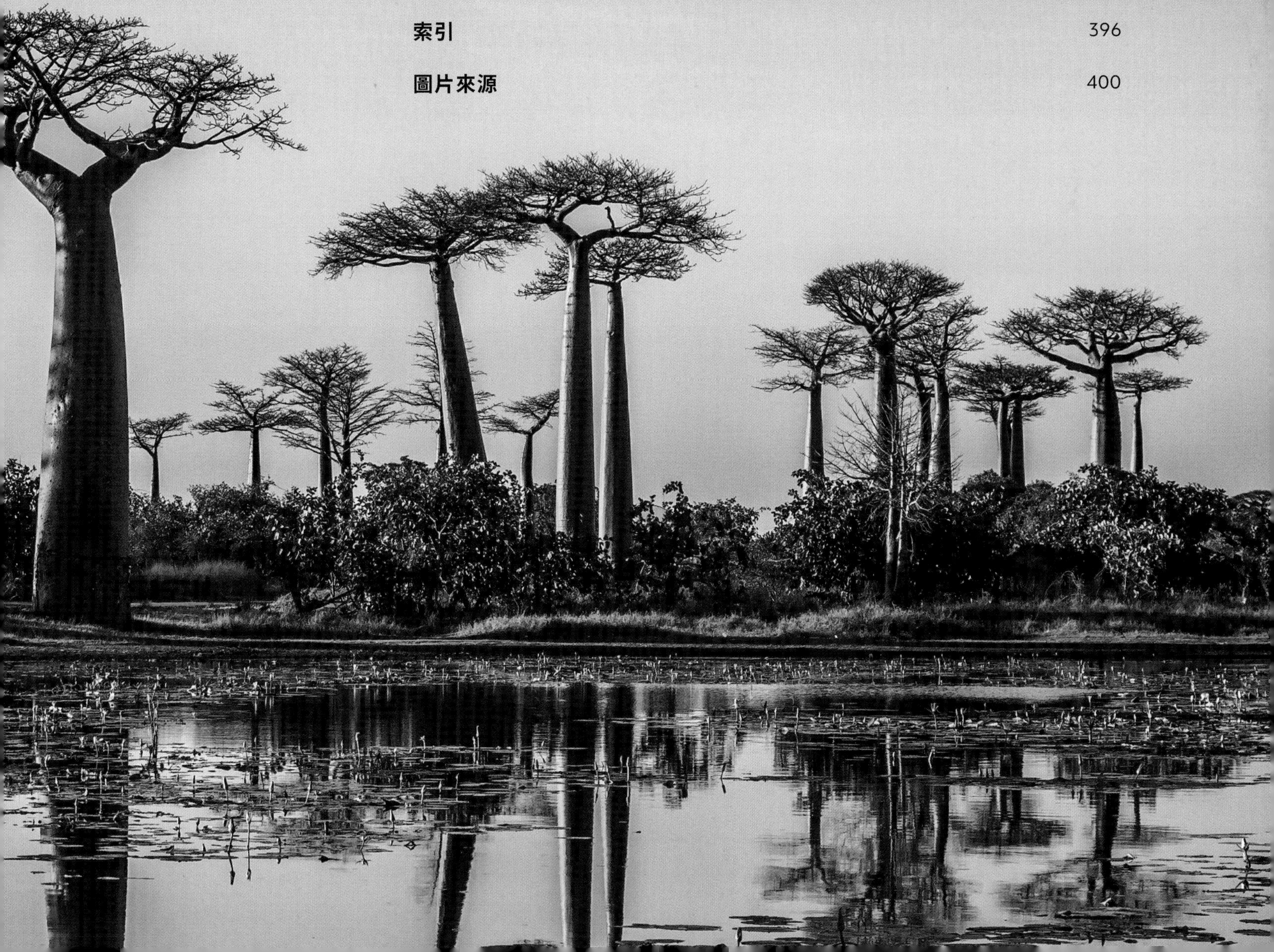

前言

這是一本關於森林的書——內容涉及森林的範圍、功能、美景、變化、多樣性，以及之於地球的重要意義。就無數多的層面而言，森林的非凡之處令人讚嘆。表露於森林體驗中的混亂與平靜、沉著與改變、庇護與危險，這些反差的並存，觸碰到我們意識的最深根源。智人（*Homo sapiens*）本源自森林物種，後來逐漸適應了非洲疏林林地的環境。因此，我們生來就懷有對樹木與森林的賞慕之情。

▶ **原始森林**

古老的森林不盡然是由參天巨樹所組成。它們的奧妙有一部分是關乎塑造現象的生態機制會進展到什麼程度，而這些空間現象能用來解讀森林深遠的過去。圖中這座古老的達特穆爾（Dartmoor）林地就是一個例子。1240年7月24日，在亨利三世（Henry III）的指示下，德文郡郡長（Sheriff of Devon）與12位騎士在這座森林中巡行，以判定其地界——這場勘查行動又稱為「1240巡視勘界」（the 1240 Perambulation）。早期人類對於達特穆爾林地的運用可追溯至新石器時代晚期／青銅時代早期，而這些活動也在地景上留下了線索，包括立石、石圈、土地格局與堆石地標。

我們在此探討的是生物、生態與地理議題，但理解到森林是可觸知的有形集合體，這點也同等重要。儘管森林生態學家可能會將此一認知視為一種「生態系觀點」（ecosystem approach），不過就這層意義而言，詩人與民謠歌手或許比任何人都還懂得欣賞森林。在他的史詩《依凡潔琳——阿卡迪亞的故事》（*Evangeline—A Tale of Acadie*，1847年）中，美國詩人亨利・沃茲沃思・朗費羅（Henry Wadsworth Longfellow）生動描繪出一座永恆的森林王國：

> 這，就是原始森林。低語的松樹與鐵杉，蓄著苔蘚鬍，穿著綠衣裳，在薄暮中身影朦朧，站姿宛若年邁賢者，聲音既哀傷又帶有預言意味。

森林具有一種遠古的特質，會令人想起遺落的自然、因發展而改變的美景，以及人類歷史進程的種種畫面。馴服森林荒野曾一度是人類進步的同義詞；復育荒野如今則可能是我們未來的希望。而為了抓住這個希望，我們將樹木與它們所形成的森林，視為這活生生的地球能有效運作的必要機制，並從這個角度設法去理解它們。

倘若森林能營造出引人沉思的平靜氛圍，這或許是因為定義森林的樹木是如此可敬的對象。如果我們活得更久、動得更緩慢，或許我們的看法也會變得截然不同。在朗費羅的《依凡潔琳》中，當自然過程隨地方人口的遷移而逐漸抹去人類居住的痕跡時，古老的生態系統仍持續存在，而「原始森林」也從其深邃的過去顯露出來。然而，朗費羅將詩中的這座森林與其他古老的森林描繪為恆久不變，這樣的意象並未反映出現實情況，那就是上千棵樹為了接觸到陽光，而在角力成為少數冠層優勢樹的過程中死亡。

英國作家湯瑪士・哈代（Thomas Hardy）有一首詩名為〈在森林中〉（In a Wood，1898年）。詩中言辭所呈現的映像更加動態，其中描述陷入鬥爭的樹木，樣子酷似周遭的人類。

> 心灰意冷，
> 飽受城市壓迫，
> 我如同歸巢般
> 來到了這座森林；

夢想著森林的平和
為憂愁之人帶來安慰——
自然是溫柔的解放之鄉
使人擺脫俗世的紛擾。
然而，在步入森林後，
大大小小的樹
皆顯露出它們近似人類——
盡是好鬥之士！
岩槭推擠著橡樹，
藤蔓捆縛住纖細的幼樹，
常春藤編織而成的祭壇
絞殺了高壯的榆樹。

樹木間相互競爭，藉由增高以獲取空間，最後的結果是贏家取得了不可動搖的優勢地位。隨著這位優勝者最終的死亡，剩餘的較小樹木間再度爆發無數爭戰，以奪取支配地位。哈代的詩在蘇格蘭生態學家亞歷山大・瓦特（Alexander Watt）的散文中得到呼應

——後者所闡述的正是研究森林動態變化（forest dynamics）的理論基礎。

尺度（scale）[1]是這些詩在森林描述上有所不同的根本原因。在科學的討論中，森林動態變化的本質、現象與驅動因素皆取決於尺度。在上述作為例子的詩中，一座森林是恆久不變還是正在改變，這點視尺度而定——意思是納入考量的時間與空間維度會侷限我們對這座森林的看法。在建構有關森林的假說時，生態學家經常會使用經明確認可的尺度，以限制森林在空間與時間上的領域——即森林所形成的現象，以及導致森林改變這些現象的內部與外部作用力。我們在寫這本書時遵循了此一觀點。

---

1 譯註：在生態學的研究中，尺度可分為兩個面向，即生態系統的空間尺度與時間尺度。前者如觀察範圍的面積大小，後者如其動態變化的持續時間。

▼ 樣式

位於葡萄牙馬德拉島（Madeira island）的松樹森林。此處的地景圖案令人難以參透是哪些生態作用力造就了這座森林。針葉樹形成的邊界為何會呈直線？又是什麼導致落葉樹形成大小類似的區塊？對於喜歡解謎的人來說，研究森林會是一大樂事。

人類透過所有的感官去欣賞森林：微風吹拂下樹葉窸窣或樹枝掉落時劈啪作響，新生植物的清新香氣或林火熄滅後的刺鼻臭味，光滑或粗糙樹皮的觸感，以及收穫期間果實與種子的味道。話雖如此，我們特別仰賴的還是視力——以致英文問句Do you see what I mean?（你明白我的意思嗎？）甚至把視力（see）當成理解力來使用。基於這個理由，本書在視覺上呈現了豐富多彩的圖片，以輔助說明我們針對森林與樹木想要表達的看法，這點特別令我們感到滿足。

▼ **冠層的光線**
明亮的晨光穿過空曠的次冠層，射入著這座高大、開闊的森林。當足以扶持幼苗、灌木和草本植物（但不足以支援中型幼樹）的光線從冠層上部灑落，圖中的這種森林幾何圖形就有可能產生。

《世界森林地圖》力圖藉由評估森林的運作情形、所在位置與景觀樣式，展現出森林生態系統的奧妙。何種樹性（treeness）優勢導致親緣關係極遠、看似不相干的植物物種，卻擁有相同的生態特性？樹要如何在能量收支間取得平衡，以同時生長茁壯與繁衍後代？不同尺度的生長與再生過程是如何相互作用，使森林產生那些從飛機上可以看到的準晶體圖案？森林作為地球的運作機制又是如何作用？本書透過檢視橫跨全球的森林實例，不僅回答了這些問題，還提供了更多資訊。另外，藉由比較世界各地主要的森林

系統，包括熱帶與亞熱帶雨林、溫帶森林、雲霧森林以及北方針葉林，我們也揭露了科學家目前針對森林功能與樹木如何適應環境的相關研究。

森林佔據了地球陸地表面的三分之一，並存在於各式各樣極為不同的氣候條件中。目前儲存於森林活植物與土壤中的碳對地球運作而言至關重要，因此當森林受到改變時，全球生態系與氣候也會有所反應。在本書的最後，我們會討論這些大規模的議題，以及闡述新科技的強大能力如何讓我們以過去從未想像的方式「看見」森林。在此當下，面對由人口與相關需求所造成的全球變遷，從更廣泛的角度去了解地球上的森林，成為了前所未有的迫切需求。

1

第一章　為樹木看見整片森林

Seeing the Forest for the Trees

奇特的樹

我們對樹的共同想像就是一棵高大且具有樹幹和多葉樹冠的木本植物，然而「樹」並不是一個分類名稱。許多相互差異極大的植物演化支系都獨立發展出「樹性」， 也就是「樹」的外型。 有些親緣關係密切的植物分類單元會同時包含樹木和非樹木。

胡椒植物

試想一下胡椒屬或胡椒植物：共有一至兩千個物種，遍布於熱帶地區，且大多位於低地雨林。根據物種的差異，胡椒屬包含草本、藤本、灌木和喬木（即口語中的樹）類植物。人類長久以來就知道胡椒屬植物不僅重要，也具有潛在價值，因此對它們研究透徹。胡椒屬物種在醫學、藥物、烹飪以及宗教和文化儀式上皆具有重大意義。

從史前到現代，橫跨西太平洋島嶼，將卡瓦醉椒（*Piper methysticum*）的根搗碎後榨取的汁液被用來當作一種社交飲品（又稱為「卡瓦」），出現在各式各樣的文化場景

▼ 這是樹嗎？
位於印度的黑胡椒（*Piper nigrum*）藤蔓。胡椒屬同時包含樹木和非樹木。

中，包括重要的儀式典禮以及輕鬆歡樂的卡瓦酒吧。卡瓦灌木無法在紐西蘭生長，然而當毛利人抵達紐西蘭的島嶼時，他們認出當地的一種小型原生樹種（*P. excelsum*）是卡瓦醉椒的親戚，於是稱之為「卡瓦卡瓦」（Kawakawa），並將它應用在醫療上。胡椒屬藤本植物黑胡椒（*P. nigrum*）與其他香料種子因具有高價值，促使義大利探險家克里斯多福・哥倫布（Christopher Columbus）（1451-1502年）啟航尋找新的西方香料貿易路線，並在1492年抵達新世界。同樣地，瓦斯科・達伽馬（Vasco de Gama）（約1460-1525年）也進行了一連串的葡萄牙探險之旅，沿著非洲西岸持續往南推進，繼而促成了一條新的航線。這條路線繞過好望角，一路延伸到1497年香料貿易的產地。

樹的形相

生物實體的形狀、大小與形態通常稱為「形相」（physiognomy）。相較於其他生物群的形相，樹的形相有哪些界定標準？如果健壯、筆直、高大的單一樹幹看起來是「樹性」的先決條件，那麼一個人可能會以樹幹的量化特質來界定是不是一棵樹：「一棵樹的樹幹究竟得要多壯？」、「多直？」、「多高？」或是「有多大的樹圍？」。接著也可以針對強度、高度等等數值進行討論。這些探討會讓你不得不讚頌植物那奇妙的多變性，而這些植物是樹或者不是樹——由你來決定。

樹狀植物

試想一下某些沒那麼符合單軸（單一）樹幹特性的樹狀植物。在這些植物當中，最非比尋常的或許就是「潘多」（Pando）——一株雄性顫楊（*Populus tremuloides*），坐落在美國猶他州中南部的魚湖國家森林（Fishlake National Forest）中。顫楊通常會藉由各個側根進行分蘖繁殖。這些側根向上長出了莖，看起來就像是一棵棵獨立的樹。從一個共享根系中生長的數棵「樹」實際上是單獨一株植物的組成部分（稱為「無性系」或「分株」），而且它們的基因完全相同。較大的莖死去後會由新的根蘖所取代。潘多是個極端的例子：這棵樹是由超過四萬株莖所構成，擴張面積為43.6公頃，而它的名稱來自拉丁語，意思正是「我在擴張」（I spread）。重量據估為6000公噸的潘多是世界上最巨大的活生物。

「圖勒樹」（El Árbol del Tule，英譯為The Tree of Tule）是一棵墨西哥落羽杉（*Taxodium mucronatum*，又稱為「蒙特祖瑪柏樹」），其龐大的單一樹幹是由多條莖所融合而成。它生長在墨西哥瓦哈卡州（Oaxaca）的聖瑪利亞德爾圖勒鎮（Santa María del Tule）。雖然這圖勒樹的樹幹有許多深刻的溝痕，其橫截面面積等於直徑9.38公尺的圓形面積，比任何樹都還要巨大。圖勒樹的形相和大小暗示這株植物可能是由不同的樹逐漸生長在一起而形成。然而在1996年，它的各個組成部分經判定皆具有相同的DNA。這顯示出圖勒樹就和潘多一樣，是基因完全相同的單一植物。

▲ **顫楊**
「潘多」（Pando）是一株雄性顫楊（*Populus tremuloides*），也是世界上最龐大的單一生物個體。

▼ **圖勒樹**
（The Tree of Tule）
為單一個體，具有由多條莖融合而成的單一樹幹。

纏勒（絞殺）植物與榕亞屬植物

纏勒植物與榕亞屬植物是兩類不尋常的木本植物：兩者在生命之初皆屬於附生植物，之後才逐漸長成大型的木本植物。附生植物生長在其他植物的表面，並從雨水中獲得水分，以及從周遭的空氣、雨水或碎屑物中攝取營養。纏勒植物通常為榕屬植物（統稱為榕樹），發源自食果鳥類散播於森林樹木上的種子。附生纏勒植物的氣生根沿著寄主樹的樹幹垂落，最後延伸到地面。這些氣生根包圍住寄主樹，最終將它絞殺致死。接著這株纏勒植物會繼續生長，而且有可能會變得非常龐大。

其他的榕屬物種會利用氣生根形成向外擴張的大型木本植物，稱為榕亞屬植物。當一棵榕亞屬植物的氣生根從樹枝上垂落並接觸到土壤時，它們會形成樹幹，使這株植物能夠大範圍擴張。舉例來說，在印度加爾各答市（Kolkata）附近的豪拉植物園（Achariya Jagadish Chandra Bose Botanic Garden）裡，有一棵隸屬於孟加拉榕（*F. benghalensis*，又稱為印度榕）的巨榕（Great Banyan），其樹冠的擴張面積超過1.89公頃。馬其頓國王亞歷山大大帝（西元前356-323年）據說曾讓他的七千人大軍在一棵榕亞屬植物下紮營。那棵樹的生長地就在如今印度古吉拉特邦（Gujarat）的巴魯奇縣（Bharuch）附近。除了本身就已令人敬畏外，在印度教、佛教與耆那教中，以及關島、越南與菲律賓的神話裡，榕亞屬植物更是聖樹。印度的國樹也是一棵孟加拉榕。

纏勒榕

纏勒榕最初是以附生植物的形式生長於熱帶雨林的次冠層。它們會用根纏繞住寄主樹。最後，這一棵寄主樹會被絞殺致死。而纏勒榕會繼續生長，最終成為竄出冠層的突出樹（canopy emergent）。

什麼是樹？

耶羅島（El Hierro）是加納利群島（Canary Islands）最西的島嶼。 據說那裡的原住民曾成功抵擋歐洲艦隊反覆的侵略攻擊，而這都要感謝聖樹「伽羅埃」（Garoé）的保護力量。 這棵聖樹藉由凝結其上方的霧，提供了無限的補給用水。 如今， 伽羅埃具有許多身分： 一個神秘的象徵、 一個耶羅島紋章上的標誌、 一個非凡的傳說， 以及一棵樹木， 然而是什麼特質將它定義為一棵樹呢？

一棵樹要具備什麼特質？

樹是高大的木本植物。它們藉由加厚樹幹與樹枝（次生加厚）的方式生長，而且不同於藤本植物的是，它們能夠自給自足。樹呈單軸生長，只有單莖，因此和多莖的灌木不同，能長得高大。如同此一文氏圖（Venn diagram）所示，在最嚴格定義下的樹具備圖中列出的所有特性，不過還是有一些高大的植物缺乏當中的某一項特性。後者也經常被認為是樹，或者是樹狀植物。

單軸

樹蕨、棕櫚等

自給自足

在最嚴格定義下的樹

無性系

纏勒植物

榕亞屬植物

次生加厚

高大的木本植物

初級與次級生長

樹有兩種生長方式，分別為初級生長與次級生長。初級生長是由芽內的頂端分生組織所促成，而這些芽位於最稚嫩的根與莖尖端。大多數的次級生長（細枝、樹枝、樹幹與樹根的加厚）則是由組成維管束形成層的側生分生組織所促成。樹皮是由位於維管束形成層與維管束組織外圍的木栓形成層所生成，屬於次級生長。莖頂分生組織使樹能藉由莖的延展來生長。這點造就了樹的一個主要特徵——高度，但同時也可能會使樹冠加寬，並且使樹能延伸至已受損的樹冠區域內。

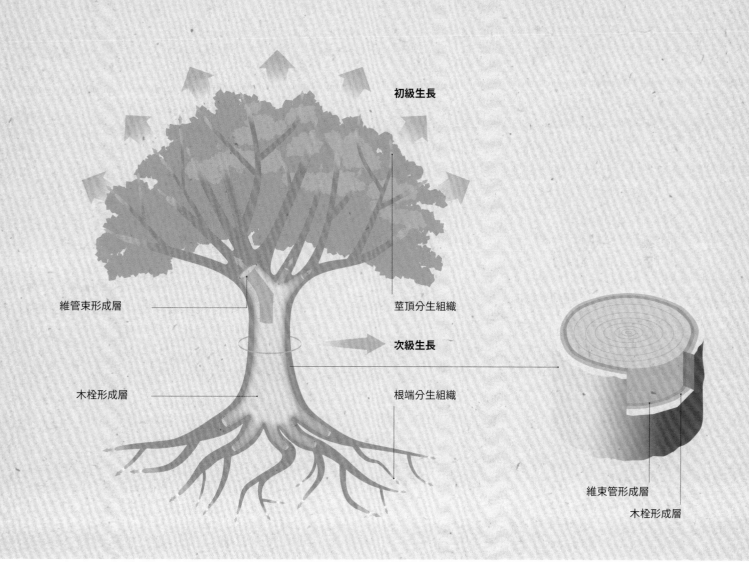

初級生長

維管束形成層

莖頂分生組織

次級生長

木栓形成層

根端分生組織

維束管形成層

木栓形成層

定義一棵樹

形式上，植物學家將樹描述為多年生維管束植物（維管束植物是指有根、莖和葉的植物），或將它們稱為單軸挺空植物——前者具有單莖和位於細枝末端的多年生（能存活過一年的）組織，後者具有單莖且芽位於離地高處。從功能的角度來看，位於細枝末端的芽（或稱頂端分生組織）能支撐生殖器官（花與果實）、發展分枝，或生長樹葉。如此一來，樹有可能會無限延展。樹也能被看作是自給自足的植物，且通常具有單一直立的多年生莖，會發展出離地面有些距離的樹枝。它們屬於木本植物，具有長壽的器官，而且為多年生。樹靠增高的方式成長（稱為初級生長），但也會藉由加厚樹幹與樹根的方式持續發展（稱為次級生長）。

大小

在決定一棵樹是不是真正的樹時，大小是一項重要的標準。希臘哲學家泰奧弗拉斯托斯（Theophrastus，約西元前370-287年）依據植物的生長習性——形狀、高度、外觀與植物物種的生長形式，將它們分成樹（喬木）、灌木、草本植物等類別。事實上，樹與灌木之間並沒有嚴格的劃分界線：某些物種在乾旱的棲地可能長得像灌木，但它們在較潮溼的棲地卻像樹木般挺拔。話雖如此，植物總體大小通常會作為定義樹的一項標準：樹是高度至少2公尺的植物，且它們的樹幹直徑為至少1公分。生長習性是整個物種而非單一個體的特徵——舉例來說，松屬下同一物種的所有成員從種子到成年階段都被視為是喬木，儘管它們的幼苗和幼樹可能遠遠矮於2公尺。

無可避免的是，以大小為基準的樹木定義不僅主觀，也具有文化與歷史脈絡。19世紀的歷史學家將古希臘的衰退歸咎於環境因素，包括過度消耗森林資源。然而，環境史學家阿爾弗雷德‧格羅夫（Alfred Grove）與奧利佛‧萊坎（Oliver Rackham）指出，馬基斯植被（maquis vegetation，指地中海型灌叢植被）甚至早在青銅時代前，就已是希臘主要的植被種類。他們也表示，近期從克里特島（Crete）東部沉積物岩芯中取得的古代花粉粒，經研究後也有相同的發現。希臘人很可能因此而降低了喬木大小的門檻，並且也可能將上述硬葉灌叢植被中的許多木本植物都視為是喬木。

高大的松樹

松樹生長高大、樹冠窄小，尤其在擁擠的環境中更是如此。此一現象是「頂端優勢」所導致的結果。頂端優勢是指樹木頂端所製造的激素促使樹木向上生長，並限制了側枝的發展。

灌木

美國莫哈維沙漠（Mojave Desert）中的灌木不具頂端優勢，大量的分枝導致植物的寬度比高度還大，與松樹形成對比。

藤本植物

木質藤本或藤本植物並非樹木：它們不是自給自足的植物，而是需要其他植被的支托，才能從地面生長到冠層。木質藤本利用附著機制：鉤刺、卷鬚或纏繞莖，在它們的寄主上攀爬。樹木不具這類機制。頗令人驚奇的是，許多木質藤本植物類群也包含喬木物種。舉例來說，右圖中的亞馬遜猴梯木藤（*Bauhinia guianensis*）有一些近親是亞洲最常見的觀賞樹。其他的植物生活型則是從上到下生長，如附生植物般在樹頂發芽，之後再將它們的根往地面送。植物學家稱這些植物為「半附生植物」，其中也包括孟加拉榕。就機能而言，木質藤本與半附生植物都是寄生在樹上的植物，因為它們會利用樹木提供的支撐，並且和樹木爭奪陽光及養分。然而，在某些情況下，不論是木質藤本或半附生植物，可能都很難與寄主樹區分清楚。

壯觀的樹根

樹的地下根系是一個隱密的世界，其複雜程度就跟上方的樹枝一樣。根域的植物多樣性高，而樹、真菌、昆蟲與其他生物間的相互作用對森林影響非常大。

根系

一棵樹不只會在地面上擴張以獲得陽光與傳播種子，也會在地底下大力延展。樹的根系有可能十分壯觀：某些在地底下被挖掘到的根深度甚至超過10公尺。有很長一段時間，人們以為樹是直接從空氣中汲取水分。物理學與植物生理學後來告訴我們樹是從土壤中吸收水分，也讓我們知道深根的樹存在於最乾燥的氣候中，因為這些深扎的根是尋水裝置。樹在地底下和地面上的生長方式大同小異，靠的都是延展它們的頂端分生組織，並且偶爾橫生枝節以探尋更大的空間。根也會為樹提供基本的營養物，例如氮、磷、鉀，以及各種其他的微量營養素。細根與長在地面上方的樹葉極其相似，是用來吸收水和養分的特化器官。它們通常會與真菌及細菌共生作用：真菌和細菌會幫助它們吸收營養資源，藉以換取庇護與食物。

樹的生物多樣性

記錄生物多樣性的威脅就和審慎定義樹木一樣重要。國際自然保護聯盟（International Union for Conservation of Nature，簡稱IUCN）指派了一個全球樹木專家小組，負責記錄世界各地的樹木物種數量。該聯盟對樹的定義是「木本植物，通常具有生長到至少2公尺的單莖，或是具多莖且至少有一株直徑達5公分的直生莖」。他們的定義排除了蘇鐵、樹蕨與樹狀禾草（禾本科、鳳梨科與芭蕉科）——這些植物的莖全都沒有次級生長。這個專家小組到目前為止已列出了60065個樹種，它們大多位於熱帶地區，其中有23616種在熱帶美洲、13029種在東洋區、9514種在舊熱帶區、7470種在澳大利亞，以及1415種在大洋洲。相形之下，涵蓋整個歐洲、溫帶亞洲與北非的廣大區域只有5932個樹種，而北美也只有1367種。南極洲則是完全不見樹的蹤影。

全球樹木生物多樣性數量

地球的樹木生物多樣性大體而言活躍於熱帶。

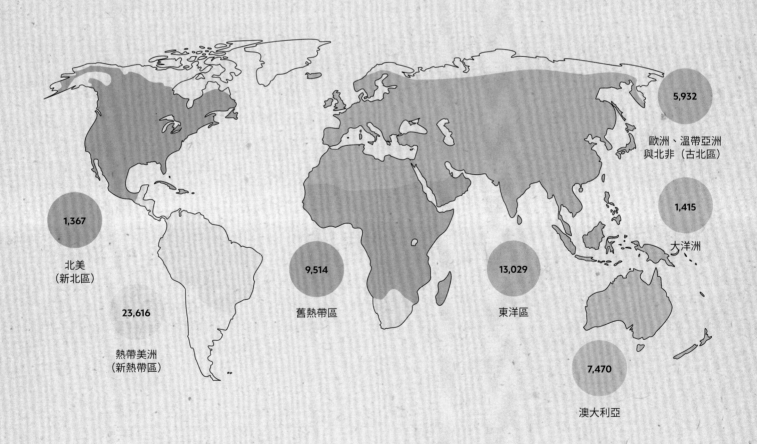

▲ **天使橡樹**
樹能依據其分枝「架構」
（architecture）加以辨識。

植物的木質化

木本習性是多年生植物維持生活的一個條件，而木本物種的長壽已為陸生植物帶來了重大的生態效益，使它們能在較長的生命期間繁殖。在很大程度上，木質化是一棵樹得以為樹的關鍵。長久以來令博物學家感到困惑的是，在某些非木本物種的植物類群中，偶爾會出現一個木本植物的代表。英國博物學家查爾斯·達爾文（Charles Darwin，1809-1882年）在其《物種起源》著作中，注意到島嶼經常會養育出「隸屬於某些目的樹或灌木，而這些目在其他地方只涵蓋草本物種」。對此他也進一步提供解釋，表示這類次級島嶼木質化的症狀是一種適應性改變，目的是要與島嶼環境中佔優勢的草本植物競爭。舉例來說，在加納利群島的220個原生木本物種中，被觀察到的木質化轉變多達38次。在加納利群島的常綠闊葉林中發現的某些物種，包括樹兩節薺（*Crambe arborea*，十字花科或甘藍菜科的成員）也是次級島嶼木質化的例子。反觀耶羅島的伽羅埃聖樹雖然被認為是一種臭木（臭木樟，*Ocotea foetens*），而臭木本身是樟科（見第154頁）的成員（樟科植物是桂樹森林的主要組成樹種），但伽羅埃聖樹並沒有發生次級島嶼木質化。

近期研究

樹形的發展基礎仍是一個基本的科學問題，如今能運用植物基因體定序與基因體編輯技術加以探究。研究人員在比較白楊（楊屬）與阿拉伯芥（*Arabidopsis thaliana*）的基因體時——後者是遺傳學家經常研究的甘藍菜科草本植物，衍生出一個重要的見解：表現在樹木木質組織形成過程中的類似基因集也存在於草本植物中，這說明了在遙遠島嶼上為何有可能發展出次級木質化。許多植物都有可能從草本物種演化成樹種，不過在草本植物中，木材形成的基因體只表現在莖頂分生組織內。

研究人員也揭露了其他基因在樹的總體架構中扮演的角色。舉例來說，桃樹（*Prunus persica*）的某一基因若發生變化，可能會因此強化樹木朝重力方向生長的傾向（向地性反應），進而改變樹枝的生長方向，就如同我們經常在垂柳（柳屬）上看到的那樣。第二個基因的變動則會導致樹生長出更朝上的嫩枝定向。這類改變如今能透過基因工程應用在果樹上，以提升果實與堅果作物的產量。

樹的分枝

總的來說，非人工培育的樹已逐漸發展出類似的適應性幾何形狀——以致樹木分枝的剪影實際上被應用在辨認樹種的指南中，就連那些親緣關係密切的樹種也會依此方式分辨。在「樹的架構學」（第43頁）中，我們會介紹三位植物學家的研究，他們分別是法蘭西斯・艾雷（Francis Hallé）、魯洛夫・奧德曼（Roelof Oldeman）與菲力普・湯姆林森（Philip Tomlinson）。這三人依據樹枝的複製形式歸納出樹的架構種類（或模型），而樹枝的複製形式包括：從末端（細枝的末端）或從中軸周圍（細枝的側邊）、沿著水平面或垂直面，或是一次一個或呈輪狀。

值得注意的是，上述這些不同形式組合後產生的是理想狀態的樹木架構種類，而不是樹木實際上會呈現的樣子。現實中的樹在生長時會遭遇額外的限制，例如需要彎曲以接觸陽光或獲得穩定性，或是面臨樹枝脫落的風險。

樹的架構也受限於生物物理學，就如同在「建構高樹」（第46-49頁）中所討論到的。樹木不能無限長高。它們必須要平衡將水經由莖內導管牽引到高處的生理限制，而這是一道十分複雜的管道工程難題。在此同時，它們也必須要避免在重力作用下因承受自身重量而挫曲（彎曲變形），而這也是一項建築工程師都很熟悉的挑戰。

▼ **在壓力之下**
彎曲森林（Crooked Forest）是一個由奇形怪狀的松樹所組成的小樹林，位於波蘭西波美拉尼亞省（West Pomerania）的格雷菲諾鎮（Gryfino）附近。

樹幹的組成

在森林學中， 樹若非屬於軟木， 就是屬於硬木。 然而矛盾的是， 並非所有的硬木都很堅硬， 也並非所有的軟木都很柔軟。 舉例來說， 輕木（*Ochroma pyramidale*）的木材雖然非常柔軟輕盈， 但它被稱作是一種硬木。 為了弄清楚這些專有名詞的含意， 我們必須要了解到所謂的硬木（包含輕木）都是被子植物（開花植物）， 軟木則是裸子植物或針葉樹（結有毬果的植物）。

次級生長

林務人員將樹定義為會行次級生長的多年生木本植物，意思是樹的莖不只會長高，也會呈放射狀（向外）增厚。高大的木質草本、蕨類與蘇鐵類植物皆不會發生莖的次級生長。雖然長得像樹，但它們通常被排除在定義為樹的植物類群之外。次級木材的形成過程要靠樹皮底下的活細胞所進行的活動，才得以發生。這些名為「形成層細胞」的活細胞會向莖的內部形成新生的木質組織，稱為「邊材」。邊材細胞排列形成導管網絡，用來有效率地從根部傳送水和養分至樹葉。隨著時間過去，邊材因化學反應而逐漸老化、顏色變深，並且失去其傳輸樹液的功能，於是轉變為心材。硬木與軟木的心材皆較為密實堅韌，為樹幹帶來了機械強度。反之，較不密實的邊材則為樹幹提供了「管路系統」，用來將水向上移動到樹葉。

▶ **紅杉的樹幹**

紅杉（*Sequoia sempervirens*）是世界上數一數二龐大的樹木，能在相當容易產生野火的地方活上數千年。它們能達到驚人的大小——直徑將近9公尺，高度超過100公尺。其厚實樹皮（厚達30公分）能抵抗昆蟲、真菌與火害，若要在火災易發的危險環境中成長到老，這是一項不可或缺的特質。

軟木與硬木結構

在微觀層面與最籠統的意義上，木材就是木質化的組織。然而，軟木與硬木木材的細胞結構迥然不同。軟木木材是由一種名為「管胞」的管狀結構所組成。薄壁的管胞將樹木的水分向上移動，而厚壁的管胞則負責提供強度。隨著時間過去，管胞會逐漸填滿空隙，從邊材轉變為心材。在硬木中，支撐與管路功能在組成木材的細胞種類間分工顯著。名為「壁孔導管」的特殊細胞複合體將水上移的效率比管胞要高上許多，而木材中的木纖維則提供了機械強度。散孔硬木的壁孔導管散布於木材中，而環孔硬木的壁孔導管則排列成環狀。環孔硬木將水上移的速度能比散孔硬木快三倍以上，而散孔硬木本身輸送水的速度又比軟木快三倍。

年輪

在季節性氣候中，木質組織會在生長季期間形成，而這種季節性會表現在莖橫截面的年輪上。在一年的年輪內，樹木起初會在春天形成「早材」以向外生長。相較於在夏天形成的「晚材」，早材的管孔較大。為期長且條件合宜的春天會產出較多早材，而條件合宜的夏天也會產出較寬的晚材年輪。條件好的生長年分會形成較大的總體年輪寬度。科學家藉由拼湊亞化石、歷史木材與現生樹木內的年輪量測資料，能得知過去一萬三千年來環境變數（例如大氣溫度）的連續變化。

樹幹的橫截面

一棵樹是由它的次級生長所定義——形成層細胞會形成木質組織並向外擴張。

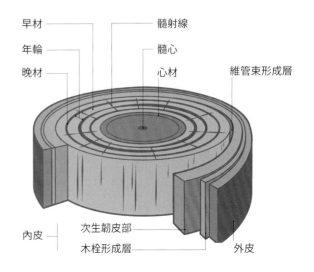

早材 — 髓射線
年輪 — 髓心
晚材 — 心材
維管束形成層
內皮 — 次生韌皮部
木栓形成層 — 外皮

樹木生活型的地質歷史

陸生植物的崛起導致大氣層產生急遽的轉變，二氧化碳因植物能行光合作用而被氧氣取代。植物的陸地生活很可能始於約四億五千萬年前，當時正處於名為「奧陶紀」的地質時代。

用來證明陸生植物起源的依據就是四面（或呈四面體排列的）小孢子的發現。孢子是不處於永久潮濕環境的生命週期所具備的特徵，而四面體孢子具有分裂成四個的能力，這意味著此類細胞為二倍體（具有兩套染色體），並且會行減數分裂（會分裂兩次）——就和現代陸生植物的細胞一樣。然而，第一個真正的陸生植物化石是源自約四億三千萬年前，也就是在地球首次大規模物種滅絕事件後，而該事件也為奧陶紀畫下了句點。這些早期的陸生植物屬於簡單生活型，類似於今日的地錢類、角蘚類與苔類植物——這群植物統稱為「有胚植物」。

在萊尼埃（Rhynie）的發現

1910年，蘇格蘭醫師暨業餘地質學家威廉·麥基（William Mackie）在蘇格蘭的萊尼埃村獲得了驚人的發現。他在該地的微晶石灰石（或燧石）中發現了奇特形狀的結構，而這些岩石在過去是用來作為花園的圍欄。他所發現的結構後來經揭露為保存狀態完好的一個土壤生態系統，表面被來自約四億一千萬年前的溫泉矽土所覆蓋。萊尼埃燧石內藏有數種陸生植物生活型，其中有些已木質化——它們的細胞壁因添加了一層木質素而變厚，藉以支撐結構，即便它們的高度皆低於一公尺。木質化組織是需要透過管孢輸送水和養分的植物所具備的特徵，在今日仍存在於針葉樹中。從萊尼埃燧石內的化石所學到的重要一課，就是木質化植物（或維管束植物）在陸生植物歷史的初期就已出現。

植物基因體能為化石記錄提供補充資訊，這是因為基因體會慢慢累積靜默（或中性）突變，而這些突變並不會改變基因體材料的表現。中性突變就像時鐘的滴答聲：兩個物種之間的突變差異越多，它們的共同祖先就越古老。古植物學家珍妮佛·莫里斯（Jennifer Morris）與她的同事近來運用此一技術，追溯到有胚植物源自五億一千五百萬到四億七千萬年前，而維管束植物則源自四億七千二百萬到四億一千九百萬前年。該研究提出的一項假設是木質化植物可能比萊尼埃燧石還要古老，不過目前尚未發現條件吻合的化石以證明這點。

▲ **紅杉的樹幹**
早期的陸生植物屬於簡單生活型，類似於今日的地錢類、角蘚類與苔類植物（圖上與圖右——來自1890年的畫作），這群植物統稱為「有胚植物」。

PLATE IX.

MOSSES AND LIVERWORTS.

最古老的樹

所以我們確知的是，木質化植物在四億一千萬年前就已存在於陸地上，但樹木的長成又花
了多久時間呢？根據記錄，在萊尼埃燧石內有一種匍匐生活型的植物化石，名為「始祖
蕨」（*Baragwanathia longifolia*）。這是最早出現的石松綱代表——石松綱的成員為草
本維管束植物，現今仍以石松（石松屬）的形態存在，就樹木的崛起而言是一個重要的植
物群。大約在三億七千萬年前，木本石松的數量變得龐大。其中最典型的形態是鱗木，特
徵是樹皮上有美麗的蛇鱗紋路，高度可達約50公尺，以及具有直接從樹枝上生長出來的
小片樹葉。其又長又粗的根向下深植入土層。雖然鱗木以地球上最古老的樹而聞名，但之
後人類也發現其他的木本石松。2007年，基利波山脈（Gilboa）的化石樹墩（自1870年
代就已為人所知）經重新解讀為瓦蒂薩屬木本石松的殘骸，起源可追溯到三億八千五百萬
年前。這項發現意義重大，因為這是化石記錄中最古老的樹木生活型。

最古老的森林

樹木生活型的地質歷史在泥盆紀結束後邁出了重要的一步，並在整個石炭紀期間
（三億五千四百萬到二億九千萬年前）持續進展。在這段漫長的時期，大氣層中的二氧化
碳濃度驟降，從現今數值的十倍掉到大約與現代相等的濃度。碳從大氣層移動到地球上有
史以來最大的森林中，被儲存在樹木與土壤內。然而，這些龐大森林與我們在今日習慣漫
步其中的那些森林截然不同。鱗木等木本石松是優勢物種，而另一個重要的森林成員則是
現代木賊類植物（木賊屬）的樹狀親戚，它們稱為「蘆木」，高度超過10公尺。這些森林
也蘊藏了大量的樹蕨。此一時期的植物是多數煤炭（工業革命時期的主要化石燃料）的來
源。

一道古植物學的難解謎題

釐清樹木生活型的地質歷史並不總是件易事。其中一道古植物學的難解之謎特別值得注意，因為它引發了長期的爭議。1871年，樹莖特有的一個木質結構在某一地質層中被發掘，而該地質層的起源年代久遠，甚至可追溯至三億八千萬年前。爾後來到1911年，蕨狀葉在烏克蘭富含煤炭的頓巴斯地區（Donbas）被發掘，其起源大約可追溯至相同時期。一直到了1960年代，這兩項特色才被發現隸屬於同一種樹狀植物——古蕨屬（右圖）。該屬的成員稱為前裸子植物，是種子植物的前身。由前裸子植物莖的解剖結構可以看出，它們與針葉樹等典型的種子植物有驚人的相似之處，但它們是利用孢子繁殖，而非種子。

古蕨屬植物

種子樹的崛起

真正的種子植物在樹木的演化中標記出另一次關鍵的革新。有兩種樹狀種子植物出現在三億五千四百萬年前的石炭紀，儘管那時仍十分罕見。它們分別是種子樹蕨以及科達木屬的成員，後者與現今的智利南洋杉（南洋杉屬）在形態上有相似之處。然而，只不過到了大約三億年前，種子樹在生態上就已佔據優勢地位，慢慢超越了石松綱植物。這波種子樹的重大崛起也包含某些現代植物類群，例如蘇鐵與銀杏目成員。後者是令人驚奇的樹木：它們的化石記錄可追溯至二億八千萬年前，而它們至今仍舊存在。銀杏（Gingko biloba）種植於世界各地的城市中，因為它抗污染也抗蟲，而且果實（由雌樹結果）有一種極具特色的氣味。許多銀杏在日本被視為神聖之樹，包括在1945年8月6日的原子彈爆炸中倖存、貫穿廣島安樂寺屋頂的那株銀杏。

▲ **早期的樹**

早期的石炭紀松樹與科達木（圖右，為一種早期的種子植物）。

▶ **早期的針葉樹**

石化的南洋杉型木木材，源自三疊紀晚期，在美國亞利桑那州的石化森林國家公園（Petrified Forest National Park）被發現。

針葉樹成為優勢

二疊紀-三疊紀滅絕事件發生在大約二億五千萬年前,為地球上生物多樣性從未有過的最大災難。在那之後,另一群種子植物晉升到優勢地位,那就是針葉樹。它們緩緩崛起,成為三疊紀時期最主要的樹木生活型,其中還經歷了二億四千八百萬至一億四千四百萬年前的侏儸紀。相較於石炭紀末,一般認為三疊紀早期的環境條件較不利於陸生植物,大氣二氧化碳含量約為300 ppm,接近於現代前工業時期的量測值。大氣二氧化碳含量到了三疊紀晚期再度上升,達到今日量測值的四倍。在這段針葉樹成為優勢的時期,森林數量很可能比現今要來得稀少。不過,浩瀚廣闊的森林在當時確實存在,就如同美國亞利桑那州的後三疊紀石化森林國家公園(Late Triassic Petrified Forest National Park)所證實的一般。在該公園中佔優勢地位的是已滅絕的針葉樹——南洋杉型木。

針葉林遍布於今日的溫帶與寒帶地區,它們在那些地方能以高度和數量超越所有其他的樹木(巨杉〔*Sequoiadendron giganteum*〕即為針葉樹)。現生的針葉樹估計有588種,其中有些屬於最具經濟價值的樹木——舉例來說,北美和歐洲每年會生產約八千五百萬棵聖誕樹,它們通常屬於歐洲雲杉(*Picea abies*)以及花旗杉(*Pseudotsuga menziesii*)。在地質歷史中,最古老的針葉樹代表是黃木(羅漢松屬)。而目前已知最大的黃木是紐西蘭北島的「普瓦卡尼」(Pouakani)——一棵42公尺高、被毛利人認定為受保護古樹的桃柘羅漢松(*Podocarpus totara*)。

▲ **受保護古樹**
早一棵位於紐西蘭的桃柘羅漢松巨樹(左圖),以及一棵銀杏樹(右圖)。

開花植物

在樹木歷史中最後登場的是開花植物（或稱被子植物）。植物的生活型在晚近的地質時期發生劇變，也就是眾所周知達爾文在1879年的書信中所提及的「惱人之謎」（abominable mystery）。雖然開花植物的祖先形態與針葉樹之間並無顯著差異，然而它們卻帶來了最驚人的多樣化發展，在今日已有超過37萬種經記載的開花植物物種，其中約六萬種是樹木。

開花植物出現的第一個可靠證據是一種在以色列與英格蘭都有發現的花粉形態，起源年代約為一億三千五百萬年前。最古老的花化石可追溯至大約一億二千五百萬年前。值得注意的是，在白堊紀之前沒有發現任何開花植物的化石記錄（白堊紀始於一億四千四百萬年前）。然而到了一億年前，開花植物的主要植物群就已存在於世。在早期的開花植物中，有外觀近似現今木蘭屬成員的花，以及一種名為「無油樟」（*Amborella trichopoda*）的奇特灌木，後者在今日僅存在於太平洋的新喀里多尼亞島（New Caledonia）上。這是一種會開花的木本植物，但它的木質結構與針葉樹的類似，樹液是由管胞負責輸送（見第30頁）。相形之下，現今大多數的開花植物則是透過較短、較大且較複雜的多細胞管道傳輸樹液，這些管道稱為「導管」。爾後（很可能是在約一億二千萬到一億一千萬年前），三大開花植物群崛起：單子葉植物（禾草與禾草狀植物，例如棕櫚）、薔薇類植物（包括薔薇、莢果、錦葵與甘藍）以及菊類植物（包括向日葵、薰衣草與胡蘿蔔）。到了白堊紀末，也就是六千六百萬年前，416個開花植物科中已有半數出現於地球。

在過去的一億四千萬年間，開花植物變得更加多樣化，它們的花、種子、根、葉、樹幹與樹皮為因應各種與昆蟲、哺乳類、真菌與細菌的相互種間作用而逐漸演化。這些演化趨勢形成了精細複雜的生活型與奇特器官。本書除了一方面反映現今的自然奧秘外，另一方面也深入探究過去，揭露樹木的地質歷史，從早期的鱗木屬樹木到今日的橡樹，是何其複雜與悠久。

樹的演化

樹木是陸生植物在早期因植物組織木質化，加上需要長高以超越鄰近植物與獲得陽光，於是逐漸發展而成的結果。樹木生活型早在三億七千萬年前就已形成，但是開花植物的樹木卻是在超過兩億年後才躍升成為優勢。

四億三千萬年前		經發現最早的陸生植物化石
四億一千萬年前		木質化植物出現在陸地上
三億七千萬年前		木本石松──最早的樹木
三億年前		種子樹
二億四千八百萬到一億四千四百萬年前		針葉樹成為佔優勢的樹木生活型
一億三千五百萬年前		最早的開花植物（被子植物）
一億年前		開花植物的主要植物群崛起

樹木建構學

一棵樹的複雜形態是由其基因藍圖加上環境條件與突發外力（例如風暴與蟲害）的影響所致， 在經歷了數十年、 數百年甚至數千年的發展後逐漸形成。樹木形態與形態如何發展的相關研究就稱爲「樹木建構學」。 在此， 我們會講述有關樹木多樣形態的四個洞見， 而這些形態上的多樣化表現甚至都發生在同樣的環境狀況。

▼ **延展樹枝**

雨樹（*Samanea saman*）是一種分枝發達、高度延展的樹，隸屬於豆科。此一樹種廣泛種植於原生範圍外的地區，包括中美洲和巴西。圖中的這棵「巨雨樹」（Giant Raintree）來自泰國。

一棵樹的四項關鍵任務

就功能而言，樹的「身體」必須要完成四項任務：將水與養分從根部移至樹葉、將糖分從樹葉移至根部及其他的非光合成組織、提供抗重力與抗風的機械支撐，以及像許多小型太陽能板那樣，藉由能有效率地攔截太陽輻射的排列方式，展示自己的樹葉。此外，這棵樹還必須要整合這四項任務的對策。舉例來說，樹葉的大小與樹葉形狀的複雜度會影響樹冠的分枝形式，而提升機械強度縱然會限制樹木長高與樹冠擴張的速度，但同時也會延長樹木的壽命——擴張快速、木材輕盈的樹種則相對短命。不同樹種完成這四項任務的方式會有所差異，以致許多樹種光是從它們的剪影就能加以辨認。

科納定則

英國植物學家埃德雷德・科納（Edred Corner，1906-1996年）在1940年代針對這些主題進行研究。他提出的兩個簡單見解後來成為了著名的「科納定則」：中軸順從（axial conformity）與分枝遞減（diminution of ramification）。第一條定則表明中軸越粗，著生在中軸上的「附器」（葉或花序）就越大。第二條定則則表明個體的分枝數量越多，附器就越小。換句話說，就一特定的總葉面積而言，樹木會呈現多種變化，包括分枝粗且分枝極少的大葉樹種，以及分枝細且分枝繁多的小葉樹種。這聽起來很合理：在所有其他條件相等的情況下，較大的葉子應該需要由較粗壯的枝條提供支撐，而它們也應該會需要較少的分枝，因為較大的葉子能彌補因樹枝稀少而產生的間隙。

應用在樹木上的科納定則

在葉面積固定的情況下，樹木會呈現多種變化，包括葉小、莖細與多枝的種類（圖左），以及葉大、莖粗與最低限度分枝的種類（圖右）。

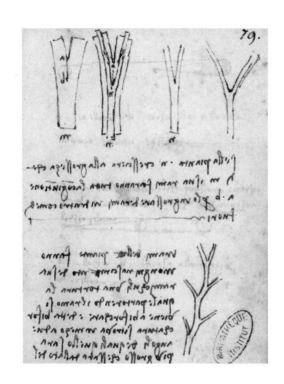

變異

樹葉大小也會隨著環境而有所變化：樹葉大小的平均值與範圍從熱帶到寒帶地區以及從
潮濕到乾旱森林逐漸縮減。然而，在這些環境梯度上的任何一點，通常都會有樹種偏離
科納所提出的樹形架構光譜。為何會發生這樣的變異？這個問題並沒有明確的答案。其
中有一個看法，認為葉所需的能量投入小於莖，因此發展出以大型樹葉構成的樹冠，以
及（或是）每一年木材增長量伴隨著更大的葉面積，就能使這些樹種更快長高和擴展樹
冠，進而輕鬆適應冠層樹死亡所造成的高光照度。

達文西的預測

義大利博學家李奧納多·達文西（Leonardo da Vinci，1452-1519年）做出了相關預
測，表示樹木基部的截面積就等於距離基部任一高度處的截面積。換句話說，如果你將
樹冠邊緣的所有細枝聚集成一束，其截面積總和就會和基部的樹幹截面積一樣。為了
說明這點，試想有一組共100條的澆花水管，每條長度為30公尺，其中一端綑成一個圓
束。沿著這束水管移動到距離基部10公尺處時，將這100條水管分成兩組，每組50條。
接著在距離基部15公尺處時，將這兩束水管各自再分成兩組（總共四組），每組25條。
持續這個步驟，直到每一個最後的「分枝」裡只剩下一條水管。於是，我們能推導出達
文西的預測：基部的水管截面積等於分枝頂端的單一水管截面積加總。

這個簡單的模型呼應了科納的其中一條定則：樹枝分歧越多，那些樹枝就會變得越細。
然而在現實中，樹木的發展情況稍微背離了達文西的預測，因為它們並不只是由用來輸
水的中空水管所構成。它們同時也具備用來提供機械強度的結構，而這些結構從基部到
細枝頂端可能會有所變化。樹木似乎也會「過度發展」細枝，以致細枝在水平面上的截
面積總和會比樹幹截面積大一些，儘管能導出這結論的直接觀察並不多。

雖然如此,達文西的總體概念其實隱含在生態學的一條經驗法則中:樹幹的截面積能用來預測樹冠的總葉面積。由於測量樹幹直徑比測量葉面積要容易許多,因此田野生態學家通常會把樹幹直徑當作指標,用來預測樹木的功能(總葉面積與總生產力有密切的關係)。樹幹通常在接近地面處較為粗壯,所以直徑通常會在「胸高處」測量,也就是距離地面1.4公尺高的地方。

快速與緩慢的樹冠生長

圖中的四種樹木生長於大煙山國家公園(Great Smoky Mountains National Park)的高海拔雲杉–冷杉林中。在這四種樹木之間,樹冠生長的快慢是以樹木增長的高度來呈現(此生態系的干擾動態變化在第二章有額外的描述;見第70–71頁)。干擾區塊(x軸)的大小則用來代表光的可用性。

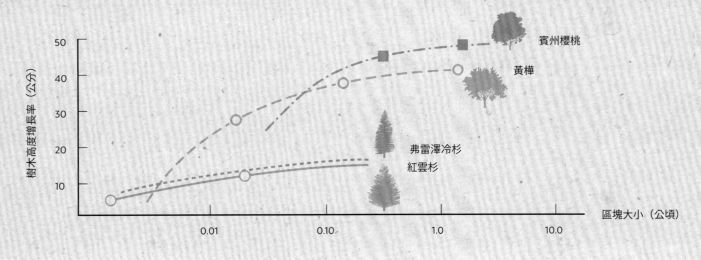

賓州櫻桃

總葉面積大、生長快速,相對於每年莖的增長量,葉面積的增長量較大。這種樹需要高光照(如在面積大的受干擾區塊),無法在陰暗的環境下生存。在較大的干擾區塊中,其每年的延伸生長(extension growth)會達到50公分。

黃樺

每年伴隨莖增長量而生的葉面積中等。這種樹需要些許干擾才能活得長久。每年的延伸生長會達到30–40公分。

弗雷澤冷杉與紅雲杉

冷杉與雲杉每年伴隨莖增長量而生的葉面積小。這兩個樹種堅忍不拔地生長在大煙山國家公園的森林最陰深處,但每年只會長高約5公分。它們在干擾區塊的生長較快速(每年的增長量高達15公分),但在最大型的區塊中又會被其他樹種超越。

單層結構與多層結構

多層的葉結構會有較大量的樹葉，而單層結構則會形成較少層
次，在極端的例子中只有一層。

單層結構

多層結構

亨利·霍恩的單層與多層結構

第二個洞見出自美國生態學家亨利·霍恩（Henry Horn）的研究。他在1971年的著作
《樹的適應性地質學》（*The Adaptive Geometry of Trees*）中，主張光照環境能用來
預測樹葉的排列方式。更具體地說，他表示在低光照下，樹木分枝所產生的樹葉重疊情
況應該會較少，而在極端的例子中甚至會形成他所謂的單層樹葉結構。反之，在較強的
光照下，樹木能從較多的樹葉重疊中獲益，因此會形成霍恩所謂的多層結構。舉例來
說，在濃密森林的內部，由於光照度低，幼苗與幼樹會較接近單層結構的極端狀態，而
在田野、受風暴干擾的區塊以及陽光充足的花園中，由於光照度高，樹木應該會發展出
多層結構。不過，個體樹木有不同的可塑性，而樹種在遺傳上也會有差異。早期的演
替樹種（見第94-97頁）仰賴高光照度，而且不論在何處被發現，它們往往都是多層結
構。反之，晚期的演替樹種則往往是單層結構，除非它們夠龐大也夠年長，足以在陽光
充足的森林冠層中佔有優勢，才會有例外的情況。值得注意的是，湯瑪士·吉維尼許
（Thomas Givnish）在一篇2020年的論文中指出，多層結構或許還有其他好處（例如
在陽光普照的環境中減少水分喪失），而這些好處有可能勝過攔截光線的重要性。

艾雷、奧德曼以及湯姆林森的 23種發展模型

關於樹木形態的第三個洞見源自艾雷、奧德曼與湯姆林森的研究。他們的研究綱要與科納定則的某些特色有所雷同，那就是兩者都特別關注分枝的形式。不過，他們的研究特別之處在於著重樹木從種子到成年的動態變化、強調分枝生長點的空間位置，以及考量到生殖結構的形成位置與方式。這三位作者描述了23種樹木形態的發展模型，並且以著名植物學家的名字為每一種模型命名。由於他們認為棕櫚形態（單一無分枝的粗莖加上許多大型葉片）是科納定則中的極端例子，於是便將這個形態命名為「科納模型」（Corner's model）。

木材密度

我們要介紹的最後一個洞見是，即使在同一套環境條件下，樹種在木材密度上也會有很大的差異，以致光是產生的材料就有各式各樣適合不同人為用途的類型——包括用來製作滑翔機的輕木木材，以及密度高到會沉入水中的木材種類。低密度的木材顯然會消耗較少的光能合成碳產物。這個特性可能會造成一個結果，那就是在碳量固定的情況下，低密度的木材能產生較快的體積生長率——意思是樹木長高與樹冠擴張的速度較快。的確，即便在陽光充足的環境中，輕木的年高度成長仍舊會比木材密度高的烏木（柿樹屬）高十倍以上。不過有失就有得：烏木在生長緩慢、木材密實的發展策略下會變得較耐用，而這兩個樹種的壽命也與年高度成長有大致相同的差距——烏木的壽命比輕木長十倍以上。

▲ 烏木
烏木是生長緩慢的長壽樹種，木材非常密實。

▼ 輕木木材
相較於烏木，輕木則是生長快速的短壽樹種，其輕盈的木材具有特殊用途，例如用來製作飛機模型。

索科特拉龍血樹

索科特拉龍血樹（*Dracaena cinnabari*）外形突出，且具有鮮紅色的樹液。這種樹僅存在印度洋的索科特拉群島（the Socotra Islands，隸屬於葉門）——位置在索馬利亞海岸以東250公里以及阿拉伯半島的葉門以南380公里處。在索科特拉群島的維管束植物物種當中，有37%的物種只存在於當地，而這類特有（endemic）物種比例較高的情況也發生在其他的海洋島嶼，包括模里西斯（Mauritius）、加拉巴哥群島（Galápagos）與加納利群島。自索科特拉群島與阿拉伯半島分離後，該群島上的植物群在過去的三千五百萬年間獨立演化。而在氣候暖化的情況下，這些樹可能難逃滅絕的命運。

索科特拉龍血樹不僅具有醒目的傘狀樹冠，也符合艾雷、奧德曼與湯姆林森的其中一種樹木建構模型，相關內容已在第43頁討論過。龍血樹示範了何謂他們所提出的「列溫伯格模型」（Leeuwenberg's model）。在這個模型中，細枝末端佔有優勢的頂芽會率先開花，接著新的細枝會萌發，在原先的開花頂芽周圍生長。莖是一群連接在一起的Y形組成部分，而樹則是由Y形細枝所構成，在這些照片以及第40頁的達文西樹圖解中有清楚的呈現。

建構高樹

與澳洲最高的桉樹（*Eucalyptus*）或加州的巨杉（*Sequoiadendron*）相比， 人類的建築奇蹟顯得黯然失色。 從工程學的立場來看， 對於活生物能長到超過 115 公尺的高度， 人類也只能大感驚奇。 我們明白樹長高是為了要超越鄰近的樹， 並且盡可能爭取到更多陽光， 但為何它們的極限是稍微超過 115 公尺呢？為何沒有樹是 150 公尺高？又為何極限不是 45 公尺？

其中一個解釋是，建構高大木造結構的力學會限制樹木高度的最大限度。樹幹是固定在地面上的細長直立木頭圓柱；如同任何其他細長的直立物件（例如木頭積木高塔），任何小小的位移都可能導致挫曲而倒塌。1757年，瑞士數學家萊昂納德・歐拉（Leonhard Euler，1707-1783年）發現一根直立圓柱在因自身重量的壓迫而挫曲前，能夠達到的最大高度與圓柱直徑的2/3次方有關。因此，如果圓柱的基圓直徑（base diameter）增加一倍，該圓柱最大高度的倍增因數就是1.587。然而，樹通常不是標準的圓柱狀，反而大多是一端逐漸變細的圓錐狀。此外，它們也不全是由一種均質材料所構成。樹幹的形狀與結構都會稍微更改歐拉挫曲公式中的係數，但不會改變最大高度與樹幹直徑間的比例關係。

環境因素

由上可知，只要樹基夠大，歐拉的公式就不會對樹木的最大高度設限。但另外還有兩個歷程必須納入考量：遭受風害的風險以及樹木液壓系統的生理限制。在全世界的許多地區，強風吹襲是樹木的主要威脅；不過只要有其他樹木提供遮蔽，受損的風險就會受限。然而，森林中的參天巨樹會完全暴露在強風中，因此風對於高大的樹木而言是一股潛在的選汰力量。

▶ **薛曼將軍樹（General Sherman）**
一株坐落於巨人森林（Giant Forest）中的巨杉（*Sequoiadendron giganteum*）；該森林位於加州的巨杉國家公園（Sequoia National Park）內。

樹木的液壓系統

另一個針對樹木最大高度的解釋與水有關。長久以來，人們認為樹木是藉由空氣中的水蒸氣在葉面上凝結而取得水分。然而，後來才發現樹木是從土壤汲水。水的向上運輸是靠空氣與樹葉的水密度差進行調節。此差距會形成水勢能（water potential），導致這棵樹試圖透過水的運輸達到平衡狀態。這樣的過程會在這棵樹的纖細導管內產生表面張力，使水柱因毛細現象（capillarity）而從根部被往上拉提。這個理論最早是由植物生物學家亨利‧迪克森（Henry Dixon，1869-1953年）於1914年提出。

乾旱的壓力

較高的樹必須要承受較大的重力，因此將樹液向上運送的拉力也必須要較大。然而，如果水柱的張力太高，可能會形成空穴現象（cavitation），也就是類似繩子在高張力下斷裂的情況。水不會「斷裂」，但會經歷從液態轉變為氣態的相變，而這個過程會在液態水柱中產生微小的水蒸氣泡泡。在張力下的空穴現象會使樹木內部的樹液傳輸導管發生重大改變，進而導致組織壞死，甚至還可能造成整棵樹死亡。在極度乾旱期間，樹葉周圍的空氣非常乾燥，而當植物張開氣孔（葉面上的微小開口；見第213頁）讓二氧化碳進入以行光合作用時，大量水分就會經由氣孔喪失。在這些情況下，水柱的張力會高到足以造成空穴現象，最終導致植物因乾旱而死亡。不過，由於植物會適應其生長環境的氣候，加上相較於寬大的輸水導管，細窄導管形成空穴現象的機率會降低許多，因此通常要發生異常乾旱的情形，才會真的導致樹木的死亡數增加。

隨著樹木長高，它們會接觸到更多的乾燥空氣，並且承受更多的重力作用。2004年，生態系學家喬治‧科赫（George Koch）和他的同事爬上一棵高聳的紅杉（*Sequoia sempervirens*），在當天氣候最乾燥的那一個小時間，測量不同高度的樹葉水分張力。他們發現水張力從地面到樹頂呈直線上升，且最高測量值接近於空穴現象發生位置的數值。我們可以想像，較高的樹能藉由具備較細的輸水導管來避免空穴現象的產生，但這些較細的導管將難以運輸樹木所需的大量水分。根據植物生理學家伊恩‧伍德沃德（Ian Woodward）的說法，當植物的高度達到約100公尺的絕對限度時，在沒有其他適應性改變的情況下，其液壓系統應該會產生空穴。數種生理上的適應性改變能將高度限度提升到122-130公尺。

水分運輸與空穴現象

樹木必須要經由木質部以一條連續流動的水柱，將水分從下方的根部運送到上方的樹葉。這個運輸活動是靠樹葉的蒸散作用（樹葉表面的水分蒸發）所驅動，因蒸散作用會在水柱中形成張力。在乾旱的環境下，張力的負壓會變得過大，導致水蒸氣泡泡形成，進而造成水柱完全中斷，這種情形就稱為空穴現象。

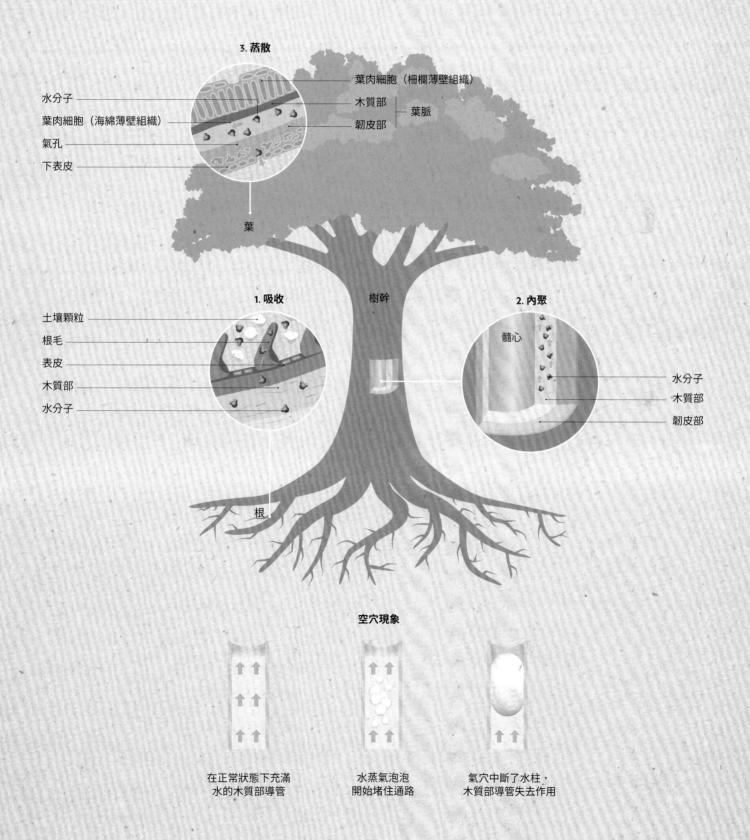

3. 蒸散

葉肉細胞（柵欄薄壁組織）

水分子

葉肉細胞（海綿薄壁組織）

氣孔

下表皮

木質部

韌皮部 ─ 葉脈

葉

1. 吸收

土壤顆粒

根毛

表皮

木質部

水分子

樹幹

2. 內聚

髓心

水分子

木質部

韌皮部

根

空穴現象

在正常狀態下充滿
水的木質部導管

水蒸氣泡泡
開始堵住通路

氣穴中斷了水柱，
木質部導管失去作用

伸向天空

森林高度是一個基本的森林測量項目， 因為森林植被的特點就是垂直性。 樹木力求在森林冠層中佔有優勢、 爭取樹葉行光合作用所需的陽光， 以及針對當地資源取得控制， 這些努力最終形成了森林結構。

全球森林冠層高度

2010年NASA（美國太空總署）的冰雲和地面高度衛星（ICESat），針對樹木高度測量為前10%最高的世界森林，提供了全球首次的光學雷達偵察高度數據。

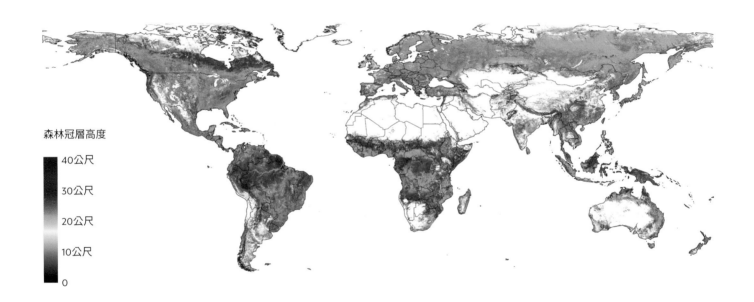

森林冠層高度

40公尺
30公尺
20公尺
10公尺
0

一般而言，一棵樹會將光合作用所增加的糖分，主要分配在觸發頂芽生長，以及優先使自己伸長以增加高度。對生態學家而言，樹木高度透露了許多森林的狀態以及未來有關的訊息。對林務人員來說，同齡的單一樹種森林在特定時間點能達到的高度稱為「地位指數」（site index），這項指標為森林管理揭露了土地價值。地位指數讓林務人員知道何時要疏伐森林，何時要採伐森林，以及採伐後再造林的幼苗要多密集。

從地面、飛機或衛星平台上運用光學雷達（光線偵察與測距）儀器，已徹底革新了地方（如今甚至全球）在測量森林高度與變化上的能力。上方的地圖顯示出從太空以500公尺的空間解析度，針對森林中前10%最高的樹木所測量到的平均高度。在這項研究中，科學家利用NASA冰雲和地面高度衛星上的「地科雷射測高系統」（Geoscience Laser

Altimeter System），收集與率定測量1058380個森林區塊的數據。冰雲和地面高度衛星最初的設計目的是用來測量地球極地冰蓋的總量，結果也能用來測量森林高度，這點可說是非常幸運。

溫帶針葉林是冰雲和地面高度衛星所測量到最高的森林，但它們也是全球高度變化最大的森林。北寒葉林則是最矮的森林，其中又以亞州北部廣闊的落葉松（落葉松屬）森林為甚。東洋區有特別高的熱帶與亞熱帶針葉林，被命名為「梅納拉」（Menara）的黃柳桉樹（*Shorea faguetiana*）是世界紀錄最高的熱帶樹木，同樣也是來自該地區。非洲熱帶地區具有較高的溫帶闊葉與混合林，但相較於其他地區，這裡的熱帶林較矮。

▲ **光學雷達搜尋**

杏仁桉（*Eucalyptus regnans*，左圖）與黃柳桉（*Shorea faguetiana*，右圖）。科學家持續尋找最高的樹，而隨著遙感探測可用於勘測森林冠層的高度，新發現也不斷增加。

世界上最高的樹

最大樹高觀測地圖上的極高樹種與其所在地點。

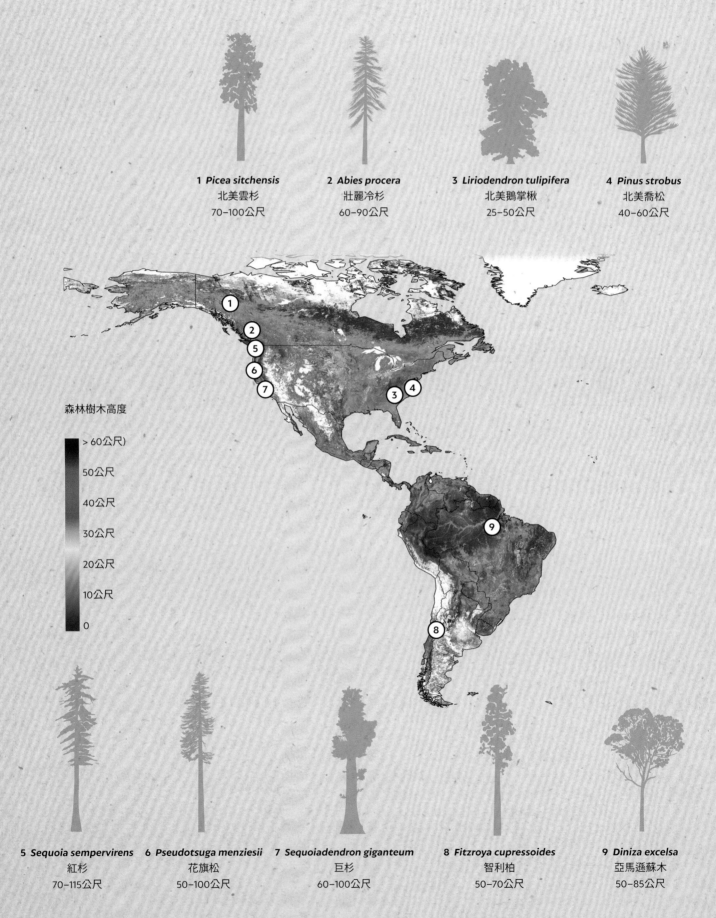

1 Picea sitchensis
北美雲杉
70–100公尺

2 Abies procera
壯麗冷杉
60–90公尺

3 Liriodendron tulipifera
北美鵝掌楸
25–50公尺

4 Pinus strobus
北美喬松
40–60公尺

森林樹木高度

> 60公尺)
50公尺
40公尺
30公尺
20公尺
10公尺
0

5 Sequoia sempervirens
紅杉
70–115公尺

6 Pseudotsuga menziesii
花旗松
50–100公尺

7 Sequoiadendron giganteum
巨杉
60–100公尺

8 Fitzroya cupressoides
智利柏
50–70公尺

9 Diniza excelsa
亞馬遜蘇木
50–85公尺

10 Picea abies
歐洲雲杉
40–50公尺

11 Abies nordmanniana
高加索冷杉
50–60公尺

12 Koompassia excelsa
大甘巴豆
50–70公尺

13 Shorea faguetiana
黃柳桉
70–100公尺

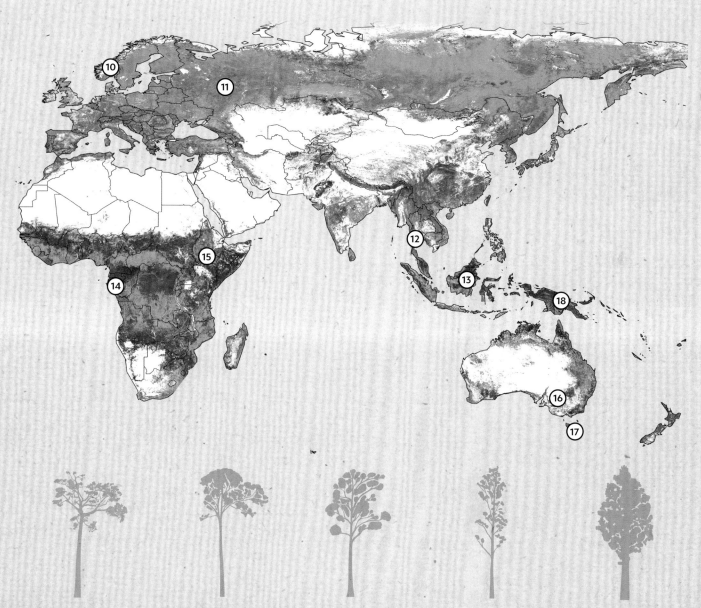

14 Baillonella toxisperma
毒籽山欖
40–70公尺

15 Entandrophragma excelsum
高大非洲楝
50–80公尺

16 Eucalyptus globulus
藍桉
60–90公尺

17 Eucalyptus regnans
杏仁桉
80–100公尺

18 Araucaria hunsteinii
亮葉南洋杉
50–90公尺

2

第二章　尺度與森林生態系

Scale and the Forest Ecosystem

什麼是森林？

如同我們在第一章所見，「樹」在生物學上是一個複雜的名詞。 由此可推斷，既然森林是由樹木所組成，那麼在定義上， 森林可能也繼承了樹木某種程度的複雜性。 不過， 字典將森林定義爲「一個受樹木支配的區域」（an area dominated by trees），這樣的解釋似乎夠直截了當。 因此，爲了使內容簡單易懂，我們在這本書中將會採用這個定義。

▼ **中世紀的森林**

在中世紀的歐洲，森林的定義是「任一未經開墾的土地」，依據法律隸屬於君王，並用來作為王室的狩獵保留地。

在上述這個簡單的定義中，唯一一個弔詭的用詞是「受支配」（dominated）。在森林中，樹木占支配地位通常是指它們的高度最高、質量最大，或者是在改變當地環境上最有效力，但不代表相對於其他的結構分類，它們的數量最龐大，或者它們是最主要的樹種。森林的結構複雜，而這樣的複雜性有可能會表現在其中一種森林的定義上，但在另一種定義上卻未能彰顯出來。在此之所以選擇採用較簡單的森林定義，其中一個理由是森林這個名詞具有上百種微妙的意涵，而這意味著對人們來說，森林在太多不同的層面與規模上都很重要。

冠層

中冠層

地被層

生根區

土壤深度

森林的構成部分

為了簡單起見,在此利用某個森林的調查樣區加以說明。冠層是指森林頂層,中冠層是指低於冠層樹的那些樹,而地被層則是指靠近地面的植被。森林的葉面積是指每一地面範圍的總葉面積。生根區是指樹根能伸入土壤內的深度。儘管樹根能長得很深,但在多數的森林中,九成以上的活樹根都位於地表下一公尺內。調查樣地被安排在一個區域的各處。調查樣地的取樣系統會平均分配,用以取得某一特定範圍內的森林測量數值。

「森林」一詞

「森林」一詞出自古代法律,因此對現代法律與環境政策來說,訂立更明確的定義是一件很重要的事。在語源上,英語的forest(森林)源自拉丁語的foris,意思是「外面」。拉丁語字根for(s)在數種歐洲語言中皆帶有這層涵義——舉例來說,英語的foreigner意思就是「一個外來的人」。在中世紀的英格蘭,森林是耕地之外的土地,依據法律隸屬於君王,一般用來作為王室的狩獵保留地。在歐洲,相同的概念最早是出現在倫巴第人(Lombards)的法律(他們在西元568-774年間統治義大利半島)以及法蘭克國王查理大帝(Charlemagne,西元724-814年)的敕令中。在這兩者中,森林一詞(中世紀拉丁語的foresta)再度用來代表王室的狩獵保留地,與土地的性質無關。

森林法規

法律與生態在定義森林時仍舊密不可分。提升森林的成長與擴張能降低大氣中的溫室氣體濃度,並改善全球氣候變遷的問題。而如此益處也使森林在今日成為一個重要的關注焦點。如今我們正針對各個規模的森林,積極參與相關政策和法規的制定——從樹木區塊、森林公園、州立與國家森林保護區,一直到超越國家與世界層級的森林,均包含在內。林業顧問H・蓋得・隆德(H. Gyde Lund)彙編了一份持續更新的清單,上面列出了1713個可能被翻譯為「森林」的字詞,而這些字詞來自超過五百種語言。另外也附上了超過一千個用在國際、國家、州、省或地方層級的其他衍生定義。就這些字詞而言,森林的定義是:在某種程度上以樹木覆蓋(或至少有如此可能性)的一個土地區域。

樹冠覆蓋量

森林的覆蓋量取決於森林的定義。此處的地圖顯示出在地表有
75%（上圖）以及10%（下圖）由樹冠覆蓋的條件下，全球的
森林範圍會是怎樣的情況。（資料來源：Hansen et al. 2003;
Kirkup 2001.）

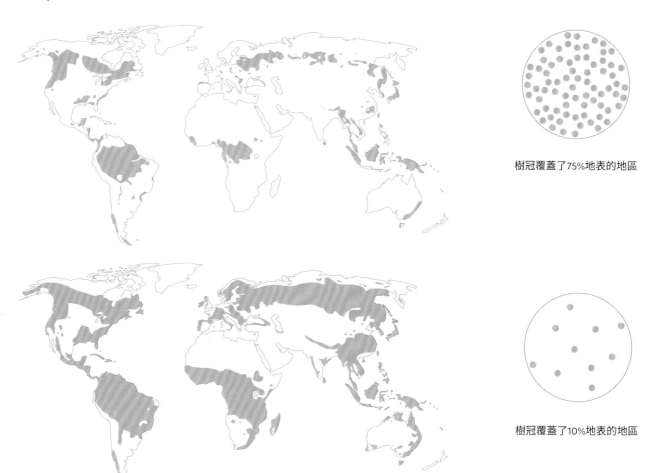

樹冠覆蓋了75%地表的地區

樹冠覆蓋了10%地表的地區

定義林地

全國性的法律與政策通常會透過一連串的提問，藉以從量化的角度界定森林的定義。森林必須佔據的最小面積為何？森林
的最低樹木覆蓋率為何？森林中的樹木必須達到的高度為何？某些國家為了防風、遮蔭、美觀或控制土壤侵蝕而以帶狀的
形式種植樹木，那麼這些帶狀區必須要多寬才稱得上是森林？

最低樹木覆蓋量（天空被樹葉、樹莖和樹枝遮住的區域）有時並未被視為森林定義（包括隆德所列出的許多詞彙定義）
的必備標準。如果這個標準真的被納入考量，那麼小至10%、大至80%的樹木涵蓋比例都會在考量的範圍內。值得注意的
是，用來定義森林的樹木涵蓋量最低限度越大，在某一特定區域、地區或國家內的「森林」就越少。聯合國糧食及農業組
織（The Food and Agriculture Organization of the United Nations）將森林定義為一個大於0.5公頃的區域。此外，該
區域的樹必須高於5公尺，且樹冠須覆蓋至少10%的區域面積。這個定義經常被運用在森林覆蓋量的國際數據彙整上，同時
也是各種國際森林議題常用的法定說明。這些國際森林議題包括碳或生物量（每單位面積內有機物質的重量）的儲存、國
家森林覆蓋量清冊，以及森林砍伐或復育的速度。

澳洲的分類

澳洲政府有一項悠久的傳統,那就是利用覆蓋量結合高度,有系統地為其獨特的植被類型分門別類。以下是其中的一些森林類別:

· 封閉式高林(雨林)——樹高30-100公尺的封閉式森林;覆蓋率大於70%。
· 開放式高林——樹高30-100公尺;覆蓋率為30-70%。
· 開放式森林——樹高10-30公尺;覆蓋率為30-70%。
· 開放式矮林——樹高10公尺以下;覆蓋率為30-70%。
· 林地——樹高30公尺以下;覆蓋率為10-30%。
· 開放式林地——樹高10公尺以下;覆蓋率小於10%。
· 封閉式矮林——樹高10公尺以下;覆蓋率為10-30%。

澳洲的分類

生態系的概念

1930 年代中期對生態學家來說是一段備受挑戰的時期。 北美大草原的一場嚴重乾旱加上拙劣的耕作方式， 不僅釀成了黑色風暴事件（Dust Bowl）， 也加劇了經濟大蕭條的影響， 使得全美與全世界因過去濫用土地與自然系統的後果而天翻地覆。

在這場影響擴及全球的騷動中，美國生態學會（Ecological Society of America）出版了一份重要的刊物，那就是1935年獻給亨利・錢德勒・考爾斯（Henry Chandler Cowles，1869-1939年）的第四期《生態學》期刊（Ecology）。在生態環境已有所改變且仍在變化的美國，這份刊物探討了各式各樣相互交織的主題。這篇期刊是以劍橋教授亞瑟・G・坦斯利爵士（Sir Arthur G. Tansley，1871-1955年）的一篇傑出論文作為開場，標題為〈植被概念與術語的運用與濫用〉（The use and abuse of vegetational concepts and terms）。這篇論文首次以印刷字體出現ecosystem（生態系）一詞。

在定義該詞彙時，坦斯利抱持著改革的目標，意圖使生態學的意義不僅止於對自然的描述，而是晉升為對自然界動態變化的科學理解。由於這個字的首次運用就出現在它的定義中，一般人可能會認為它的字意會因此而變得更清楚。然而，這位植物學家的文字對現代讀者來說反而有些晦澀難懂：

黑色風暴事件（Dust Bowl）
乾旱導致1930年代北美各地普遍的土地濫用問題更加惡化。在此背景下，為了要預測生態／環境變化的動態系統，生態系的概念就此發展形成。

從生態學家的角度來看，在地球表面上如此形成的這些系統，就是自然的基本單位。人類天生的偏見迫使我們將生物體（依據生物學家的判斷）視為這些系統最重要的組成部分，但無機的「要素」無疑也是其中的組成部分，少了它們系統就無法存在，且每一系統內形形色色的要素會持續互換，這不只是發生在生物體之間，在有機體與無機體之間也是如此。這些生態系（我們可以這麼稱呼它們）有各式各樣的種類與大小。它們形成了從宇宙整體到原子之間眾多物理系統中的其中一類。

生態系的構成部分
生態系是一個定義明確且相互作用的生態／環境系統，其目的是要用來理解和預測變化。

坦斯利所指的生態系在現代會被稱為一個定義系統（a system of definition），也就是一個定義明確的抽象概念，包含系統中的主要內容與相關作用，但排除了不相關的事物。形成抽象概念是現代科學在整體上要取得進展的一項必要程序，就森林生態學而言也是如此。為了研究我們會將系統的構成部分與相互作用一個個分開來看。生態系就是以這種方式來闡明：找出所需的構成部分，藉以在特定時刻理解特定規模的特定問題。

植群

生物地理群落（biogeocenosis）可視為一個生態系統單位，以特定植群的界線作為空間劃分的依據。以西黃松林（Ponderosa Pine forest）與河狸池塘／沼澤地（Beaver pond/ marshland）為例。圖中所展示的地景可以為了某些目的而被當作是單一生態系，或者也可以為了其他目的而將其中一個小池塘定義為不同的生態系。

● 西黃松林

● 河狸濕原

森林生態系

由於生態系這個名詞是一種概念，因此生態學家研究的是某一個生態系，而非唯一的一個生態系。研究目標會決定那個生態系的定義。不過，許多生態研究都有類似的目標，因此會採用類似的生態系定義。舉例來說，在生態系的概念發展前，比較類似的概念是生物地理群落。其定義是一個動植物的群落以及與它們有關的無生物環境。群落指的是該範圍內的動植物集合，而無生物指的是無生命的構成要素，例如地質狀況、天氣變數以及土壤中的無生命部分。中歐的生態學家經常會把生物地理群落當作是類似於生態系的概念來使用。然而，兩者的定義差異在於生物地理群落是由植物或動物群落所界定的明確區域。但由群落組成定義其本身或其所在地大小，這在生態系中屬於特殊案例。

生態系服務模型

生態系服務模型通常以人們從正常運作的森林中得到的商品流作為基礎。這些商品包括乾淨的水、洪患與沖蝕防治以及野生動物總數。通常建立生態系服務模型是為了決定森林對人們的價值，以及／或是預測這些服務消失後的風險。在此脈絡下，森林生態系就是環境服務的遞送系統。如同食物網，森林商品所提供的有價值服務也會以示意圖的形式來展示其轉移路徑，圖中的各種服務有時會以金額量化。以這些生態系為基礎的模型，常用於促使人們對危害環境的人類活動採取補償措施。

食物網

另一個經常受到運用的生態系子集合就是食物網。食物網通常著重在動植物以及它們之間透過掠食形成的食物熱量轉移。這些食物網通常會以「誰吃誰」的示意圖來呈現,且圖中會有箭頭和欄位,分別用來表示熱量的轉移方向,以及特定族群所儲存的食物熱量。這樣的熱量轉移有時會被概略解讀為某一物種對另一物種的正面或負面效應。此外,轉移路徑的複雜度在不同條件下會有所差異,這對維持某一特定地點的物種多樣性有關係。其中一項受關切的重要議題是,某一地點的某物種被移除後,是否會導致該地的物種總數暴跌。在評估外來種引進對食物網模式造成的影響時,也有類似的提問出現。目前全球物種的滅絕速率居高不下,當探討某一物種滅絕對其他物種可能造成的連鎖效應時,食物網模型是相當有用的工具。

與食物網類似,但生態系強調元素循環,它們是透過某一生態系追蹤元素的動向(見第100-105頁)。食物熱量在食物網內移動的過程中會逐漸消散,但化學元素在森林內移轉的過程中卻不會消失。森林生態系通常包含大型的食物及元素循環迴路,其中有特別多的迴路是與植物營養的基本元素有關(見第92-93頁)。

北方針葉林的食物網

這個食物網具備了綠色植物從光合作用中獲得的生產力,加上真菌供給的養分作為補給,綠色植物供應食物熱量給植食動物,而植食動物又為一連串體型不一的掠食者提供營養。

在這個食物網中的所有動物都面臨一個共通的問題,那就是在獲取食物熱量的同時,也要設法在取得食物的過程中消耗最少的熱量。

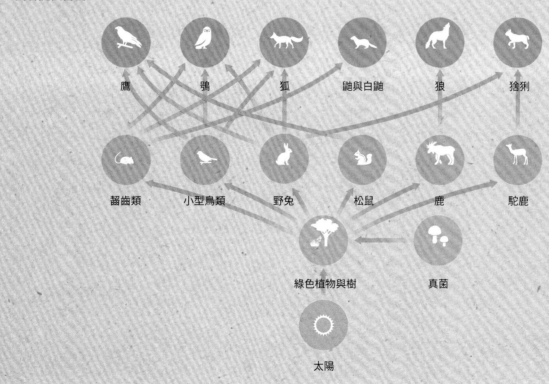

鷹　　鴞　　狐　　鼬與白鼬　　狼　　猞猁

齧齒類　　小型鳥類　　野兔　　松鼠　　鹿　　駝鹿

綠色植物與樹　　真菌

太陽

馬賽克樹磚

如果飛越或從瞭望點觀看一片成熟林時， 可以看到由每棵大樹所產生的林冠粒度（graininess）。 根據成熟林與其年齡的不同， 粒度的直徑大約為 10-30 公尺。 每棵大樹都是一個顆粒， 它們拼貼在一起後的樹冠， 就形成了一幅馬賽克鑲嵌畫。

▼ 樹冠羞避
（crown shyness）
樹冠羞避是指每棵樹的樹冠間，會傾向留有開放空間。

由於芽通常生長在樹枝末端或末端附近，因此鄰近樹木的樹枝被風吹動亂舞時，就會把這些芽打落下來。這種情況導致「樹冠羞避」的現象產生，也就是不同樹木的樹冠互不碰觸，彼此間留有空間。仰躺在林床上，視線直直朝上看向林冠，或是觀看用魚眼相機拍下的相同畫面：穿過林冠的光線所構成的美麗圖案就如同哥德式大教堂的玫瑰花窗，其中有大量光線是從中央（頭頂正上方）由羞避現象形成的空隙透進來，而從傾斜的側視角度射入的光線則少上許多。

樹冠羞避與林床

林冠的規律性加上樹冠羞避現象，意味著絕大部分林床被優勢樹種的冠層所遮蔽——因此正午時分在森林裡拍攝的照片會顯現散佈的光點。也難怪許多小型森林動物（尤其是年幼的哺乳類）身上有淺色或白色的斑點，能在光線斑駁的棲地裡作為保護色。樹冠羞避會產生從天空直達地面的開放路徑，而穿越這些路徑的光束會在林床上形成最亮的光點。在樹冠層深厚的情況下，樹冠羞避所產生的開口會從冠層頂端一路通到林床。如果陽光射入的角度符合這些開口的方向，那麼一道道陽光就會穿越冠層照射到林床上。由於太陽的角度會隨著一天和一年的時間而改變，因此這些在冠層內與林床上的陽光斑點會忽明忽暗。在林床上的綠色植物，要靠陽光斑點與光束所提供的光才能行光合作用。

▲ **融入環境**
年幼的哺乳類（例如幼鹿）通常具有白色的斑點，能幫助牠們融入林床上的陽光斑點。

依田定律

從森林上空俯瞰時，會發現樹冠羞避現象不僅使個別樹冠間的界線變得更分明，也使森林的鑲嵌性質變得更顯著。這種情況在花旗松（*Pseudotsuga menziesii*）森林中特別容易看到。在逐漸侵犯到彼此領域的相鄰樹木間，樹冠羞避會導致這些樹木截斷鄰居的邊緣枝葉。林務人員稱這種現象為樹冠修剪（crown-pruning）。在封閉式森林中，較大型的「優勢」樹木通常在樹對樹的競爭中較有利，而不具優勢的樹木則因生長較緩慢而受苦，最終導致死亡。在一座正在成長的森林中，這種情形會促使次要樹木的總數減少（自我疏伐）。由於日本生態學家依田恭二（1931-1996年）是第一個描述該現象的人，因此該現象稱為「依田定律」。森林的自我疏伐定律之所以開始成形，是因為日本當時並沒有像歐洲林業那樣悠久的森林收穫記錄能作為研究基礎，因此日本的森林生態學家只好從理論生態學（也就是數學理論）來預測再生林分的樹木數量與大小，結果發現樹木的平均大小與總數成反比。雖然依田定律的數學推

導仍有一些統計問題，但該定律顯示出森林冠層的組織具有半透明的規律性。在自然界中，引人沉思的森林之美或許就是源自這樣的規律性。

粒度與自我組織

在現代遙感探測技術的協助下，我們能偵測森林冠層的粒度，也能據此來量化整片地景的光合作用速率，這是因為樹木在不同時空尺度大幅改變了其生長環境。近年來，生物自我組織的理論已逐漸形成，例如森林鑲嵌體如何透過可預測的交互作用自我組織，形成規律性的空間結構。此外，密閉森林中的大樹如果死亡，在那個小生域中是一起重大事件，這樣的事件會啟動一連串可預測的連鎖反應，樹木隨時間生長逐漸修補了冠層孔隙。接下來的部分會更詳細地探討這些森林發展的基本過程。

▼ **俯瞰樹冠羞避現象**
喀爾巴阡山脈（Carpathian Mountains）的一處針葉林冠層空拍圖，地點在烏克蘭的伊瓦諾－福蘭基夫斯克州（Ivano-Frankivsk Oblast）。

森林中的現象與推動力

艾力克斯·瓦特（Alex Watt， 1892-1985 年）是英格蘭劍橋大學的教授。 他在 1947 年發表了一篇極具影響力的論文， 標題為〈植群中的結構與推動力〉（Pattern and process in the plant community）。該論文提出的主要見解是所有的植被（不論是草原、 石楠荒原或森林）都是由不同年齡的區塊所組成——年齡是指自上一次干擾（活生物量突然毀滅）或集體死亡事件以來歷經的時間（見第 80-81 頁）。

▼ **天然的防火線**
不論是人為還是天然，防火線指的就是燃料減少以及／或是潛在燃料含水量高的區域。河道同時符合低燃料與高含水量的條件。

瓦特表示某些區塊年輕是因為近期曾經歷干擾或物種數量減少，而其他區塊年老則是因為近期沒有發生干擾或死亡事件。他認為植被結構反映了正在發展的動態過程。但在此之前，植被生態學家時常只專注於結構本身，而在這些結構內，他們通常又只著重那些年紀最大的區塊。瓦特創新的「結構與推動力」觀點則是將所有的區塊類型與動態過程連結在一起——換句話說，我們必須同時從結構與推動力的角度來理解植被。推動力創造結構，而結構反過來也會影響推動力。舉例來說，一個易燃的森林區塊有可能被濕地等天然「防火線」所圍繞，以致林火無法蔓延到該區塊，進而降低了那裡的林火頻率。

年齡與過程

我們能進一步延伸前述的觀點：推動力本身會受區塊年齡的影響。在瓦特的論文中，描述了一種英格蘭的落葉林植群。這種植群中的優勢樹會隨著時間變得越來越大，但同時也越容易遭受風害和昆蟲的侵害。因此，隨著區塊年齡的增加，植群受到干擾的可能性也會增加。換句話說，森林干擾有一種自然的節奏，從上一次干擾開始就自成一個時間函數，不論風與昆蟲的侵襲增加，或因為其他因素而隨著時間減少。隨著時間流逝，拓殖於干擾區塊的短壽物種會被能耐受低資源環境的長壽物種所取代。只要其他的條件（例如外部因素）維持不變，這個循環就會不斷重複。

結構與推動力

結構與推動力的概念最初是由艾力克斯·瓦特在其1924年的博士論文中發展形成——該論文研究的是英格蘭南部薩塞克斯丘陵（Sussex Downs）的山毛櫸老熟森林。瓦特提出的見解是，他所研究的這片歐洲山毛櫸（*Fagus sylvatica*）森林可劃分成由不同林齡的樹木所佔據的小區域，而這些小區域的拼湊格局是由某個生態推動力所致，目的是要填補大型冠層樹死後所留下的冠層缺口。這些森林區塊，可以說是一連串因應改變的規律順序所構成的集合。

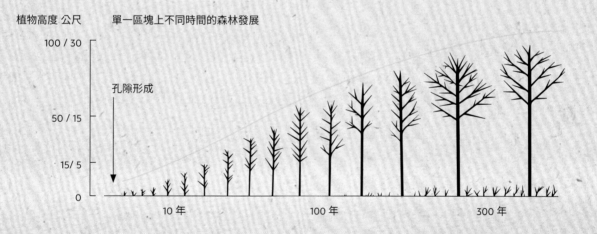

植物高度 公尺　單一區塊上不同時間的森林發展

100 / 30

孔隙形成

50 / 15

15 / 5

0

10 年　　　100 年　　　300 年

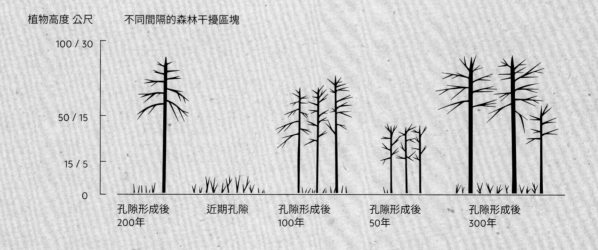

植物高度 公尺　不同間隔的森林干擾區塊

100 / 30

50 / 15

15 / 5

0

孔隙形成後　近期孔隙　孔隙形成後　孔隙形成後　孔隙形成後
200年　　　　　　　100年　　　50年　　　300年

干擾後的優勢物種

為了進一步闡述結構與推動力的重要性，試想一下阿帕拉契山脈南部以雲杉與冷杉為主的高海拔森林，位置就在北卡羅萊納州與田納西州的大煙山國家公園（Great Smoky Mountains National Park）內。依據干擾特徵，這些森林有四個潛在優勢樹種：賓州櫻桃（*Prunus pensylvanica*）、黃樺（*Betula alleghaniensis*）、紅雲杉（*Picea rubens*）與弗雷澤冷杉（*Abies fraseri*）。

大型區塊的優勢樹種

數十至數百棵冠層樹死亡，使礦物土壤裸露出來的這種高度干擾非常罕見，但這種干擾會促成賓州櫻桃拓殖，因為賓州櫻桃有能在土壤中長久保存的種子庫。賓州櫻桃的種子能長期休眠（100年以上），加上它在這四種樹中生長最快，因此很快就在大型干擾區塊中佔有優勢，不過只會活40-60年。賓州櫻桃會在樹齡5-10年時開始繁殖，並持續製造種子，以補充土壤內的種子庫。在沒有干擾的情況下，賓州櫻桃會逐漸衰落，最後只剩下地底的休眠種子。

▶ **賓州櫻桃**
右圖中的賓州櫻桃（*Prunus pensylvanica*）是一種生長快但壽命短的樹，通常埋在土壤中的休眠種子庫會在大型干擾區塊上大量生長。這些種子會透過鳥類傳播而累積在高海拔的土壤內。

▶ **黃樺**
黃樺（*Betula alleghaniensis*）的幼苗在陰暗處存活率低，但當三至五棵或更多棵冠層樹倒塌時，就能從倒塌後產生的孔隙中生長拓殖。

小型區塊的優勢樹種

另一種截然不同的，是造成一至五棵冠層樹死亡的小型干擾。賓州櫻桃很少在這些小型區塊中佔有優勢，反倒是另外三種樹會在此競爭，而且它們在生活史上都有一些有趣的差異。黃樺很難在濃密的樹蔭下存活，它的大量小顆種子不會長期休眠，而幼苗在陰暗處很少活到五年。但如果讓這些種子長在陽光充裕的地方就會大量萌芽，且存活率也很高。在樹被連根拔起後形成的礦質土壤上，以及在潮濕且被青苔覆蓋的倒塌樹幹上，黃樺會生長得特別好。它的根通常會生長在這些倒塌樹幹上，並且往下伸入土內（在倒塌的樹幹消失後，這些黃樺可能會看起來像是「被架空離地」）。由於黃樺在拓殖後就會馬上萌芽，因此它們能快速爭奪非常小型的新干擾區塊。

相形之下另外兩種樹，紅雲杉和弗雷澤冷杉都很耐陰。它們的種子休眠期也不長，但它們的幼苗與幼樹在干擾前會在陰暗處持續且緩慢地生長數十年。當干擾發生時，它們的高度可能已達一公尺至數十公尺，與黃樺非常年幼（且嬌小）的幼苗形成對比。這些位於森林下層的莖會面臨一個風險，那就是它們可能會在干擾事件期間被倒塌的樹損傷。如果它們避開了傷害，就會比干擾前生長得更快，因為它們擺脫了干擾前被限制的生長條件（包括低光照）。不過，它們不會像黃樺生長得那麼快，而黃樺也不會像最大型干擾區塊中的賓州櫻桃生長得那麼快。

截然不同的策略

由此可見，這些形形色色的樹種具有截然不同的發展策略。賓州櫻桃是大型干擾區塊的專家。在小型干擾區塊中，雲杉和冷杉起初在大小上佔有優勢，但它們可能會遭倒塌樹木損傷，而黃樺一旦萌芽後就會快速生長。所以在不同的新干擾區塊中，誰會勝出還很難說！最後要提的是，雲杉和冷杉之間有一個值得注意的差異：兩者皆為耐陰樹種，但比起冷杉，雲杉的種子與幼樹數量較少，且壽命是冷杉的兩倍（250年相對於125年）。換句話說，在冠層樹中，冷杉可能佔據較多數量，但雲杉會堅守那些它所取得的崗位，且佔據時間會是冷杉的兩倍。冷杉必須要有較高的繁殖率，因為它就像是夢遊仙境的愛麗絲，必須要跑兩倍快才能繼續待在同一個地方。

▲ **紅雲杉**
身為能耐受濃蔭的樹種，紅雲杉（Picea rubens）會隨時間持續擴大數量。

▼ **弗雷澤冷杉**
弗雷澤冷杉（Abies fraseri）也能耐受濃蔭，因此它的數量也能夠隨著時間持續增加。但它的最長壽命卻不到紅雲杉和黃樺的一半，因此它必須擁有更多成功生長的幼苗，才能成為這些森林的共優勢樹種（codominant）。

孔隙拓殖與冷杉波

艾力克斯‧瓦特的孔隙填補典範（gap-filling paradigm， 見第 68-69 頁）為現代電腦模式的形成提供了基礎，使這些模式能針對某一小型土地區域上的每一棵樹木，預測其生長、死亡與再生，藉以模擬樹木間的相互作用。一塊小型土地區域的大小相當於一棵大樹倒塌後留下的冠層孔隙。

▶ **裸露的山坡**
在美國東北部以及日本類似環境中的山丘上，間距平均的白色長條樹木帶緩慢地在地景上橫移。

森林調查經常會用等面積的小型樣區來取樣。我們能用這種方式對某一森林地景進行取樣，獲得該地的樹種組成，然後在數年後重新調查，監測這些樣區的變化。藉由每棵樹木的變化資料，我們能建立數學模式，用來預測這塊森林隨時間所產生的變化。感謝現代電腦的發展，模擬數千個樣區內多個樹種、數百萬棵樹隨時間的動態變化，現在是一項輕鬆的工作。

冷杉波

我們以為植物生長不會自行排列成特定結構，但在某些情況下，「具自我組織能力」的植群就是會那麼做。舉例來說，在美國東北部的膠冷杉（*Abies balsamea*）森林中，冷杉波會在迎風山坡上自然形成。從遠處看，出現在地景中的白色條紋就是冷杉波。這些條紋其實是枯立木與倒木的白色樹幹；條紋間的綠色部分則是跟隨在「波鋒」之後的再生冷杉樹冠。從橫截面來看，暴露在風中與霧淞中死亡的冷杉，與再生樹形成了一個波浪空間結構，朝盛行風的方向移動。在日本多風的山坡上，若氣候條件類似，也會形成冷杉波；其中以縞枯山（縞枯意指「枯木的條紋」）最為顯著，但那裡的冷杉波包含兩種不同的冷杉——大白時冷杉（*A. mariesii*）與白葉冷杉（*A. veitchii*）。

冷杉波不只是生態奇觀，更具有重要意義，因為它們是結構與推動力的天然範例。在森林中，結構與推動力能用來預測某一區域在經歷大型冠層優勢樹死亡後，恢復的情況會是如何。因優勢樹死亡而造成的森林冠層缺口會讓更多光線進入，也可能會提供額外的資源。幼苗與幼樹會開始生長，並與其他樹木競爭以成為下一個優勢樹。一片成熟林會是一個鑲嵌體，包含這些因大樹死亡而新生的區塊。將這些區塊組合在一起，就像是在拼湊一幅生態拼圖。若想順利完成拼圖，就要辨識出各個小型區塊的結構，上面覆蓋著循環過程中不同階段的溫帶植被。譬如，在冷杉波中就能清楚看見，在風雪暴露的山坡上植被恢復的過程。

漸進式的死亡

冷杉波的橫截面顯露出隨著大樹死亡而發生的恢復過程,為那
些位於枯樹迎風面的小樹提供了再生與成長機會。枯樹所形成
的波浪持續朝背風面移動,新樹則發育生長成大樹,最終成為
下一個移動波浪的犧牲者。

面對逆風毫無防備的成熟樹木會遭
受更多損傷與壓迫,最終走向死
亡。

大樹死亡後,小型樹木因為獲得更
多日照而趁機生長。

在周圍樹木與盛行風的庇護下,這些樹木在
一段時間內會生長茁壯,直到那些提供庇護
的樹木在新一輪的風雪中暴露而死亡。

盛行風的方向

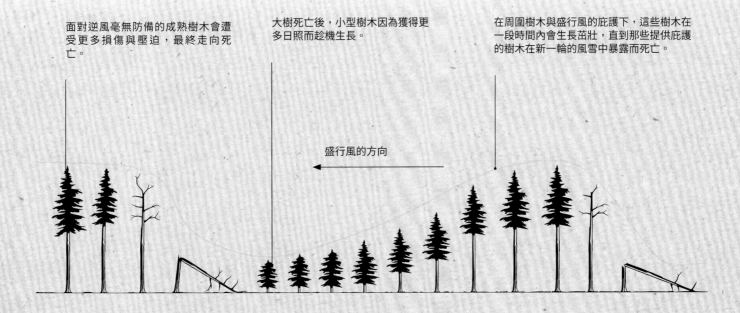

不同樹木的角色

生態系的結構與推動力這概念最初形成的原因，是用來解釋大型樹木死後冠層孔隙被填滿的過程，那麼去思考一棵樹可能會以哪些不同的方式在封閉式森林中生存與茁壯成長，也會有助於了解上述過程。再生情況、樹木生長、樹木壽命與樹木成熟度的差異都會產生協力作用，使某一物種在某一套環境條件下「成為贏家」，但另一物種在另一套條件下才會勝出。

▼ **蒸發散作用**
這個作用是指水分從葉組織以及所有其他來源（例如土壤、水體與植物表面）蒸發的過程。

其中一個經常被提到的因素是耐陰性。我們在討論大煙山國家公園的樹木在干擾後為爭取優勢而相互作用時，就已稍微談到這點（見第70-71頁）。某些耐陰物種能在較低光照的環境中緩慢生長，然而需光物種要在高光照的情況下才會成長較快。通常在一個大型的干擾事件後，需光物種一開始會茁壯成長，但之後就會無法在它們自己的樹蔭下再生，導致下一代將優勢輸給較耐陰的樹木。

有失有得

樹木間的這些差異牽涉到利益的抵換。舉例來說，就生物化學而言，植物組織體積大的樹木雖然在高光照的環境下能有很高的光合作用速率，但在光照度較低時，就得為維持體積而付出代價。以西黃松（*Pinus ponderosa*）為例，它在無遮蔽情況下有高度的淨光合作用收益，但為了抵銷光合「機器」的維持成本，其幼苗需至少30.6%的全日照才會發芽。相形之下，糖楓（*Acer saccharum*）只需要3.4%的全日照就能滿足其成本，並且能在林床上潛伏，等待其上方的樹死亡。擁有許多層樹葉（多層葉；見第42頁）也會帶來高成本，但這些樹葉在高光照的環境中會提供更大的生產力。反之，具單層葉的樹木付出的成本較低，但在光照較多時就沒辦法有一樣多的收益。

樹木還有其他類似的利益取捨情況：獲得大量光線的樹需要較多的水，才能藉由蒸散作用使樹葉冷卻；光合作用速率高的樹需要較多的植物營養素以長出樹葉；低營養環境中的樹較有可能是常綠樹，也較有可能保有樹葉，但新生的樹葉通常會具有較高的光合作用速率。要當一棵樹並非只有單獨一種最佳方式——最好的策略是依環境而定。然而，樹木能對它們的微環境帶來強大的影響。它們會改變遮蔭、水分的蒸散、營養的攝取，以及種子發芽的微環境條件。

▲ **糖楓**

糖楓（*Acer saccharum*）的種子具有「翅膀」，使它們能安穩地降落在地面上。這種樹很耐陰，因此這些種子所產生的幼苗能在森林下層普遍生長。

▼ **西黃松**

西黃松（*Pinus ponderosa*）的幼苗很耐陰。其競爭對手是濃密的草類，而低強度的林火會縮減草類的覆蓋量，因此能為它們帶來好處。

如何當一棵樹？

森林的動態變化就是因為樹木的利益抵換而變得豐富。魯洛夫・奧德曼（長久以來致力於發展樹木建構的幾何模型；見第43頁）定義出如何當一棵樹的兩種基本策略。樹能採取「賭徒」策略，製造出許多會發芽的種子。如果這些種子能落在有陽光的合宜地方，就會迅速生長以成為冠層樹。或者它們可能成為「鬥士」，在陰暗的環境中即便生長速率低，也能堅持下去。當周圍的樹死去時，這些鬥士仍一點一點地向上長，在它們的不屈不撓下，就有可能成為冠層的優勢樹。

大型樹木死後會造成大孔隙；較小型的樹木則會造成小孔隙，或幾乎沒留下任何孔隙。鬥士樹在小孔隙中的再生狀況相對良好，因為它們較耐陰。而賭徒樹則是會在大孔隙中再生，因為它們善於利用那裡的較高光照度。大樹倒下後微環境也隨之改變（包括較熱、較明亮又或許較乾燥的環境條件、被倒塌樹木連根帶起而露出的礦質土壤等），而這些改變有利於賭徒樹的再生。樹木因此能被分類為死後產生（或未產生）孔隙的樹，以及需要（或不需要）孔隙以再生的樹。這兩個二分的類別加在一起後，形成了如何當一棵樹的四種組合方案，而它們的相互關係橫跨所有生態交互作用的標準類型。

需要孔隙再生加上死後會留下孔隙的樹種會自我補強（self-reinforcing）；它們稱為大型賭徒樹。在冠層中，一棵成熟大型賭徒樹的死，很可能會導致另一個大型賭徒樹種取代它的位置。大型賭徒樹的死也會促使小型賭徒樹種贏得優勢，因為這些小型賭徒樹需要孔隙。然而，小型賭徒樹死後不會在冠層中留下大孔隙，因此它們的存在會削減未來潛在孔隙的數量，而不論是大型或小型賭徒樹都需要這些孔隙。從整體來看，一個生態系中的大型與小型賭徒樹具有正向-負向關係──若按照生態學的說法，就是獵物-掠食者的關係。試想一下簡單樹木角色的其他搭配：大型賭徒樹與大型鬥士樹會互利共生，創造出一個具有大孔隙的森林；小型鬥士樹與大型及小型賭徒樹都有激烈的競爭關係，而這樣的關係在控制孔隙數量的鬥爭中有利於小型鬥士樹；大型與小型鬥士樹會互利共生，創造出有助於彼此再生的環境。樹木間為持續佔據冠層而產生的相互作用，就好比中世紀城堡內爭權奪位的陰謀般複雜詭秘。

鬥士與賭徒

大型賭徒樹種需要孔隙以再生，也會在死後形成孔隙；大型鬥士樹種不需要孔隙以再生，但會在死後形成孔隙；小型賭徒樹種需要孔隙以再生，但不會在死後形成孔隙；小型鬥士樹種不需要孔隙以再生，也不會在死後形成孔隙。圖中的箭頭用於表示某一類樹的死亡對下一代取代它的另一類樹所產生的影響。直線箭頭代表某一特定種類的樹存在於當下，對下一代冠層樹中另一種樹的成功會產生的正向或負向影響。曲線箭頭則代表某一特定種類的樹在下一代被同一種樹取代所產生的影響。舉例來說，大型賭徒樹死後會形成大孔隙，而且其冠層樹地位很可能會被另一棵大型賭徒樹取代。小型賭徒樹的情況就不是如此了，因為它們不會形成它們需要用來再生的大孔隙。

樹死亡造成的影響

- 強烈正向(+)
- 微弱正向或中性(0)
- 強烈負向(-)
- 對同一樹種類別的影響
- 對另一樹種類別的影響

大型賭徒樹

巨大刺樹
（*Dendrocnide excelsa*）

小型賭徒樹

澳洲山油柑
（*Acronychia oblongifolia*）

白布庸木
（*Argyrodendron trifoliolatum*）

刷血木
（*Baloghia inophylla*）

大型鬥士樹

小型鬥士樹

3

The Forest as a Dynamic Mosaic

森林的動態變化

從人類的角度來看， 樹木生長緩慢， 如果沒有突發的人為或自然干擾， 它們可能看起來毫無改變。 然而， 若我們更仔細地觀察， 就能了解森林其實是由許多動態區塊所組成的鑲嵌體， 每一個區塊都有不同的年齡、 歷史與軌跡。 如同第二章所述， 森林類型與年齡形成結構，再受推動力驅使變化，森林這個鑲嵌體也能由結構與推動力來定義。

▶ **動態的拼綴物**
從空中鳥瞰，可以看到混合林中，綠色針葉樹點綴著紅、橘、黃色的闊葉落葉樹，形成一幅醒目的秋色拼貼風景。

在這一章裡，我們會探索不同樹種在森林這個動態拼綴物中，是以何種方式扮演著大相逕庭的角色。森林的動態變化對地球的生態健康以及人與環境的關係，也發揮著重要的作用。因為森林的區塊組合會影響森林如何從大氣層中吸收碳（即充當「碳匯」）、如何在干擾後釋放碳（即充當「碳源」），以及如何作為碳的大型儲藏庫，把碳留在葉子、細枝、樹枝、樹幹與根系裡，而非排放到大氣層中。在過去數十年來，生態科學的一大成就，就是讓我們更理解森林的動態變化。

森林變化的起因

在地景尺度上， 森林是由作用緩慢的生長驅動力、 活物質的累積（生物量）， 以及作用快速的自然與人為干擾（例如會迅速減少生物量的伐木與伐林活動）， 共同形塑而成。 自然干擾甚至早在史前時代就已發生， 但在今日， 人為環境與土地利用的改變大大影響了這些干擾的頻率與強度。

自然干擾

自然干擾包含風暴、冰暴、山崩、乾旱、洪水、火災、火山爆發、土壤不穩定、病害與蟲害爆發，以及海岸與河岸的侵蝕與淤積。各具特色的干擾會隨著地形位置以及環境梯度而有所變化。舉例來說，當干擾導致生物量變乾燥到乾旱期之間，需要有足夠的溼度來累積木本植物的生物量，才能產生火災。而氣候變遷正透過溫度、降雨和風的變化，改變這些干擾事件，同時干擾也加速了森林對氣候變遷的反應。就此來說，當生存環境變差，森林中未受影響的植被覆蓋，如已成年有生育能力的長壽樹木，會因慣性而維持環境穩定。但是，當冠層直接受到干擾時，因為環境條件改變，森林可能會迅速再生。

▼ **風**
> 風暴的力量有可能強過樹木的結構阻力，導致樹莖被折斷或整棵樹被連根拔起。在這張圖中，由於風力超越了樹莖的抗拉強度（tensile strength），因而造成樹莖被折斷。

干擾體系

在某一特定地區內的自然干擾加總就稱為「干擾體系」。此一體系不僅包含干擾本身，也涉及其強度與頻率，而這兩種特徵通常會呈負相關：嚴重的大型干擾很罕見，溫和的小型干擾則較常見。干擾所影響的面向（即針對性）也會有所差異。舉例來說，某些森林干擾主要影響森林上層（例如風暴來襲時，大型樹木首當其衝，較容易被閃電擊中），其他干擾則主要影響森林下層（例如洪水與低強度火災會橫掃森林地表，但不會影響冠層樹木）。此外，不論是自然出現還是人類引進的害蟲物種，通常也會侵襲特定類型的樹木。由此可知，往往是由干擾勾勒出林分[1]的輪廓。

干擾強度也會對森林的年齡與林分結構產生不同影響。當干擾影響到森林的大型區塊時，森林再生所產生的改變會導致樹齡相仿的林分形成；當只影響到個別樹木或小型樹木區塊時，則會導致「全齡」的林分形成，也就是說優勢冠層樹之間的年齡會相差較大。

▲ **淹水**
淹水可能是釀成樹木死亡的一個重要原因。不同樹種所能承受的淹水時間有所差異。

1　林分（forest stand）是指樹齡、樹木大小與樹種組成相對類似的森林區域。

提升抗力的適應性改變

干擾也是一個重要的演化動力。針對干擾的適應性改變可分為兩類:避免物種死於干擾的特徵,以及使物種能在干擾後快速適應環境的特徵。

其中一種最戲劇化的適應性改變是毬果的延遲開裂,這是指某些物種製造的毬果由樹脂黏合,需要暴露在林火的高熱中才會打開。全世界有許多樹種都會發生這種現象,在某些松樹(松屬,如臺灣的二葉松)身上可以看到明顯的例子。林火必須要夠熱(就毬果所經歷的溫度而言),才能使毬果開裂,同時持續的時間也必須夠短,才能使種子掉落在林床上時,火已經熄滅。由於毬果不會每年開裂,因此一棵樹會在樹上「儲存」十年以上的種子產量,並在林火發生後散播大量的種子。若林火弭除了土壤表面的濃密落葉,同時減少了火災前原植被的競爭對手,那麼種子通常也會從中獲益。某些松樹的毬果延遲開裂具有遺傳變異性,以致在未發生林火的情況下,某些毬果還是會開裂,其他毬果則保持閉合。在多變、無常的世界裡,演化生態學家將這樣的多重生長策略稱為「避險投注」。

面對林火的侵擾,另一個有趣但較不易察覺的適應性改變與樹皮有關。若樹木在相同大小的情況下,生長在火災頻繁處的樹種通常具有較厚的樹皮。這是因為相形之下,大小相同但「樹皮薄」的樹種較容易受到火災損傷。厚樹皮具有隔絕作用,能使形成層不會因暴露在高溫中,而導致活細胞死亡。

▲ **延遲開裂**
如同許多其他的樹木,澳洲佛塔樹(Banksia,又名班克木)會將種子存放在防火的種莢內加以保護。這些種莢在受到野火烘烤後會裂開,釋放能萌發的種子,使新的幼苗再生。

▼ **澳洲草樹**
草樹(*Xanthorrhoea australis*)的樹脂能抵抗火災所釋放的熱。

驚人的是，抗火樹種通常樹皮最厚的部分會生長在離地2-3公尺的範圍內，也就是火舌最有可能出現的地方。這些樹種會分配較少的樹皮生長量給冠層樹枝，也就是鮮少會接觸到火災的地方。

火災有可能會使樹幹加熱到足以殺死一整圈形成層組織的地步，而這樣的過程就稱為「環狀剝皮」。這種現象會阻礙樹木長出連續的新維管束組織，造成樹木無法靠維管束連接根部與冠層，最終走向死亡。某些火災的溫度可能只會導致形成層組織的部分區塊遭到破壞。在這種情況下，這些創傷會形成火痕，而火痕又是病害與蟲害的進入點，會增加樹木死亡的機會。假如一棵樹在火災中存活下來並持續生長，其樹幹會在火痕周圍增生，最終將之覆蓋。火痕會深留在一棵樹的同心年輪（見第294-295頁以及第306-307頁）內，作為火災的歷史記錄。

▶ **厚樹皮**
西黃松（*Pinus ponderosa*）的樹皮接近地面處最厚，以抵抗野火的損害。

▼ **延遲性毬果**
刺松（*Pinus pungens*）具有延遲性毬果，受野火加熱後會裂開以釋放種子。

▶ 伏芽枝生長
剛松（*Pinus rigida*）是其中一個在經歷林火後會抽芽的樹種。

促進恢復的適應性改變

另一系列針對干擾的適應性改變不是提升抗力，而是那些在干擾後促進物種恢復的特徵。在近期受干擾的區塊中，物種需要適應的是高光照度與資源增長；在未受干擾的森林中，物種需要適應的則是濃蔭（見第74-75頁）。除了較高的光照度外，近期受干擾的立地也會具有較高的可獲得營養等級（available nutrient level），原因是干擾所形成的有機碎屑、土壤表面溫度較高造成的分解速率提升，以及冠層樹死亡導致的樹間競爭減少，都會產生較多可利用的營養元素。因此，物種若經演化後變得能利用這些突增的資源，就能從這些環境條件中獲利。其中一種使物種能迅速拓殖到這些環境的適應性改變是產生頻繁且大量的輕盈種子，這些種子靠風力傳播，從樹上掉落後可立即發芽（見第70-71頁）。

迅速拓殖也能經由相反的策略達成，例如在土壤中長期累積休眠種子，以形成種子庫（seedbank）。形成土壤種子庫的樹種數十年來持續累積種子，同時「等待」下一次的干擾到來，以觸發種子萌芽。這類種子具有厚厚的種皮，能用來限制濕氣、養分與氧氣

進入。我們雖然沒有所有種子庫樹種的數據資料，不過根據記錄，某些樹木的種子已在土壤中休眠超過一百年。換句話說，森林土壤中早已承載著沉潛的樹種，待干擾事件影響優勢樹後，隨即伺機而動。

遮蔭

如同第70-71頁與第74-75頁的解釋，那些幼苗能在森林下層安穩存活的樹木，就稱為「耐陰樹種」，而那些等待干擾帶來較高光照度的樹木，則稱為「非耐陰樹種」。處於這兩個極端中間的樹種則是需要不多不少的光照。因此，相較於遮蔭或高光照度平均分布的情況，森林在干擾與無干擾時期適當輪替時，以及在干擾形成光照度各異的不同區塊時，會呈現較高的樹種多樣性。

耐陰性也與樹種的其他特徵有關。耐陰樹種的壽命較長，且進入繁殖成熟期的時間晚於非耐陰樹種。這類樹木可能會製造較少但較重的種子，因為親代樹會將能量來源（碳水化合物與油脂）儲存在這些種子內，以作為「親代投資」，使稚嫩的幼苗能在多蔭且競爭激烈的森林中穩健成長。相形之下，非耐陰樹種的壽命則相對較短，最大樹齡通常為數十年而非數百年，而且會較早達到繁殖階段（通常會在生長的前十年內）。這一系列與壽命及繁殖相關的特性統稱為「生活史策略」。在干擾與無干擾時期的輪替下，生活史各異的物種得以在森林地景中演化與存活。

▲ **抗火與恢復**

加納利松（*Pinus canariensis*）同時具有抗火與恢復的特性。其樹莖之所以能抵抗林火，是因為樹皮提供了保護。加納利松也會呈現恢復反應，從樹幹與樹枝抽芽長出新的莖。

促成棲地多樣性的孔隙動態變化

成熟林是由不同恢復階段的樹冠層鑲嵌而成。 冠層孔隙再生與後續孔隙填補的循環會促進微環境的多樣性。 在森林的各處， 這樣的異質性會為不同的植物、 動物與微生物提供生態棲位。 如同中度干擾假說連結了一片地景中的干擾頻率與物種多樣性（見第 85 頁的方框）， 當地的孔隙再生／孔隙恢復循環同樣也會提升物種的多樣性。

夏布利概念（The Chablis Concept）

夏布利[2] 概念提出了一個假設，那就是大型樹木的死亡會為數個樹種與植物物種的再生創造微立地（microsite）。在森林棲地中，樹高的歧異性及該地景的鑲嵌度會影響動物物種的多樣性。這個概念是由魯洛夫·奧德曼與法蘭西斯·艾雷發展形成——他們的樹木形態架構模型在「樹木建構學」中有相關討論（見第43頁）。根據他們的定義，夏布利概念闡述的是大型樹倒事件所帶來的後果，以及對環境的立即影響。若走近被風吹倒的

▼ **樹倒事件**
颶風席捲後倒塌的樹——死樹所留下的孔隙能促使物種變得更豐富。

樹木觀察其基部，會看見被扯斷的樹根翻起了一大堆裸露土壤。在這個傾斜的土墩後方會有一個土坑，裡面亦或填滿了水，亦或暴露出不常出現於上層土壤的岩床與底土。而土坑正上方的森林冠層則會出現一個破洞。

依據森林與倒木樹冠寬度的不同，可能會有陽光透過這個冠層破洞直射到林床上，或形成更多的間接光照——但不論是何種情況，都大幅增加了光合作用。在這個光照度提升的環境中，某些位於倒木正下方的小樹會生長得更快速。從根基處觀察，會看見倒木的樹幹平躺在林床上。若這根樹幹倒下時未擊倒其他大樹，那麼沿著其全長分布的土壤就比較不會受到干擾，而此處的光照度也比較不會受到影響。順著樹幹繼續往前，會看到一個遭受嚴重破壞的區段，也就是滿載著笨重樹枝的樹冠撞擊地面之處。在此，除了地面有被翻上來的土壤外，冠層也會因為許多較小的樹遭倒塌的樹冠擊倒，而產生一個大洞。相較於周遭的森林區域，靠近樹冠倒落地點的環境通常會較熱、較乾也較多陽光。

2　在古法語中，chablis的意思是「倒塌的樹木」。

樹倒事件後的再生情形

以下是與大型冠層樹的死亡有關的一系列變化。單一大型樹木的死亡會為許多物種創造各式各樣的再生條件與機會。換句話說，一個物種的死亡能為許多物種帶來再生機會。

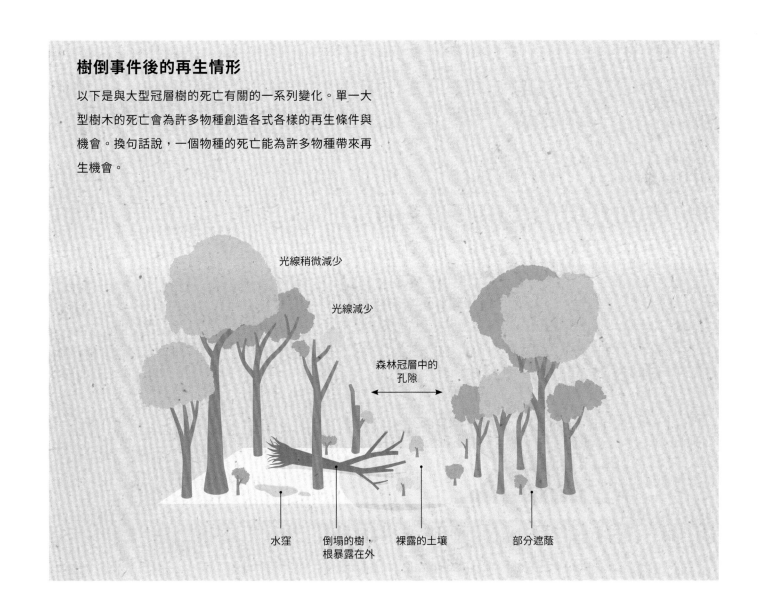

光線稍微減少

光線減少

森林冠層中的
孔隙

水窪　　倒塌的樹，　　裸露的土壤　　部分遮蔭
　　　　根暴露在外

森林枯立木

在森林中，枯立木（即站立的死樹）會大幅提升樹棲動物物種的多樣性。某些樹棲動物極度仰賴枯立木為生。

再生

如前所述，「夏布利」會為樹木與其他植物提供再生立地，除了某些特定森林才會例外。如果你在一座成熟林中，觀察不同時期的樹倒事件所促成的物種再生情況，可能會發現地面上有夏布利的過程軌跡。在真正古老的森林中，你會看到地表上有小丘狀與波狀起伏。這些地表起伏是由土壤表面的平坦隆起與小型凹陷所構成——前者是殘存的傾斜土堆，當中的斷裂木頭與樹根已經腐爛；後者則是部分被土填充的坑洞，位於土堆後方。偶爾，你會看到一棵有支柱根（stilt roots）的樹，其樹根原本生長在倒木的樹幹上，如今樹幹早已腐爛。或者，你也可能會看到一整排這樣的樹，它們在很久以前皆在同一棵大型死木的樹幹上再生。

微棲地熱點

微棲地多樣性的第二個例子，牽涉到森林鑲嵌地景中水平與垂直異質性之間的關係。譬如在100公頃以上的區域，鳥類物種多樣性會與樹葉高度相關。這種植物微棲地的異質性也適用於動物生態棲位。就地死亡與腐朽的站立枯木樹幹（或稱枯立木）會成為鳥類與其他動物築巢與覓食的微熱點。

延續上述觀點，與面積類似的天然林相比，我們可以預期單一樹種所構成的規律人工林，其多樣性會降低許多。即使該人工林位於條件類似的區域，並且具有類似質量的樹葉、樹枝、樹幹等，以及相同（或更高）的生產速率，該地的物種總數及物種多樣性仍可能比天然林低10%之多。

基本的生物量動態變化

一片鑲嵌地景的長時間變化趨勢是什麼？在森林區塊中，數世代以來的樹木生物量動態變化具有循環性。隨著時間的推移，上述任一區塊的樹木生物量曲線圖都會呈現鋸齒狀——當樹木爲填補冠層孔隙而成長時，生物量就會增加；當優勢樹死亡時，生物量就會驟降。這些循環的總和就是一座森林預期會產生的基本反應。

在一個大型區域歷經干擾後，由於所有的森林鑲嵌體都有正在成長的幼樹，因此各區塊的總生物量會增加。這些第一代的樹木會一起變老，某些樹木會死去，但因為其他老樹或其他孔隙中的幼樹持續生長，而獲得補償，該地景上累積的生物量固定不變。如果優勢樹的壽命相似，那麼在某一段時期後，數個（也可能是大多數）森林鑲嵌體區塊的冠層優勢樹可能會同步死亡，而該地景上的生物量也會跟著下降。隨著時間流逝，區塊尺度的生物量動態變化會變得不再同步，而生物量曲線會在總平均值上下稍有變化。在重新造林以儲存碳和減緩全球氣候變遷的情況下，我們會預期森林吸存的碳應該要比排放的多——也就是森林會成為大氣碳的「匯點」。然而隨著時間變遷，這片地景可能會因為初代樹木的衰亡腐敗而變成碳的「源頭」。最後，這片林地雖然會儲存大量的碳，但通常會處於中性的狀態（既非碳源也非碳匯）。為了使森林成為長期有效的碳匯，森林需要受到保護，以避免任何會將它變成碳源的改變發生。

波動的森林組成

當演替接近終點時，一個成熟的森林系統會呈現怎樣的結構？就一個涵蓋許多公頃的成熟林而言，我們會預期看到一個多元的區塊組合，當中的各個區塊皆處於孔隙替代的不同時期。而在該森林中，某一特定演替階段所佔據的相應區域，應該要反映出干擾發生的頻率。

在很多不同的成熟森林系統，都可以看到非耐陰樹種出現在未受干擾的成熟林區塊中，而這樣的現象就是由成熟林的鑲嵌體動態變化所致。在許多天然林中，鑲嵌體要素的空間規模都大於單樹孔隙，這顯示出促成多樹替代的自然干擾也很重要。另外，森林鑲嵌體的長期監測也指出，樹種的豐度（abundance）會隨時間而產生波動。當地天氣的變化可能會促使適合涼溫的樹種大量生長，例如造成大樹同步死亡的一連串乾旱後，接著轉為連續數年較濕涼的天氣。如果那幾年的天氣從濕涼改為乾熱，那麼最後形成的森林也會有所不同。

碳干擾恢復

當一座森林隨著時間成熟後，此一森林鑲嵌體就會有各種發展與恢復階段的區塊。而隨著這座森林愈趨成熟，植物生物量的變化也會停留在所有鑲嵌體區塊的平均值，並且變得相對固定。時間在A點（藍色）時，這座森林正在儲存生物量或碳；到了B點（棕色）時，隨著生長吸收的碳與隨著死亡釋放的碳相互抵消；到了C點（粉紅色）時，死亡數超過生長數，於是森林成為了大氣的碳源；從D點（綠色）持續到通過E點（紫色），生長數與死亡數會達到平衡，使森林處於碳中立的狀態。

演替區塊同步從干擾中恢復　　　　　　　　　　　　　　　　　　**成熟林是一個鑲嵌體**

時間

從干擾中恢復時
預期的生物量變化

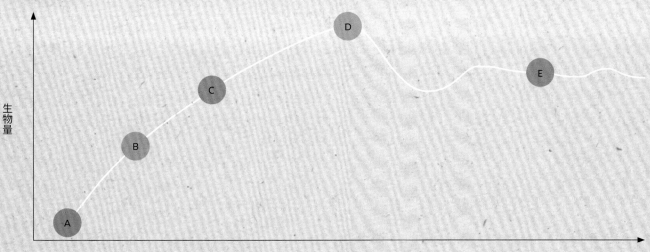

時間

森林演替

1860 年，美國博物學家暨哲學家亨利‧大衛‧梭羅（Henry David Thoreau，1817-1862 年）發表了一篇散文：〈森林樹木的演替〉（The succession of forest trees）。文中，他提到一塊田地一旦遭到棄耕，就很容易被松樹拓殖。而松樹若放任不管，最終也會被橡樹與其他硬木拓殖。這些長壽樹種能繼續就地繁殖，因此它們所構成的硬木森林會接著佔據這片立地達數百年之久。

雖然早在梭羅發表這篇散文的數十年前，就有人提出「演替」一詞，並將此一概念比擬為王位繼承（在此國王指的是森林優勢樹種），但梭羅的散文還是具有其影響力，因為他強調的是促成演替變化的機制。即便在他所提出的簡單例子中，我們也能看到核心機制就是該立地上可及物種（species available）間的競爭，以及由正在發展的生態系本身所造成的環境條件改變，包括遮蔭與土壤中有機物質的增加。

觀察演替變化

預測演替變化的研究指出，演替有一個可預測且穩定的終點——至少在理論上是如此。在此有必要加入「至少在理論上」這個修飾語，是因為在演替歷程所需耗費的數個世紀間，也可能會發生干擾，導致演替的時鐘被重新設定，進而改變了物種間的競爭關係。

▼ **梭羅的筆記**
梭羅《湖濱散記》書內的一個場景。他的其中一項重要觀察是關於發生在棄耕農地上的演替變化，內容描述植群的構成如何從快速生長的早期拓殖樹種（包括松樹與樺樹），轉變為較長壽的硬木（包括橡樹與山毛櫸）。

記錄變化

既然演替變化可能會花上數世紀的時間，那麼生態學家要如何記錄這些改變呢？目前採用的方法有七種，各有其優點與侷限。

1. 直接觀察永久樣區上的變化。

2. 進行實驗：這些實驗會先辨識森林的特徵，接著讓這些森林經歷不同強度與頻率的干擾——不論是直接的人為干擾，或是由研究樣地上的自然干擾所衍生的「自然實驗」。

3. 比較在同一地點拍攝的歷史與現代影像（即「重複攝影」）。

4. 採用空間替代時間法（space-for-time substitution），即在同一時期取樣不同年齡但處於同一環境的森林，藉以推斷演替序列。

5. 在現在的植被中發現過去遺留的特徵，例如早期演替階段特有的火痕與物種族群數量減少。

6. 研究層狀沉積物中的化石與亞化石，例如累積在湖泊與沼澤沉積物中的花粉粒——這些能追溯起源時間的化石能反映數千年來的植被變化。

7. 模擬建模（simulation modeling），即利用物種的生活史特徵（壽命、擴散速率、生長速率與競爭能力）以及正在改變的環境條件，預測植群隨時間逐漸發生的演替動態變化。

◀ **觀察變化**
一位雨林研究員在哥斯大黎加的里約瑪丘森林保護區（Rio Macho Forest Reserve）研究樹木的生長。

初級演替

早期的生態學家區分出兩種演替形式：初級與次級演替。在初級演替中，生態系的發展始於貧瘠的基質（substrate），例如岩床、熔岩流、火山灰沉積，或範圍廣泛的沙沉積物。這種演替環境的關鍵在於沒有任何土壤存在，也沒有先前可能發生於同一地點的任一生態系殘留物。隨著時間流逝，植物拓殖到該區域，帶來了有機物質，也啟動了土壤的發展過程，並藉由增加生物量與遮蔭促成了其他的環境變化。新形成的水體也可能作為初級演替的起始點——沉積物累積到最後不僅使基質上升，也使土壤得以發展。可想而知，並非所有朝土壤發展邁進的初級演替都有很大的進展。某些開放的岩石表面太過陡峭，以致有機物質與土壤直接被沖刷到下坡。某些水體則可能過深過寬，以致沉積作用從未產生基質，也無法讓土壤在其上形成。反覆的干擾也會打斷土壤的長期發展過程。

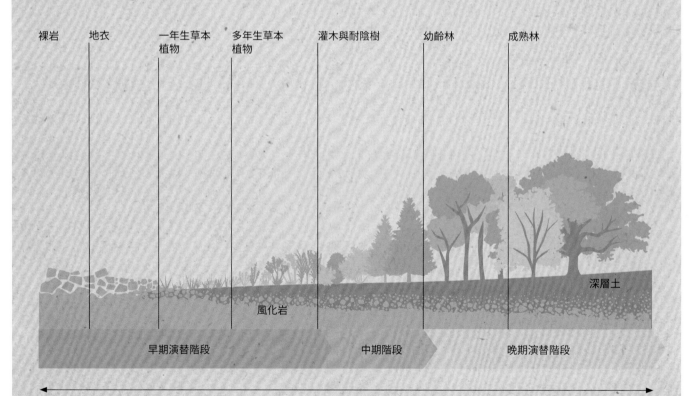

裸岩　　地衣　　一年生草本植物　　多年生草本植物　　灌木與耐陰樹　　幼齡林　　成熟林

深層土

風化岩

早期演替階段　　　　　中期階段　　　晚期演替階段

數百年至數千年

次級演替

相較而言,次級演替則是從前一個生態系所留下的土壤開始發展。這些土壤並不貧瘠,反而蘊藏著殘存的生物群,包括各式各樣的植物、動物與微生物。由此可見,農耕後與森林砍伐後的演替皆屬於次級演替。不論是經歷了人為或自然干擾,前一個生態系的殘留物(例如土壤、生物群與倒落的林木樹枝)皆稱為「生態系遺存」(ecosystem legacy)。初級演替沒有生態系遺存,但次級演替有。然而,次級演替中的生態系遺存有可能差異極大,種類包括土壤、有機碎屑、種子、昆蟲、真菌或其他物種。這是因為嚴重干擾或干擾後的侵蝕作用會產生少量的生態系遺存,而不會伴隨侵蝕作用的輕微干擾則會產生大量的生態系遺存。這些差異會形成許多類似的次級演替,而每一個演替都有自己的起始點。

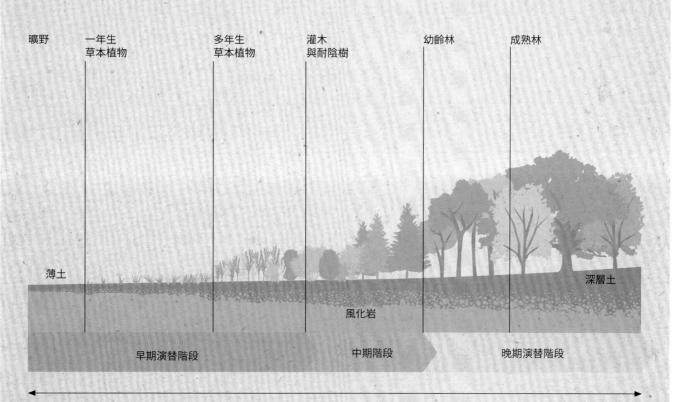

曠野　　一年生　　　　多年生　　灌木　　　　幼齡林　　成熟林
　　　　草本植物　　　草本植物　與耐陰樹

薄土　　　　　　　　　　　　　　　　　　　　　深層土

風化岩

早期演替階段　　　　　　　　中期階段　　　晚期演替階段

數十年至數百年

威斯特曼樹林（Wistman's Wood）中扭曲的古老橡樹，位於英國的達特穆爾國家公園（Dartmoor National Park）內。

演替變化的速率

因為有生態系遺存，所以次級演替可以說是「優先起步」，其進展通常比初級演替還要快速。從觀察到的改變推估，變化速率在初級與次級演替的終點都會變低，或甚至歸零。在沒有干擾與環境改變的情況下，演替最終應該會形成穩定的生態系。

森林演替會帶來結構上的改變。在演替早期（若能獲得種子來源且土壤未受嚴重侵蝕，那麼或許會在數十年內），幼苗以及之後的幼樹會密集地覆蓋地表。儘管這些樹很幼小，然而其總葉面積通常會達到接近干擾前的程度。此一葉面積的增長會促使生物量累積的速率提升。一般而言，總森林生物量在演替抵達終點前會達到最大值，或許就在前一百或兩百年內。森林在累積生物量的同時，會因為樹木自然汰換減少而變得比較稀疏，但優勢樹會生長得很龐大。

在前一百年內，隨著最初的拓殖物種壽命已屆，森林的組成份子會轉變為更長壽的物種。樹木的體型變大也意味著我們會開始看到枯立木，也終於會看到倒臥在林床上的大型倒木——這些都是棲地結構的重要層面。由於之後的演替物種可能會活上數世紀，因此這種大型林木殘骸可能會花五百年以上的時間才會形成。某些干擾前的物種（例如生長在森林下層的野花）由於繁殖量低，擴散速度也慢，因此從干擾中恢復的時間可能會接近大型林木殘骸形成的時間。當演替抵達終點時，大型樹木的死亡會在森林中形成持久的年齡區塊性（age-patchiness）。此一現象能進而促成總森林生物量的後演替衰落（late successional decline），但也能有助於維持森林的樹種多樣性。

老熟林

在自然干擾間隔時間長的情況下，森林的組成樹木會在干擾的間隔期間達到最大體型與年齡。這類森林稱為老熟林與古林地，是很珍貴的研究素材。也有人稱它們為「原始林」，藉以和「次生林」有所區別——後者是在人類移除原始森林後才發展形成。老熟林的「古老」能以三種有趣的方式展現。首先（也是最明顯的一種），老熟林的冠層樹都很老。但別忘了：如果干擾的格局會產生小型區塊，一座森林就有可能是由各個年齡的樹木所組成，那麼老熟林的冠層樹就不會都是老樹。基於這個原因，「老齡」這個標籤的標準通常會採用固定的公式來衡量，例如在老熟林中，至少要有75%的冠層樹年齡超過最大壽命的75%。

第二種森林展現古老的方式是維持不受人類影響，而是只有透過自然外力加以形塑。然而在今日，鮮少有森林能符合這項標準，原因只有一個，那就是現今我們的世界到處都受到空氣汙染與氣候變遷的衝擊。第三種森林能「顯老」的方式與看法的轉變有關——也就是不再著重個別樹木的年齡，而是改為關注森林本身的年齡。如果我們所談論的森林生態系從未遭到砍伐或轉變為農業生產系統，而是由許多世代的樹木所形成的一座森林，加上這些樹木起源自人為影響鮮少的時代，那麼就算這座森林裡的樹木並不老，譬如現時的樹冠層因近期受到干擾（例如風暴或火災）而相對年輕，我們還是可以說這個生態系很古老。在某些區塊與某些時刻中，一個古老的森林生態系也有可能受年輕樹木所支配。

▼ **新森林的成長**
一棵生長在巨杉間的幼樹，位於加州優勝美地國家公園（Yosemite National Park）的馬里波薩林地（Mariposa Grove）。

元素循環

成熟林是對其周邊環境有著強烈影響的巨大有機體。 森林會自我回收物質, 而且能改變土壤化學性質與排水, 因此又被比喻爲生命體。 物質進出森林生態系的研究圍繞著三大「運輸」體系, 分別是: 水與大氣的移轉、 有機物質以及酸性。

水與大氣的移轉

降水(包括雨水、冰或雪)會將物質從大氣輸送到森林中(濕降)。當缺乏降水時,大氣塵(乾降)也會發揮類似的作用,將物質從森林外部運輸到內部。不同輸入元素的量會隨著森林上風處的地質情況而變化。鈣、鉀和鎂都是重要的植物營養素,通常在鄰近海洋的區域產量高。森林通常存在於供水量充裕的環境中(至少要有足夠的季節性供水量),而溶解度較高的元素會優先分解,並從森林排放到地下水與溪流中。鈉(對動物來說是必要的元素,但對植物來說沒那麼重要)也會經由水與大氣的強力運送而進入靠海的森林,但在遠離海岸帶的森林內陸,鈉的輸入量會小上許多。大多數的鈉化合物都具有可溶性,這表示它們經常被沖進溪流裡和流失到森林外。這種情形會造成鈉短缺,也因為這個原因,在較潮濕的森林系統中生活的大型植食動物,會受到鹽分來源的強烈吸引——印度野牛(Bos gaurus)就是其中一例。

▼ **含鹽的營養素**

鹽具有高溶解度,很快就會流失到森林生態系外。鈉是動物不可或缺的營養素,而大型植食動物的鹽排泄速率高,卻又以低鈉植物為食,因此會受到鹽分的強烈吸引。其中一個顯著的例子是印度野牛(Bos gaurus),在南亞與東南亞的潮濕森林中可見其蹤影。

森林元素循環的主要構成部分

森林元素循環包括有機碳吸收與釋放、水的移轉、酸性的產生，以及因酸性而從礦物中分解出元素。

降水（濕降）中的
物質輸入

蒸發散

有機物質的
生長

有機物質的
死亡與腐敗

元素的吸收

排水

增加的酸性分解了
土壤與岩床中的礦物

有機物質

森林中的第二種運輸體系，是由樹木的生長與死亡所驅動的元素回收。樹木生長時會從土壤中吸收養分，並將這些養分融合成新的植物組織。在元素的回收系統中，被吸收的這些營養元素透過枯落物，最終分解而釋放（即礦化）——這些枯落物大多為落葉，但也有部分是花、種子與細枝。死木樹幹與大型樹枝也會分解，只是速度較慢，因此在元素回收系統中，釋放過程額外重要。熱帶森林的分解速率快，因此枯落物大約在一或兩個月內就會消失，導致林床上的有機物質相對稀少。相形之下，溫帶森林的分解速率則較緩慢，因此林床上會有兩年內形成的枯落物，處於各種腐敗階段。北寒林具有多泥煤的深層腐爛枯落物，因此樹下會有累積十年、二十年甚至更多年的枯落物。當環境條件較不利於分解枯落物時，分解過程就會變慢，泥煤沉積物也會儲存營養元素，以致有機物質的回收逐漸陷入停頓。這種情況會發生在較寒冷與較乾燥的森林中。此外，當森林的可獲得營養素不足以支持微生物生長，使分解／礦化過程無法經由微生物順利進行時，也會產生同樣的回收停滯現象。

化學標記

在動物所棲息的森林生態系內，不同棲地的元素移轉會表現在動物身上。藍翅鶯常見於北卡羅萊納州（在楠塔哈拉國家森林〔Nantahala National Forest〕的卡拉斯哈瀑布〔Cullasaja Falls〕，如上圖所示）。雖然這些鳥在加勒比群島過冬，但其羽毛的元素組成顯示牠們的繁殖地點是在北卡羅萊納州。

土壤酸鹼值

可在土壤內獲得的營養元素會隨著土壤的酸鹼值而有所變化。淺藍色的部分代表多數植物的酸鹼值理想範圍。

4.0 pH	4.5	5.0	5.5	6.0	6.5	7.0	7.5	8.0	8.5	9.0	9.5	10.0

酸性						鹼性						
強酸性				微酸性	極微酸性	極微鹼性	微鹼性	中性		強鹼性		

（圖表由上至下依序標示：氮、磷、鉀、硫、鈣、鎂、鐵、錳、硼、銅與鋅、鉬）

酸性

許多森林生態過程都會產生酸性。酸鹼值（pH值）是以溶液中的氫離子（以H+表示）濃度作為衡量標準。pH值等於7的溶液是中性，大於7是鹼性，小於7則是酸性。由於pH值採用的是對數（logarithmic）尺度，因此pH值2的酸性溶液所含的H+是pH值3（酸性較低）溶液的十倍。植物在pH值介於6到6.5之間（微酸性）的土壤中通常會生長得較好，而在更酸的土壤中，植物可獲得的必要營養素就會下降。樹木在生長時，必須攝取植物必要元素（例如鈣、鉀和鎂）中的陽離子。陽離子的排放（大多為氫離子）會與根表面的陽離子攝取達到平衡。有機物質的分解也會形成輕微的有機酸，而活著的根藉由呼吸作用釋放的二氧化碳則會與土壤水分相互作用，進而形成碳酸。這種由森林產生的酸性會分解岩床與土壤中的礦物。隨著這些礦物質來源的損耗，土壤的酸性會增加，一系列元素也可能隨酸性分解而釋出。必要的營養元素可能會經由水運輸體系，從森林生態系的土壤水分中被帶到溪流與湖泊中。第106-109頁的「長時間序列」說明中附有例子，用來闡述酸性與大氣運輸在森林與森林土壤的發展中，長久以來所扮演的角色。而在這些例子中，森林的質量先是增加，隨後在長達數百或數千年的時間內不斷減少。森林集結了氣候、土壤與地表地質這三種元素運輸體系，並受到海洋距離、周邊地形與地質情況的影響，以致在不同地區的森林內，水體、植物與動物內的元素及同位素濃度形成了特殊的組成——這是一種地域性的標記。

集水區的研究

森林集水區的研究大大提升了我們對森林運作機制的理解，特別是森林元素循環。集水區是降水匯集到定點的某個地景區域。在許多集水區的研究中，這個「定點」指的是攔水堰，也就是在溪流上圍起一個小水池的小型水壩。集水區的輸入物質是從降水和灰塵中收集而來，其輸出的測量方式則是判斷量水堰上方的水流量與水中化學物質的濃度。許多集水區的研究運用森林地景進行實驗，藉以觀察不同元素輸入與輸出之間的平衡，或是其他類似集水區內不同植被由蒸發散作用所致的水分流失。

近來，集水區的研究範圍已積極擴展到地景輸入與輸出的測量之外。如同第60-63頁的討論，森林生態系能運用圖表概念化，同時在圖表中以欄位代表系統構成部分中不同元素的儲存量（就每一單位面積的質量而論），並以箭頭表示欄位之間隨時間發生的移轉。這樣的建模典範（modeling paradigm）也被用來計算放射性物質在生態系間的轉移。這些「分室模型」（compartment models）起源於1930年代的藥理學研究——當時的研究運用類似的抽象描述去追蹤藥物或其他物質在人體內的流動路徑。

1980年，森林生態學家菲力普·索林斯（Phillip Sollins）與他的同事為了調查元素通過H·J·安德魯斯實驗林[3]的動向，發展出一種分室模型，而他們的研究也成為了經典。這項集水區研究以廣大的空間尺度，調查不同伐採方式對花旗松（Pseudotsuga menziesii）森林所產生的影響。該實驗林上方形成降雨雲的空氣，是從太平洋橫跨傳送而來，因此雨水中的鈣與許多其他元素含量皆低，水質在北美也是數一數二的乾淨。當這項研究在奧勒岡州展開時，美國東部與歐洲正因空氣汙染的緣故而出現很酸的酸雨——酸性甚至高到足以溶解歐洲的戶外雕像和美國的墓碑。

這項奧勒岡州的研究是在相對自然的環境中，探討元素的循環與氫離子的生成，環境中並無顯著的人為汙染。以鈣為例，其回收在有機物質的運輸下成效顯著，其輸入大多來自風化岩，而風化岩又是從森林所輸出的酸侵蝕而成。其他的必要元素（包括鉀、鎂、氮與磷）也透過有機物質的運輸體系，被回收與保留在森林中。值得注意的是，這是第一個藉由森林生態系判斷氫離子動向的研究。而在這個案例中，酸性主要的作用是分解該生態系中土壤與岩床的礦物。

▲ 水流量

用來測量溪流水流量的簡易V型缺口。當水流經嵌入小型水壩或量水堰的V型缺口時，缺口上方的水流高度能用來估計溪水的流量。

◤ 老齡的花旗松林

圖中壯觀的森林是由高聳的常綠針葉樹所構成。這些樹種能適應林火的衝擊並迅速再生。在歷經四百年的林分發展後，老齡的花旗松林就如同哥德式的大教堂，展現出令人震撼的垂直感。

3　H. J. Andrews Experimental Forest，位於美國奧勒岡州西部的喀斯喀特山脈（Cascade Mountains）。

花旗松林中的鈣回收

菲力普·索林斯與同事在老熟林的一個經典研究中測量到的鈣
移轉，研究地點在奧勒岡州西部的喀斯喀特山脈。

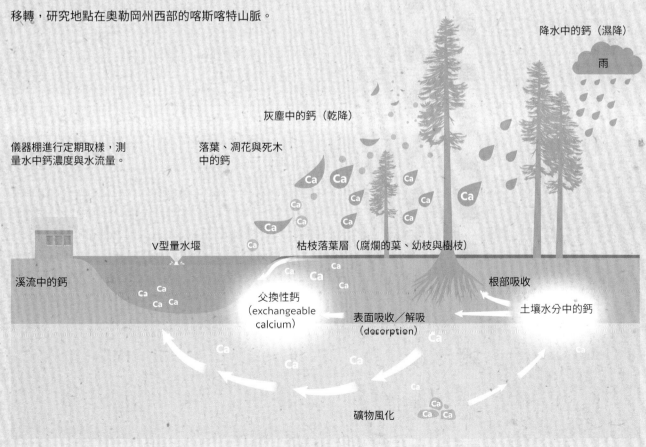

降水中的鈣（濕降）

雨

灰塵中的鈣（乾降）

儀器棚進行定期取樣，測
量水中鈣濃度與水流量。

落葉、凋花與死木
中的鈣

Ca Ca Ca

Ca Ca Ca Ca

Ca Ca Ca Ca

Ca Ca Ca

Ca

V型量水堰 枯枝落葉層（腐爛的葉、幼枝與樹枝）

溪流中的鈣

Ca Ca
Ca Ca

Ca Ca Ca

Ca
Ca

父換性鈣
(exchangeable
calcium)

表面吸收／解吸
（desorption）

根部吸收

土壤水分中的鈣

Ca

Ca

Ca Ca

礦物風化 Ca
Ca Ca

長時間序列

根據第 60 頁的「生態系概念」，生態系的定義是：在相似範圍的時空尺度上，因回應外部驅動因素而產生推動力的交互作用系統。這意味著一個人如果在特定的時空尺度進行科學研究，其觀察結果將會和該時空尺度上的普遍森林現象有關。

▶ **灰塵中的非洲標識物**
來自西非沿岸撒哈啦沙漠的沙塵暴——從非洲吹送過來的微塵可能會成為滋養亞馬遜盆地的肥料。

許多生態研究都是落在100公頃的尺度上，時間長達數年。儘管邏輯上無法在大型區域進行為期千年的直接觀察，然而在較長與較大的尺度上，還是會有一些研究員想要探究的重要問題。舉例來說，在一萬兩千年前，廣大大陸冰河的融解迫使樹木生長區移位（且仍在從影響中恢復）後，這些緩慢且可能還在持續的擴張對現代產生了什麼後果？森林要花多久時間，才能從一百年前或甚至更久以前引進的外來害蟲與疾病中恢復與調適？森林會如何因應氣候變化？土壤生成緩慢會帶來什麼影響？上述及更多的問題可能都無法從短期的地方性研究中看到答案。

達爾文的灰塵

1832年1月16日，達爾文登上在維德角群島（Cape Verde Islands）靠岸的小獵犬號，在航行到距離最近的島嶼約1200公里處時，一場來自非洲的沙塵暴導致船上積滿了微塵，於是這位年輕的科學家將這些灰塵收集了起來。這些灰塵中含有淡水矽藻（外覆矽質的單細胞藻類）的外殼以及植矽體（植物表皮細胞中的矽質固體）。在長達一個世紀半的科學探索後，後人終於成功辨識出達爾文的灰塵來源，以及在那之後船上記錄的許多沉積物是來自何處：淡水矽藻是來自查德湖（Lake Chad），一個位於中非的大型湖泊；植矽體則是源自薩赫爾（Sahel）的火災，一個從塞內加爾向東延伸、位於西非與中北非的半乾旱地區。

▼ **矽藻**
水滴中的微小矽藻。

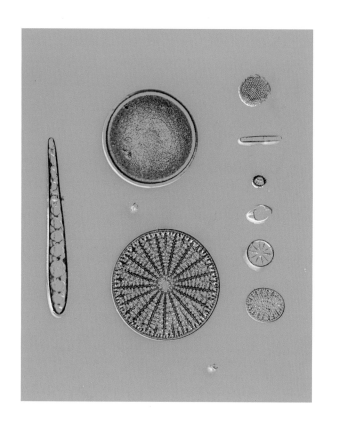

類似的傳輸方式將非洲南部的火災所形成的灰塵與煙霧送入了亞馬遜盆地南部。此一現象衍生出一個疑問：「撒哈拉沙漠是否為亞馬遜盆地帶來了養分？」磷與鐵的傳輸很可能就是這樣的情形：這兩種元素在森林中有可能會短缺，尤其是在大多數養分都儲存在活樹體內的那些森林中。深海沉積物顯示此一傳輸過程已存在了數百萬年，並且伴隨著週期：當撒哈拉沙漠處於潮濕期時，「施肥」就會停止；處於乾燥期時就會啟動。既然如此，那麼促使亞馬遜盆地發展的驅動力，會不會有一部分是來自撒哈拉沙漠？根據大氣科學家羅伯特・斯瓦普（Robert Swap）與同事的計算與測量，情況確實是如此，而且這個結論已得到其他研究大氣傳輸的科學家證實。

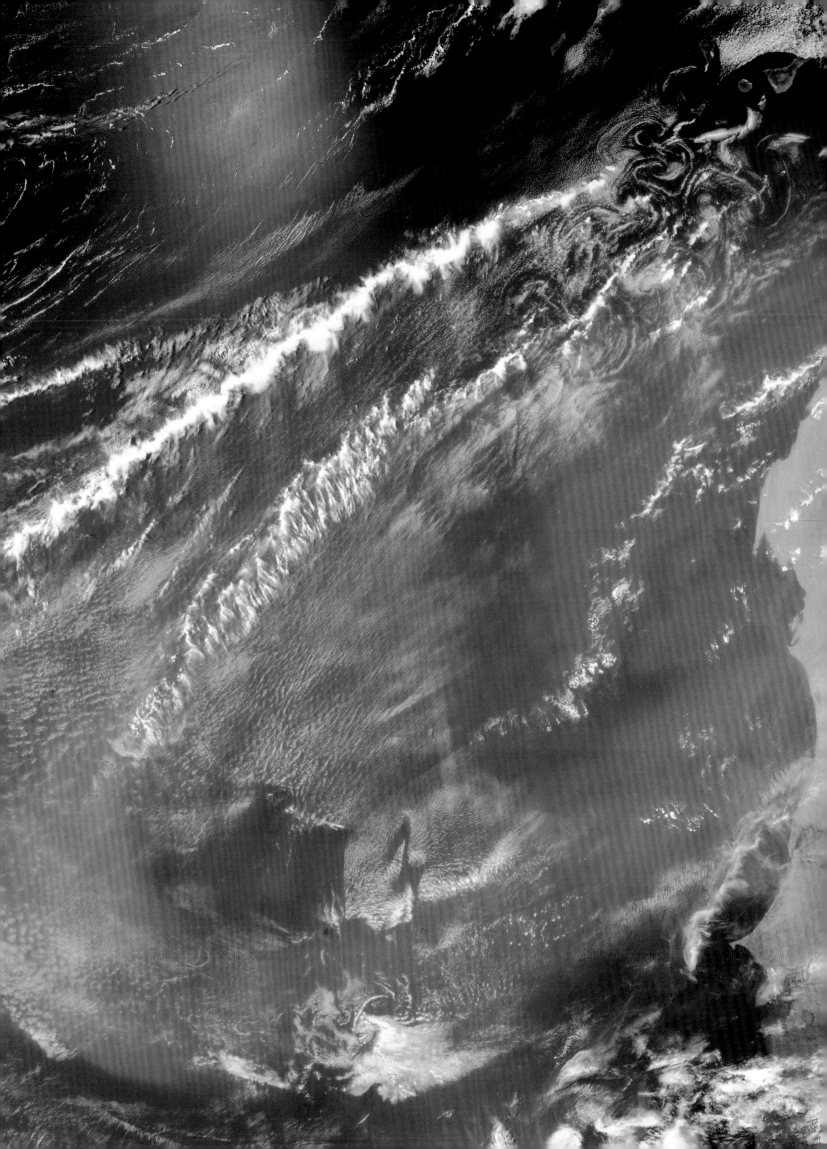

時間序列

現代在遙感探測上的進步，為廣泛區域的生態系現象提供了新穎的資訊。相關內容在第十二章與其他地方都有介紹。然而，這些觀察的時間都相對短暫，落在數年到數十年的尺度上。對生態學家而言，去了解較長期的生態反應在百餘年來一直都是一大挑戰，直到現在也仍是如此。

空間替代時間的研究方法（見第103頁）又稱為「時間序列」，其中有某些特殊案例確實針對森林在長時間尺度上的變化，提供了深刻的見解。時間序列是按照某些潛在的大尺度作用力自然發生的順序進行排列，而這些作用力通常與土壤變化的發展有關。理想上會有一組經過搭配的研究地點，用來理解森林的變化，而這些地點只有在林齡上有所差異。每一個特定林齡的時間序列都經歷了不同的天氣歷史，這是因為一塊25歲的樣地會反映出過去25年的天氣歷史，但一塊100歲的樣地在最初25年的天氣歷史卻是發生在100年前到75年前之間。這有可能是一個重大的問題，也有可能不是。

印第安納沙丘（Indiana Dunes）研究

印第安納沙丘時間序列是亨利・錢德勒・考爾斯（Henry Chandler Cowles）於1899年進行的經典研究。印第安納沙丘（在當時是伊利諾伊州的州立公園，如今是一座國家公園）是在末次冰期結束時由密西根湖（Lake Michigan）形成的沙丘，時間為一萬二千

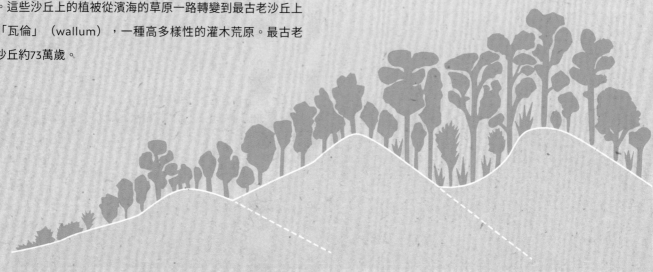

庫魯拉（COOLOOLA）的植被時間序列

在庫魯拉沙丘系統中（位於澳洲布里斯本以北的珊瑚海上），有一系列部分重疊的沙丘在珊瑚海岸上發展成不同的海平面高度。這些沙丘上的植被從濱海的草原一路轉變到最古老沙丘上的「瓦倫」（wallum），一種高多樣性的灌木荒原。最古老的沙丘約73萬歲。

瓦倫
（最古老的沙丘）
兩種系統：
324000歲–453000歲／
716000歲–730000歲

逆行的硬葉灌木林地
190000歲–232000歲

桉樹與針葉樹的
硬葉疏林
126000歲–176000歲

雨林
8300
歲–9800歲

濕硬葉疏林
6200歲–7700歲

年前。最年輕的沙丘是在最靠近湖岸處開始形成。距離湖岸越遠，沙丘的年紀就越老。而隨著年紀的增加，不同沙丘上的土壤也會逐漸含有更多的有機物質與氮。最後一個沙丘上覆蓋著森林。在結合了這些與其他印第安納州老沙丘的觀察後，考爾斯以美洲椴樹（*Tilia americana*）-北美紅橡（*Quercus rubra*）-糖楓（*Acer saccharum*）森林為例，提出了初級演替序列的概念。此一森林發展於有遮蔽的沙丘斜坡上，以及受保護的沙丘袋（dune pocket）內。排水良好、適度暴露的沙丘較乾燥，也較容易產生野火，而發展於這類沙丘上的則是美洲黑櫟（*Quercus velutina*）森林。考爾斯認為植被隨時間產生的變化，並不會使它發展成固定的成熟植被類型，而是受另一個變因所控制——即土壤長期以來的提升與改變。

1958年，傑瑞・奧爾森（Jerry Olsen）記錄了在印第安納沙丘的立地上，有哪些化學與物理過程導致沙子形成了肥沃的森林土壤。奧爾森提到：「考爾斯很可能假定在演替早期的迅速變化結束後，土壤條件會有緩慢但確實的提升，於是未來演替的機會也會跟著增加……不過必須要考量到一個可能，那就是某些變因的限制到最後甚至可能會衰減。」此處的限制衰減有時又稱為「逆行演替」（retrogressive succession），在澳洲昆士蘭南部大沙國家公園（Great Sandy National Park）的75萬年沙丘生態系變化時間序列中，也能觀察到此一現象。我們或許可以再補充一點，那就是時間序列可能永遠都會隨著無常的氣候而有所變化。

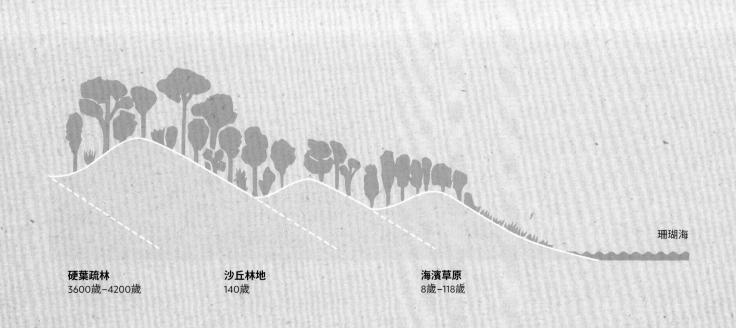

珊瑚海

硬葉疏林
3600歲–4200歲

沙丘林地
140歲

海濱草原
8歲–118歲

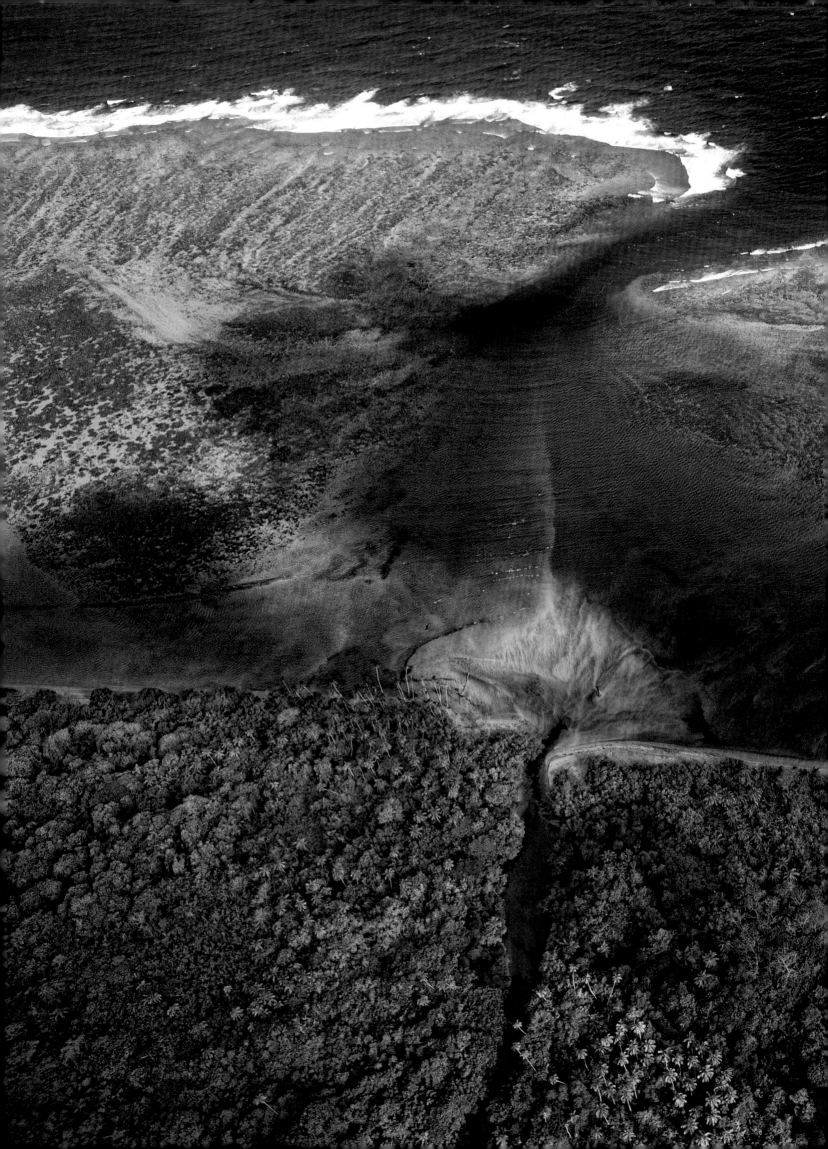

4

第四章　繪製世界森林地圖

Mapping the Forests of the World

早期的植被圖

製圖學的歷史起源已不可考， 而最早製作的地圖也無人知曉其確切目的。 地圖製作的技術似乎是在世界各地的許多族群中同時演進。

迄今發現最早的地圖包括巴比倫的刻寫板，以及埃及古墓內描繪土地特徵的圖畫。這兩種文明都想要開發土地肥沃的地區，於是沿著河谷進行調查，藉以規劃耕種計畫，以及開發運河、道路、神殿甚至整個村落。類似的土地描繪也出現在其他地方，包括歐洲的洞穴畫、墨西哥的前哥倫布時期素描畫、因紐特人的象牙雕刻、馬紹爾群島的木條海圖（stick chart）、大溪地人的南太平洋地形繪圖（曾幫助十八世紀英國探險家詹姆斯·庫克船長〔Captain James Cook〕航行），以及出自中國周朝（約西元前800年）御用地理師之手、比例精準的地圖。拉丁文mappa的意思是「平坦的布」，據推測為早期製圖師用來繪製地圖的素材。而繪製在其上的地圖就稱為「中世紀世界地圖」（mappa mundi）。為了按比例畫出土地特徵，地理學家與製圖師在過去的一千年內發展出圖例與比例尺，將地圖繪製從藝術轉變為一門科學。

托勒密

數學家暨地理學家克勞狄烏斯·托勒密（Claudius Ptolemaeus或Ptolemy，約西元100-170年）在其共八卷的巨著——《地理學指南》（*Geographia*）中運用了地理投影，成功將平面繪圖藝術系統化，進而確立了現代地理學的基本原則。托勒密是首位挑戰在平面紙張上呈現球形地球的製圖師。他藉由奠基於圓形數學概念的座標以及彎曲的平行線，發展出地圖投影。此外，他也以自己的早期天文學著作《天文學大成》（*Almagest*）中的天頂角觀察與測量作為基礎，發明了名為「經緯線」的平行線系統。托勒密將這些平行線設計成能用來代表任意地點的全年最長白晝時間，且每隔一條線就表示相差了15分鐘。他不僅設法將相同的網格系統應用在地方性或全世界的地圖上，實現了接近於現今「等面積投影」的投影系統，也引進了正確比例的概念（即按照比例尺繪製地圖），使調查數據能併入地圖中。

「地理，」托勒密寫道，「是以圖畫呈現出已知世界的全貌，並將當地所發生的現象也納入其中。」他將繪製已知世界地圖的相關議題與挑戰界定在——探索、發現與數據收集，而這些都在製圖工作展開之前。他對地理的這段描述通過了時間的考驗，也對後續的地理科學成就起了重要的作用，直到二十世紀晚期，科技大幅增廣了我們的知識，也使製圖轉變為短程與探勘旅行的前置工作。托勒密將氣候與地形資訊融入地圖與圖例中，藉以擴展了他將普遍特徵繪製成圖的概念。如今，這點被視為是他對自然地理學科最重要的貢獻。

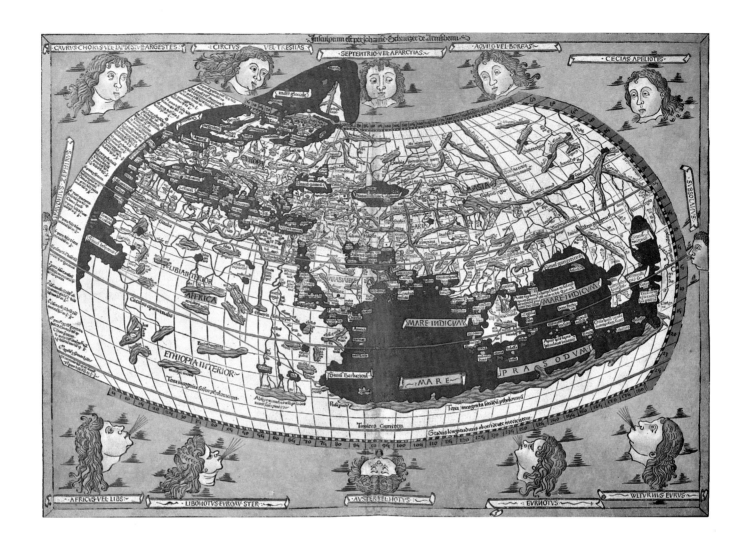

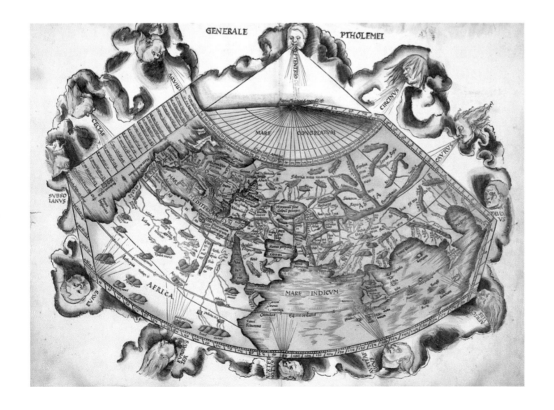

托勒密的地圖

古代世界地圖，包括1482年
由林恩哈特·霍勒（Lienhart
Holle）依據托勒密的《地
理學指南》重製的版本（上
圖），以及1513年在史特拉
斯堡（Strasbourg）以石版
印刷術印製的版本（左圖）
──後者以不同顏色代表不
同的大陸與自然特徵。

▼ **植被圖的繪製**

製圖師塞薩爾–弗朗索瓦·
卡西尼（César-François
Cassini）製作了第一幅法國
的地形與幾何地圖，圖中還
繪有植被。

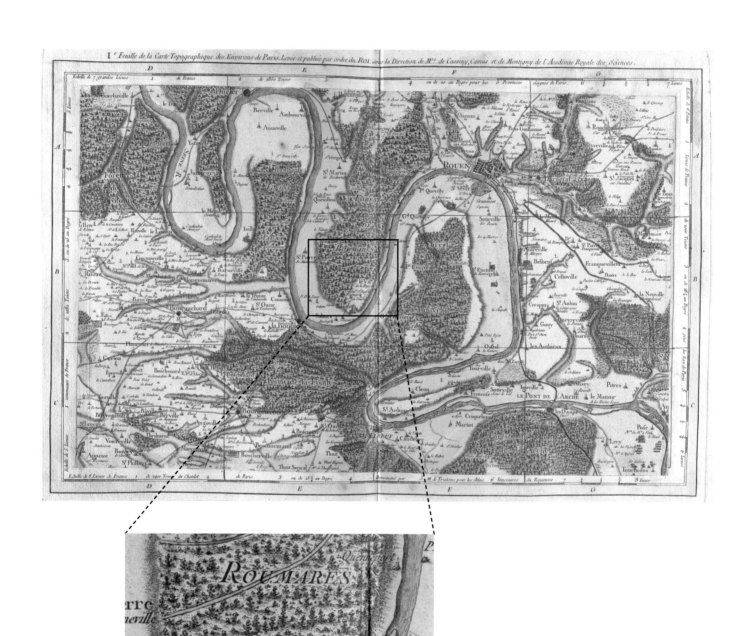

將自然環境繪製成圖

托勒密啟迪了探險家並為他們的時代帶來深遠的影響。爾後，拜占庭學者與穆斯林製圖師也在中世紀期間延續了他的地理學傳統。然而，一直到托勒密的地圖在十五與十六世紀被重新發現，以及他的《地理學指南》被翻譯成拉丁文後，他對世界地理的理解才帶來更大影響。在文藝復興時期，《地理學指南》概述的空間尺度、氣候現象與地形結構，以及地圖投影比例尺與技術，促使探險家與科學家開啟了以全球尺度為自然環境製作科學地圖的新時代。

在文藝復興時期之後，森林隨著木材資源、狩獵保留地與軍事佈防而變得日益重要，地圖上植被的描繪也變得越來越頻繁與準確。在提升地圖中地形準確度的同時，植被的呈現也有所進步。第一幅相對現代的植被圖是由法王路易十五於1744年委任製作而成——他授命製圖師塞薩爾-弗朗索瓦‧卡西尼‧德‧蒂里（César-François Cassini de Thury）繪製出準確的法國地形圖。卡西尼利用地球彎曲表面上兩點間最短的距離，發展出一幅比例1：80000的地圖，並在圖中呈現了詳細的植被。在其地形圖幅上，他不僅能將闊葉落葉林與常綠針葉林區分開來，在針對某些地區時，甚至能根據濕地、葡萄園與灌木叢林地的優勢物種群，描繪出更詳盡的森林分區。

儘管地形與植被在早期就已融入地圖中，但製圖師很快便意識到地形只能非常有限度地呈現出植被。於是，依據生物分類（物種）、形相（群落的整體結構與外貌）或範圍較廣的生態觀察所建立的獨立植被分類，開始出現在地圖上，並且為隨後數年的植被科學樹立了基礎。十九世紀末與二十世紀初的探勘文獻（特別是北美洲與南美洲的部分）不僅包含了不同地理空間內植物物種與生態系的廣泛研究，也為現代生物地理學的發展做好了準備。

洪保德的開創性研究方法

當年輕的達爾文登上小獵犬號展開爲期五年的航程時， 他只帶了幾本書隨行， 包括《聖經》、 約翰 · 米爾頓（John Milton）的著作， 以及德國博學家亞歷山大 · 馮 · 洪保德（Alexander von Humboldt， 1769-1859年）在委內瑞拉與奧利諾科盆地（Orinoco Basin）的遊記。 洪保德就和達爾文一樣， 也是十九世紀的偉大人物， 協助形塑了我們對所居世界的認知。 然而不同於達爾文的是， 他在今日卻鮮爲人知。

▲ 亞歷山大 · 馮 · 洪保德
亞歷山大 · 馮 · 洪保德的肖像，由德國畫家弗里德里希 · 格奧爾格 · 魏茨（Friedrich Georg Weitsch， 1758–1828年）繪於1806年。

洪保德逝於1859年5月，正好是達爾文的《物種起源》（*On the Origin of Species*）出版的六個月前。一直到十九世紀中期，洪保德的聲望都還持續凌駕於達爾文之上，然而到了今日情況卻完全相反。洪保德在當時不僅是國際知名人物，也是引領風騷的學者，其代表作《宇宙》（*Cosmos*）被翻譯成十一種語言。而他在美洲進行科學與冒險之旅的回憶錄《新大陸赤道區的遊歷自述》（*Relation historique du Voyage aux Regions équinoxiales du Nouveau Continent*，1814-1825年）也是那時候圖書館的必備藏書。

南美洲考察之旅

洪保德的《植物地理學隨筆》（*Essai sur la Géographie des Plantes*，1805年）被認為是當代最具影響力的科學文獻。此一著作是依據他與植物學家友人埃梅 · 邦普蘭（Aimé Bonpland，1773-1858年）前往西班牙南美殖民地的五年旅程所寫成。他們的考察之旅涵蓋了四個地理區域。起初他們將重點放在植物群、動物群以及如今為委內瑞拉、哥倫比亞與北安地斯山脈等地的雨林與山區環境，後來則開始關注古巴與墨西哥的人文地理。這一對夥伴收集了60000個植物標本，並發現了3600個新的物種。他們也附上了地理座標與描述，後來有植物學家設法在拉丁美洲重現洪保德的考察路線，進而證實了這些座標與描述正確無誤。在這趟考察之旅的期間，他們遇見了原住民部落，並受益於他們對當地動植物群與地景的豐富知識。

洪保德與邦普蘭利用他們的標本與環境測量數據，除了對較早期的探險家在先前所提出的假設進行驗證外，還對新發現的植物與地理相關假設進行實驗。他們也和自己遇到的其他科學家交換與比較發現。其中一人是荷西 · 塞萊斯蒂諾 · 穆蒂斯（José Celestino Mutis，1732-1808年）。他是一位西班牙醫生暨植物學家，工作據點為哥倫比亞的波哥大（Bogotá）。他所擁有的龐大標本庫藏有超過兩萬種植物。西班牙國王卡洛斯三世命他研究金雞納樹（Cinchona）（也就是所謂的「發燒樹」）與其他的藥用植物，因此他才有辦法用金雞納樹的樹皮治療邦普蘭的瘧疾。後來，洪保德與邦普蘭又結識了法蘭斯高 · 荷西 · 德 · 卡爾達斯（Francisco José de Caldas，1768-1816年），一位居住在波帕揚（Popayán）、自學的哥倫比亞博物學家。他獨立發現了一種依據水的沸點溫度判斷海拔高度的方法。卡爾達斯比較了他和洪保德的筆記後，發現他們的海拔高度測量結果極度吻合。其後，他也根據自己在安地斯山脈上的觀察，描述了當地的植物。這些偶然的巧遇意味著歐洲與美洲經歷了一段活躍的時期，許多科學家與探險家投入於開創性的研究，藉以理解不同的環境以及生物與非生物環境之間的關係。

▲ **植被分布**

源自《山脈垂直氣候圖》
（*Tableau physique*）的欽博
拉索山（Chimborazo）與科
托帕希峰（Cotopaxi）橫截
面。植物物種的所列位置代
表的是洪保德與邦普蘭在考
察期間，發現它們的海拔高
度。

▲ **生物地理學**

德國植物學家卡爾‧弗里
德里希‧馮‧馬修斯（Karl
Friedrich von Martius）整
理的巴西生物地理，疊加在
洪保德與其他二十二位探
險家的南美洲探勘資訊上
（1852年）。地圖中的彩色
圖例（左下）顯示出以希臘
女神的名字命名的植被群
系：水泉女神那伊阿得斯

（Naiades），代表亞馬遜
雨林；森林女神德律阿得斯
（Dryades），代表大西洋沿
岸森林；狩獵場女神俄瑞阿
得斯（Oreades），代表塞
拉多熱帶草原（Cerrados）
與巴西中部疏林；峽谷女
神納帕厄阿（Napaeae），
代表南洋杉林與鹽化草原
（Campos Salinos）；以及

死而復生的女神哈瑪德律阿
得斯（Hamadryades），
代表卡廷加多刺茂密灌叢
（Caatinga）與巴西東北部
的乾旱區植被。

《山脈垂直氣候圖》（*Tableau physique*）

洪保德在1804年返回巴黎後，花了三年的時間檢視一箱箱標本以及植物地理、環境與人類社群的相關筆記，進而撰寫出《植物地理學隨筆》，並發展出隨書附錄的《赤道地區山脈垂直氣候圖》（*Tableau physique des Régions équinoxiale*）。這些研究工作與著作確立了洪保德式科學（Humboldtian science）的基礎——也就是以精準的量化方法論作為依據。在《山脈垂直氣候圖》中，有針對安地斯山脈（位於赤道附近）植物物種海拔分布的詳細觀察，就如同前一頁的欽博拉索山與科托帕希峰橫截面所示（這兩座火山皆位於厄瓜多）。洪保德將此一橫截面研究方法加以延伸，在地圖上展現了世界各地山區的植被分布（包括安地斯山脈、喜馬拉雅山脈、阿爾卑斯山脈、庇里牛斯山脈以及特內里費島〔Tenerife〕），進而創造出植被帶的概念（用來從氣候的角度解釋植物物種的地理分布），以及確立生物地理學的基礎。在之後的二十多年，他持續運用他的植被帶概念，並且不斷修改他的模型，藉以理解氣候所造成的複雜生態效應。洪保德的《植物地理學隨筆》為那個時代的人帶來了立即且顯著的影響。

德國植物學家卡爾・弗里德里希・馮・馬修斯（Karl Friedrich von Martius，1794-1868年）是十九世紀初另一位重要的智識之士，也是早期採納洪保德式科學的其中一人。人稱「棕櫚之父」（the father of palms）的馬修斯在1840年開始撰寫《巴西植物誌》（*Flora Brasiliensis*）。該本著作包含了超過兩萬種主要為被子植物的物種分類資訊——這些植物都是他從1817年到1820年在巴西各地考察時收集而來。書中，他採納了卡西尼與洪保德整理的植物形相資訊，將巴西劃分為五個植物區系。

等溫線

洪保德繪製植被圖的一個主要貢獻，就是建立了等溫線理論。等溫線的作用是將具有類似或相同全年溫度的海拔高度連接在一起。製圖師會利用等溫線記錄山上積雪高度的規律變化、林木線（見第156-157頁）、常綠林與落葉林之間的界線等植被特徵，以及接續對寒帶、溫帶與熱帶生態系的區隔。這些想像的等溫線，對全球環境與植被分布提供了總體概述，直到今日仍讓生物地理學家與生態學家為之入迷。確實，現代數據顯示全球林木線大致吻合6℃生長季均溫的等溫線，而這代表的即是世界各地林木線的低溫限度。洪保德式的研究方法透過兩個明顯不同卻又相互連結的方向，使植被圖的繪製有了進一步的發展。這兩個方向分別是：從地方到區域尺度，更有效地辨識出那些似乎控制著植被分布的環境因素；針對定義植被分布與其變化的生態組織與影響因子，改善它們在不同層級的呈現方式。這些努力成果最終促成的方法論是以物種層級的資訊為基礎，然後從中發展出能顯示氣候-植被關係的功能群。這些功能群代表了植群與其地理分布的緊密關係與多樣性。

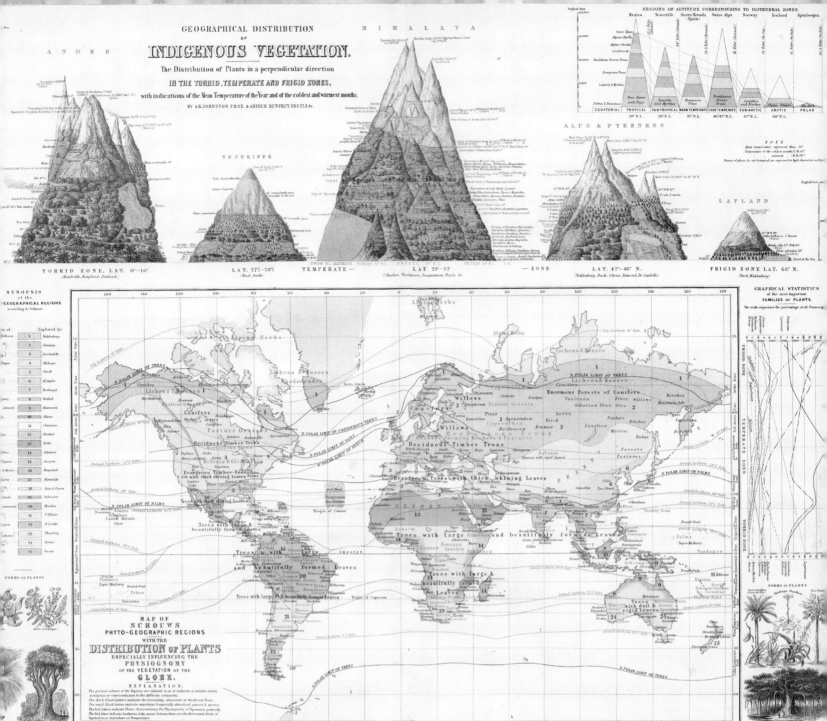

▲ 世界植物分布地圖

1854年的世界植物分布地圖，依據洪保德所整理的資訊繪製而成。上方的長型區塊展現了山脈的具體描繪，並在圖中顯示出植被的海拔帶以及安地斯山脈、特內里費島、喜馬拉雅山脈、阿爾卑斯山脈與拉普蘭區（Lapland）的物理環境特徵。下方的長型區塊則描繪了全球各地的洪保德等溫線，用以標示出溫度類似的地區——這些等溫線為全球植被圖的繪製奠定了基礎。

傳統植被圖中的比例尺

植被圖所能包含的細節主要取決於該地圖的比例尺， 而比例尺又大大關係到能展現地圖的素材種類。植被圖旨在描繪植被群系的地理分布。 在過去， 紙本地圖是能夠儲存與呈現這些分布的唯一方式， 如果善用地圖比例尺， 大多數的植被地理或生態系都能被容納在內。

廣闊的植被群系一般會以小比例尺呈現，而小型植群的分布則需要以大比例尺展示。在紙上繪製植被圖不只會受到紙張大小的制約，還會受限於繪製的區域大小以及採用的植被分類系統。植被的分類須依據地圖的比例尺與現場的直接觀察，進行某種程度的歸納或植被群系摘要。事實上，大多數的傳統地圖在發展時，都是先在圖中加入觀察發現，再整理與歸納資訊。這種「後驗」（a posteriori）的植被分類模式在根本上完全不同於任何先入為主的植被概念或植被的「先驗」（a priori）表徵，而是與現場收集到的數據有密切關聯，包括形相劃分（森林、草原、田地）、環境因素（溫度、濕度、地形）以及地圖的繪製目的。

最佳比例尺

地圖的比例尺會直接關係到繪製成圖的區域大小，以及受選擇的植被分類種類。空間尺度的構成部分為粒度（grain）與範圍（extent），它們分別代表最小觀察值或地圖單位的大小，以及地圖區域的總大小。地圖比例尺則是表示地圖上的某段距離與其在地球上的對應距離之間的關係，能以不同單位的等值來表現（舉例來說，1：100000的比例尺是指紙上的1公分代表地上的100000公分）。被歸類為小比例尺的地圖（比方說比例小於1：1000000）用於呈現全世界或大陸等大型地區，中比例尺的地圖（比方說比例介於1：100000到1：1000000之間）用於呈現區域或國家，而大比例尺的地圖（比方說比例大於1：100000）則用來呈現較小型的地區，例如需要包含較多詳細資訊的地景與城鎮。植被圖的最佳比例尺取決於涵蓋的地區大小以及展現的細節類型。至於植被圖的精準度與易讀性，則都要視紙上最小區域（例如沿著河流生長的樹木）的尺寸而定。

不論採用何種比例尺，地圖都是傳達資訊的有力工具，但它們也可能會誤導他人。數個世紀以來，地圖繪製人員都在設法解決這個問題，並且發展出能在平面上展現地球彎曲表面與容納物的投影技術。在數學上，將地球表面展平後，會很難同時保留尺寸、外形、方向與物件距離等變數。沒有一個地圖能以任何測量方式提供真實比例的距離。依據地圖投影的差異，地理區域有可能會無法客觀地呈現。而在歷史上，地圖投影一直都是政治與領土的爭議話題。

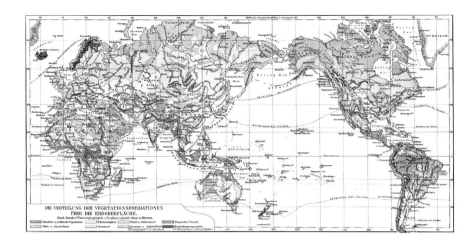

◄ **小比例尺**
世界植被分布圖，1910年。
小比例尺的地圖用於呈現全
世界或大陸等大型地區。

◢ **中比例尺**
澳洲植被圖，1931年。中比例
尺地圖用於呈現區域或國家。

◢ **大比例尺**
大比例尺的地圖呈現的是較
小型的地區，例如需要包含
較多資訊的地景與城鎮。

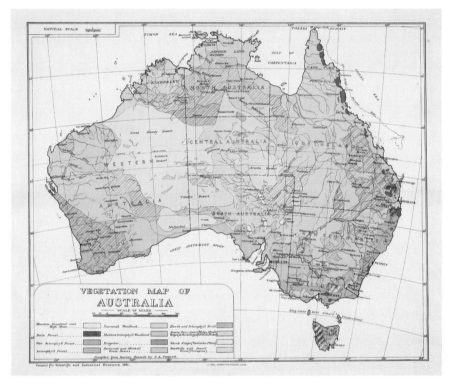

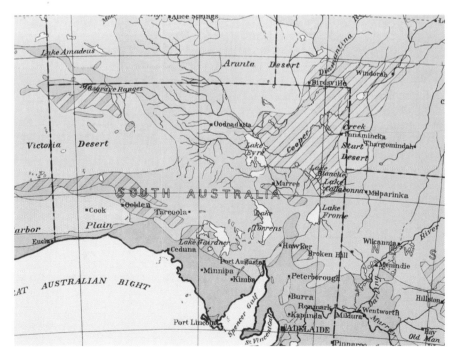

為植被分類以符合地圖比例尺

地圖上的植被分類是依地圖比例尺的限制而定。植被相（vegetation stand）通常被定義為一個鄰接地區，內有類似的物種組成、形相與結構。其中，結構描述的是植被的垂直與水平形式，亦或是個別物種或地上部生物量（above-ground biomass）的大小等級分布。一般來說，植被相是強調地景類型的植被圖所使用的最小空間尺度。然而，植被圖的比例尺能按照其粒度大小與範圍，來定義植被分類的層級。在增加植被粒度大小時，植被的分類能根據空間尺度從小範圍排列到大範圍——從個體（植物／孔隙尺度）開始，一直到群落（林分尺度）、植被種類、土地覆蓋，以及從地景到區域尺度的群系。因此，製圖師必須要實地研究那些運用於不同地圖比例尺上的植被種類，並且以量化的植群田野調查作為依據。

分類方法與缺失

自十九世紀初起，科學家開始熱衷於依據植被圖的內在特徵一致性與外在特徵區別性，進行相關研究與繪製。植群的區別性除了意味著該群落與周遭的植被互不連貫外，也構成了眾多分類法的基礎。早期的歐洲與美洲科學家大多未對植被的實際形相與植群的抽象概念加以區別，但這個觀念在十九與二十世紀期間逐漸變得重要，尤其是以瑞士植物學家喬西亞斯・布勞恩-布蘭奎特（Josias Braun-Blanquet，1884-1980年）所發展的分類法而言。他所採取的「植物社會學」（phytosociology）觀點十分著重植群類型學（typology）——即強調以植被相內的樣區物種觀察作為分類依據。布勞恩-布蘭奎特相當關注植群是如何與環境及另一植群交互作用，還有這些植群是如何在特定條件下構成「社會單元」（social unit）——生態系的定義後來也納入了這個概念。社會單元被視為是具有明顯區別與界限的群落，能依據其生物與非生物特徵加以研究。

二十世紀初，有關植群區別性與植被界線圖繪製的辯論不斷。有些美國植物學家主張物種沿著環境梯度各自分布，因此無法在植群中分出界限——亨利・格里森（Henry Gleason，1882-1975年）是其中一人。也有些人引進了另一種概念，那就是運用「極盛相」植被（"climax" vegetation，又稱為均衡植被〔equilibrium vegetation〕）作為區分植群的「整體觀」（holistic approach）——生態演替理論的先驅弗雷德里克・克萊門茨（Frederic Clements，1874-1945年）是擁護者之一。還有其他人始終不認同克萊門茨的觀點，即演替是一個發展過程，而其最終階段就是極盛相群系——亞瑟・坦斯利（Arthur Tansley，1871-1955年）就是其中一位反對者。坦斯利堅信在特定區域內，環境因素的多樣性可能會導致不同的極盛相群系產生。坦斯利與克萊門茨之間的激烈爭論持續了二十年以上，不過對後者並未造成任何影響。在此同時，以極盛相植被為基礎的植被圖被納入了數種地景管理的應用，只不過此一觀點有一缺失，那就是紙本地圖具二維性質，因此被配置在特定地點的極盛相植被很難超過一個。

演替概念與極盛相植被

根據植物學家弗雷德里克·克萊門茨所述，演替是發展過程的一部分，而在演替期間，植群會經歷一系列定義明確的結構與生物量發展階段，導致該群落達到最適合當地環境與氣候條件的成熟或極盛相狀態。

草本植物階段	灌木階段	幼齡林	成熟林	極盛相林
最初5年	6–25年	26–50年	51–150年	150–300年

地理資訊系統
（Geographical information system，簡稱GIS）地圖

關於地圖繪製的發展，還有另一則十九世紀中期的相關故事，發生在 1854 年受霍亂重創的倫敦。 當時，英國醫生約翰．斯諾（John Snow， 1813-1858 年）開始將道路上的霍亂爆發地點、 地產界線與供水管線繪製成地圖。 在分析數據資料時， 斯諾注意到霍亂的感染主要與供水有關。 他的霍亂疫情分布圖是一項突破性的發現， 因為它連結了地理與公共衛生。 此外， 這類地圖的出現也預示著空間分析與 GIS 的到來。

早期的GIS地圖

GIS在歷史上逐漸從靜態的紙本地圖，演變為動態的數位地圖，並且也從基本的空間分析，發展成較複雜的問題解決途徑。在1850與1950年間，也就是電腦時代來臨前，地圖仍在紙上繪製，而且用途都很單純，包括規劃道路、其他運輸路線與新開發案，以及標示重要地標（point of interest）。從1960年代早期到1980年代，三個科技領域的進步促使GIS開始蓬勃發展：以行列式印表機輸出地圖圖像、以大型電腦主機（mainframe computers）儲存數據，以及以空間座標作為數據形式。在有了這些創新發展後，GIS只需要靠一個才智超群的人，將各種方法與取徑融會貫通——這個人就是羅傑．湯姆林森（Roger Tomlinson）。

湯姆林森不僅曾擔任英國皇家空軍的飛行員，後來還發表了一篇博士論文，標題為〈電子運算方法與技術在儲存、彙整與評估地圖資料上的應用〉（The Application of

▶ **GIS的先驅**
約翰．斯諾以其繪製於1855年的倫敦霍亂疫情分布圖，為爾後應用於GIS地圖繪製的空間分析技術奠定了基礎。

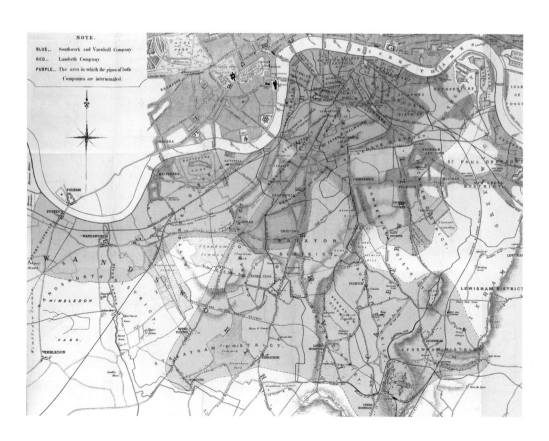

面量圖

依國家區分的林區面量圖，用於表示森林覆蓋佔總陸地的百分比。

森林覆蓋佔總陸地
的百分比

◯ 0

0.01 到 1.70

1.7 到 11.76

11.76 到 30

30 到 47.2

47.2 到 54.72

Electronic Computing Methods and Techniques to the Storage, Compilation, and Assessment of Mapped Data）。他曾在1960年代任職於加拿大政府，也曾在一間位於渥太華的航空測量公司工作。在從事這兩項工作的期間，他運用了新興的電腦科技，以分層的方式繪製土地覆蓋與土地運用圖，進而構思出加拿大地理資訊系統（Canada Geographic Information System，簡稱CGIS）。加拿大土地普查系統（Canadian Land Inventory）的數據資料，包括土壤、排水與氣候特徵，皆以湯姆林森的CGIS進行校對。這些數據被用來判斷作物種類與林區的土地乘載力（land capacity），並繪製相關地圖。人們很快便認清一項事實，那就是在繪製土地覆蓋圖與做出土地運用決策時，準確與有意義的數據是不可或缺的要素。也因為如此，世界各地的許多團體與機構紛紛開始應用GIS。

面量圖繪製

然而，美國人口普查局（United States Census Bureau）的開創性研究，才是促成「地理基礎檔案／雙重獨立地圖編碼」（geographic base file and dual independent map encoding，簡稱GBF-DIME）發展的原因。GBF-DIME是一種檔案格式，自1970年開始用於儲存數位普查數據，不僅可支援數位數據輸入、錯誤修正，甚至也可支援面量圖（choropleth map）[1]的繪製，針對其道路、市區、普查界線與植被種類，進行資料的數位化與分類。在GBF-DIME的協助下，面量圖的繪製開始變得盛行，因為這種嶄新的做法能透過預先決定好的符號、顏色或著色模式，在界定明確的地理區域內，根據統計數據提供主題式的資訊。而面量圖所帶來的啟發也促使不同的分類方法形成，用於將特徵相似的地理區域劃分到相同的類別內。

---

1 choropleth一字源自希臘文：choro是指「區域」，plethog則有「大量」的意思。

▲ **GIS地圖繪製**

GIS地圖所呈現的全球植被覆蓋網格分布（最上圖）與細尺度GIS產物（上圖）——後者顯示的是覆蓋在無人機光達林高掃描系統（lidar forest-height scan）上的植被常態化差異植生指標（Normalized Difference Vegetation Index，簡稱NDVI，用於評估樹冠的綠葉生長狀況）。

GIS的發展成果

直到1970年代中期為止，GIS持續由世界各地的多國機構進行開拓，其中尤以哈佛電腦繪圖與空間分析實驗室（Harvard Laboratory for Computer Graphics and Spatial Analysis）投入最多。奧德賽地理資訊系統（Odyssey GIS）——即全球首創的向量式地理資訊系統（vector GIS）——就是由哈佛實驗室發展而成。這所實驗室是由建築師暨城市規劃師霍華德·費雪（Howard Fisher）於1965年創立。他運用福特基金會（Ford Foundation）的補助金，集結了製圖師、數學家、藝術家、地理學家與電腦科學家，齊力將現存的主題式製圖與空間分析重新概念化。該實驗室在早期大多將焦點放在電腦製圖與SYMAP製圖程式等建模工具上，不過它的兩大貢獻在GIS的發展上發揮了重要作用。這兩項貢獻分別為環境與景觀設計，以及電腦輔助設計。

德瑪瓦研究

卡爾·斯坦尼茲（Carl Steinitz）在哈佛實驗室投入於景觀設計研究時，運用了SYMAP程式，為德拉瓦州的德瑪瓦半島（Delmarva Peninsula）與馬里蘭州東部繪製地圖。這項製圖工作包括將描繪地景特徵的多層數據與相關資訊，例如平均海拔、土地利用與土地覆蓋（農業、森林、都市）的比例，以及道路、海岸線與地方行政區的向量——融合編排在網格單元（grid cell）中。德瑪瓦研究是一項重大突破，因為它決定了GIS的發展方向。斯坦尼茲與他的團隊（由研究員與學生所組成）為提升SYMAP程式的製圖能力，引進了一個簡單的交織網格式輸入系統，名為GRID。這個系統逐漸演變成一個跳板，促成了後來在套裝軟體上的創新，例如ERDAS遙感影像處理系統，這款軟體影響了1980與1990年代的網格式空間分析工具。GIS徹底改革了紙本地圖中地圖比例尺、數據準確度與解析度之間的關係。地圖印在紙上時，比例尺固定且無法更改，但如今放在GIS的顯示或列印畫面上，就能縮小或放大。這表示GIS內的地理數據並沒有實際的「地圖比例尺」，反而是顯示比例會影響地圖上的細節數量，以及文字與符號的大小配置。

傑克·丹格蒙德（Jack Dangermond）於1967年加入哈佛實驗室後，進一步推動了網格式分析的發展。他在SYMAP程式中引進電腦輔助設計，成功印出了第一幅電腦合成的地圖。後來他還成立了美國環境系統研究所公司（Environmental Systems Research Institute，簡稱ESRI），如今是公認最重要的全球協作平台，致力於發展GIS工具與分析。在上述這些進展的共同作用下，一個完美的製圖工具包就此形成，功能遠遠超乎十九世紀的製圖先驅所能想像。

GIS的設計

以下是GIS數據資料庫設計的範例。從中可以看到,地理資訊被編排成一系列資料主題或主題式層級,而這些主題或層級能利用地理位置加以整合。每個GIS都包含與各個地理位置相關的眾多主題,也涵蓋一連串分析運算,使這些主題能以點、線、面、點陣或多邊形的形式結合。

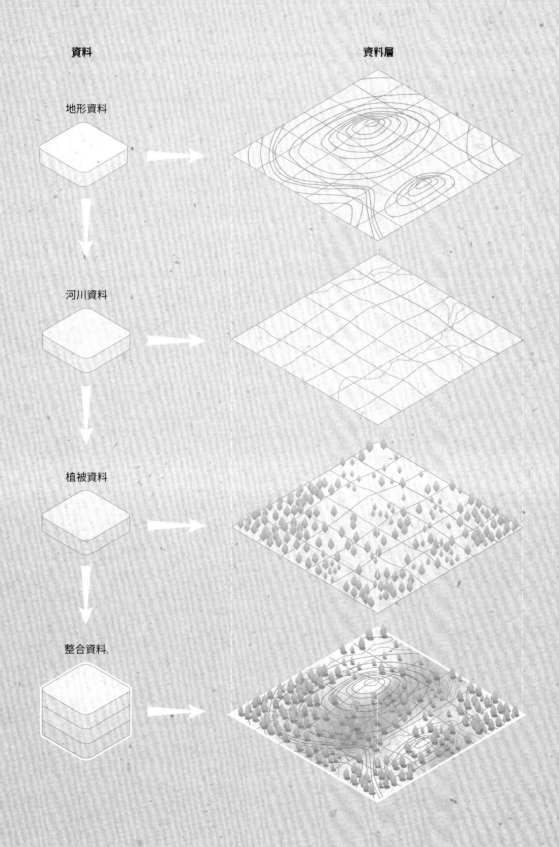

資料　　　　　　　　　　　　　資料層

地形資料

河川資料

植被資料

整合資料.

地圖圖例

圖例是地圖的關鍵，不僅提供了地圖上植被種類數量與變化的相關資訊，也透露了地圖內容的編排方式。地圖的組織必須仰賴一套術語系統，而這套系統除了能反映出植被分類法的類型外，也要符合地圖的用途。在編排地圖時，其中一項重要的要素是「興趣單元」（unit of interest），因為興趣單元的選擇會影響植被資訊如何配置，以及如何有效地表現出植被中的現象與轉移（或改變）。

對洪保德而言，物種是連結植被與環境的興趣單元。他的植被橫斷面視圖沿著安地斯山脈的海拔梯度，不僅涵蓋了數百個植物屬與物種，也結合了環境因素。其他的興趣單元：不論是以植物的基本化學作用力為依據（例如光合作用與呼吸作用），或是將物種分成功能類群，也能使植被-氣候關係以更有效的方式呈現，或是將製圖範圍擴展到更大的區域。

植被分類系統運用了兩個主要的特性：植物的組成與形相。在製作植被圖時，理想的情況是先從一個形相-生態的系統開始著手，包含其衡量標準（例如植物生活型，比方說優勢植物型）、結構（例如高度與密度）、季節循環與其他環境因素。這套系統的建立使全球植被得以相互比較，而根據所選擇的衡量標準，這些比較能以小、中或大尺度進行。相形之下，植物學家所採用的分類系統則以植物組成為依據。這樣的分類系統關注的是物種或群落，並且只會將實地收集到的生物分類資訊運用在小範圍內。因此，若用來為涵蓋大量重要物種的地區（例如熱帶或亞熱帶的生態系）製作植被圖，這個系統會有其限制。

形相類目

依據形相的分類，地球的整體植被首先會被劃分成木本與草本植物。遵循著此一分類模式與層級制度，木本植被接著會依照樹葉特徵與季節習性來分類，例如闊葉常綠、闊葉落葉、針葉常綠、針葉落葉，以及無葉木本植被。無葉的植被種類大多屬於多肉植物，其莖、分枝與細枝內通常含有葉綠素，例如衣索比亞的大戟森林。另外還有兩個類目也經常被加入木本植被的分類系統中：混合植被型（其中有多種等優勢的結構類型），以及半落葉型（結合了熱帶與亞熱帶區的闊葉常綠樹與闊葉落葉樹）。至於非木本的草本植被則依據外表與形相，發展出類似的類目，包括禾本科草本（不同種類的禾草）、非禾本科草本（蕨類等闊葉草本植物）以及苔蘚植被。

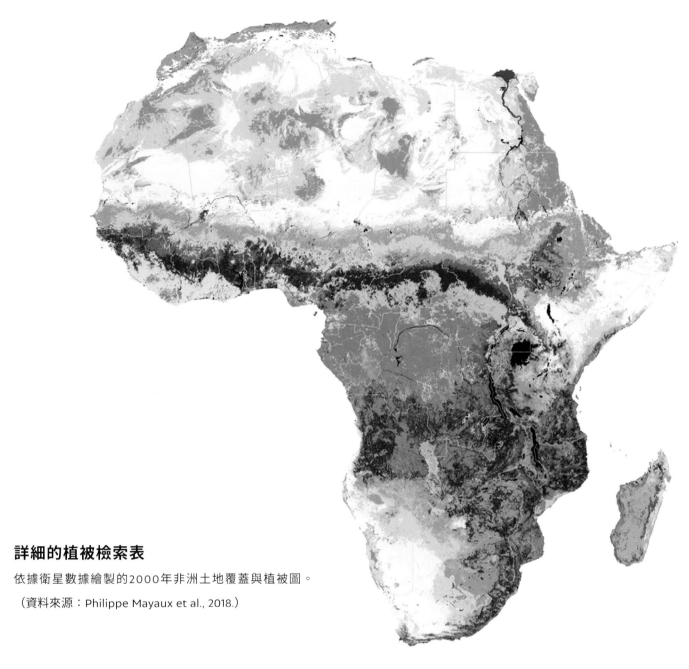

詳細的植被檢索表

依據衛星數據繪製的2000年非洲土地覆蓋與植被圖。

（資料來源：Philippe Mayaux et al., 2018.）

森林類別

- 稠密的常綠低地森林
- 退化的常綠低地森林
- 亞山地森林
- 山地森林
- 沼澤森林
- 紅樹林
- 鑲嵌森林／耕地
- 鑲嵌森林／疏林草原
- 稠密的落葉森林

林地與草原

- 落葉林地
- 具稀疏樹木的落葉灌木叢
- 落葉稀疏灌木叢
- 稠密草原
- 具稀疏灌木的草原
- 草原
- 稀疏草原
- 沼澤灌木地與草原

農業

- 耕地
- 具開放式木本植被的耕地
- 灌溉耕地
- 樹木作物

裸土

- 沙漠與沙丘
- 石漠
- 裸岩
- 含鹽硬地

其他

- 水體
- 城市

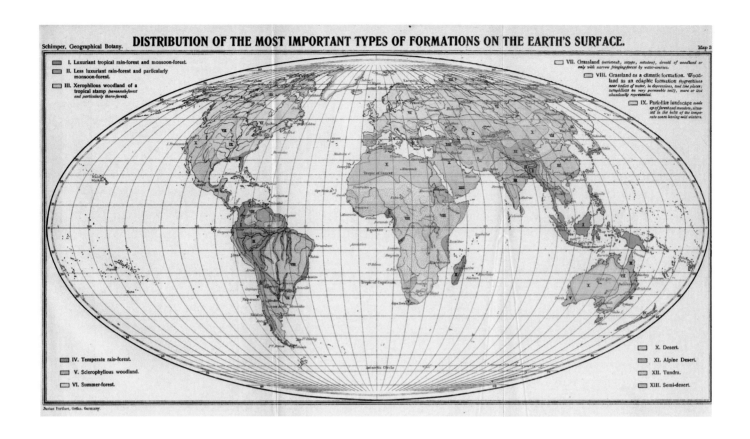

DISTRIBUTION OF THE MOST IMPORTANT TYPES OF FORMATIONS ON THE EARTH'S SURFACE.

Schimper, Geographical Botany.

Map 2

- I. Luxuriant tropical rain-forest and monsoon-forest.
- II. Less luxuriant rain-forest and particularly monsoon-forest.
- III. Xerophilous woodland of a tropical stamp (savannah-forest and particularly thorn-forest).

- VII. Grassland (savannah, steppe, meadow), devoid of woodland or only with narrow fringing-forest by water-courses.
- VIII. Grassland as a climatic formation. Woodland as an edaphic formation (hygrophilous near bodies of water, in depressions, and like places; xerophilous on very permeable soil), more or less abundantly represented.
- IX. Park-like landscape made up of forest and meadow, situate in the belt of the temperate zones having mild winters.

- IV. Temperate rain-forest.
- V. Sclerophyllous woodland.
- VI. Summer-forest.

- X. Desert.
- XI. Alpine Desert.
- XII. Tundra.
- XIII. Semi-desert.

Justus Perthes, Gotha. Germany.

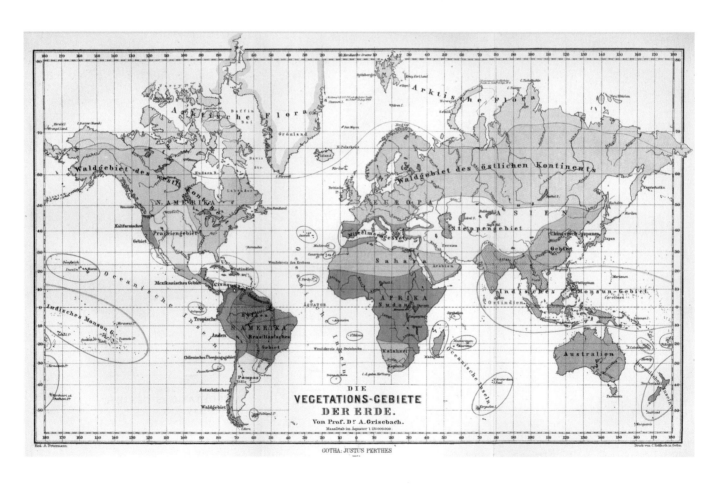

DIE
VEGETATIONS-GEBIETE
DER ERDE.
Von Prof. Dr. A. Grisebach.
Maaßstab im Äquator 1:125.000.000.

GOTHA: JUSTUS PERTHES

全球植被圖

在寬廣的空間尺度上，全球植被分布是以地理區域與生物群系（biome）的類型來呈現。生物群系是由非生物因素（例如氣候與土壤）與生物因素（例如植群與野生動物）共同塑造的大型植被環境。即使是在結合了植群形相、生態學與植物相資訊的早期地圖中，以生物群系類型來呈現世界植被分布，也是很常見的作法。德國植物學家奧古斯特・格里瑟巴赫（August Grisebach，1814-1879年）的1872年全球植被圖，以及另一位德國植物學家安德里亞斯・申佩爾（Andreas Schimper，1856-1901年）的1898年世界植被圖，皆採用了類似於現代生物群系類型的分類系統。格里瑟巴赫在規劃植被圖時，先結合不同區域的詳細物種記錄與區域性氣候資訊，再依據外觀將54種植被形態分門別類。他的植被變化分類系統同時兼具生態焦點（例如熱帶雨林與大草原）以及分類焦點（例如澳洲的植物群、棕櫚類與蕨類）。申佩爾的生物群系則主要是以形相-生態分類系統作為基礎，當中包含熱帶、亞熱帶與溫帶雨林、闊葉與針葉林、疏林草原與灌木叢林地、西伯利亞乾草原（steppe）、乾草原與沙漠的過渡地帶，以及凍原（tundra）。

氣候與植被

在今日，這些生物群系分類持續受到廣泛運用，以衛星觀測與遙感技術為基礎的現代植被圖也不例外。針對植被空間分布所做出的解釋，啟發了植物生態學家與地理學家，使他們開始對氣候、植群形相與結構之間的關係提出假設。不同的植被分布於世界地圖所展現的一致性與地理規律性，是由地球主要氣候區的規律地理特徵所造成，而這些氣候區的規律地理特徵，則是由全球的大氣環流系統所導致。如同柯本（Köppen）的氣候系統所示（大約在1900年時，由德裔俄羅斯氣象學家弗拉迪米爾・柯本〔Wladimir Köppen〕所設計），全球大氣循環系統將氣候分成靠近赤道的低壓頻繁降水帶、南北半球亞熱帶乾旱區域的高壓低降水帶，以及許多其他介於中間的氣候帶。每一個氣候帶皆有許多不同的植被類型與生活型。

瑞士植物學家愛德華・魯貝爾（Eduard Rübel）於1930年時，首度嘗試量化植被類型的氣候限制，並努力呈現全球植被系統的一貫性。不過第一個以氣候預測全球植被類型的完整系統，則是由美國植物學家暨氣候學家萊斯利・霍爾德里奇（Leslie Holdridge）發展形成。魯貝爾與霍爾德里奇的這兩種作法，促使氣候包絡（climatic envelope）的概念於1970年代早期開始發展，進而為生物地理學與現代生態學之父喬治・伊夫林・哈欽森（George Evelyn Hutchinson，1903-1991年）後來提出的生態棲位理論，奠定了基礎。氣候包絡指的是氣候變因的上下極限值，會控制植群（包括其物種組成與形相）的地理範圍。

◀ **繪製生物群系圖**
格里瑟巴赫所繪製的1872年全球植被圖（上圖），以及申佩爾所繪製的1898年世界植被圖（下圖）。這兩位德國植物學家所發展的詳細分類系統，類似於現代植被圖中所描繪的生物群系類型。

霍爾德里奇植被圖

霍爾德里奇生命帶系統（Holdridge life zone system）是以客觀的實證資料為基礎的階層系統，目的是要解決全球植被分類的主要問題。二戰期間，在美國經濟福利委員會（the United States Board of Economic Warfare）發起的一項計畫中，霍爾德里奇與其他植物學家合作，從金雞納樹的樹皮萃取了奎寧，用來治療美國軍隊在太平洋地區感染的瘧疾。而在一系列的中南美洲考察之旅中，霍爾德里奇則遵循著洪保德的腳步，收集了氣候以及植被群系與功能的相關資訊。

生命帶生態

1947年，霍爾德里奇在《科學》（Science）期刊中，發表了一篇如今很著名的論文，並在文中引進了世界植物群系的概念。他在海地探索山區植被與其他周遭植被單元的關係後，發展出這個概念，並且設計了一個圖表，用來區分乾地植被與另外一百個極其相近的群系——每一個群系都以等溫線、等蒸發線與等降水量線來區隔。

後來，霍爾德里奇在1967年出版的《生命帶生態》（Life Zone Ecology）中，集結了他所有的構想。這本著作是為了哥斯大黎加聖荷西的熱帶科學中心所籌備。在書中，他利用三種適用於植物的溫度與濕度測量法，劃定了生命帶的界線。這三種測量法包括：生物溫度（用來作為以每月氣溫為基準的熱加成指數〔heat summation index〕）、年降水量（以公釐水柱〔mmH2O〕為單位），以及潛在蒸發散比（年平均潛在蒸發散量與年平均總降水量的比）。霍爾德里奇將生物溫度乘以58.93，得出了潛在蒸發散量的數值。58.93是他估算出來的常數，用來表示從生態系蒸散或蒸發的公釐水柱。接著，他將這三種指標全部轉換為對數系統，使所有的生命帶具有相等的重要性。

霍爾德里奇系統有一個主要的優勢，即任何可以得到這樣數據的人，都能以相同的方式進行分類，以致幾乎沒有主觀臆斷的空間。霍爾德里奇畫了三組代表這三種測量法的平行線，且每一組平行線向另一組傾斜的角度都是60度，藉以確保系統的精準度。這三種測量法的所有線條皆等距，但它們所代表的數值皆按幾何級數增長。此一繪製方式整體上會形成一個三角形，其內有許多個六邊形，每個六邊形都包含一種處於三個既定氣候數值交集點的特定植被類型。在繪製這個生命帶的圖表時，霍爾德里奇在三角形的兩邊，以一致的間距加入了緯度區與垂直帶，使每一種植被類型很容易就能以五種變因辨識出來：溫度、降水量、蒸發散量、緯度以及海拔高度。霍爾德里奇的安排不僅使38種植被類型能以小地圖比例尺（1：1000000）呈現，他的圖還能依據當地的數據資料與植被變化進一步細分。雖然他的植被圖圖例所代表的植被類型只出現在瓜地馬拉，但其應用還是遍及世界各地，並且自那時起，持續被用來繪製國家到大陸層級的生命帶。

霍爾德里奇的生命帶圖

霍爾德里奇的生命帶系統以生物氣候結構為依據，用於為全球
生態系與植被類型分類。圖表右側顯示的是降水量範圍與垂直
帶，左側是潛在蒸發散比例與緯度區，下側是濕度區。三角形
座標系統內的六邊形，代表的是在地球上發現的不同生命帶。

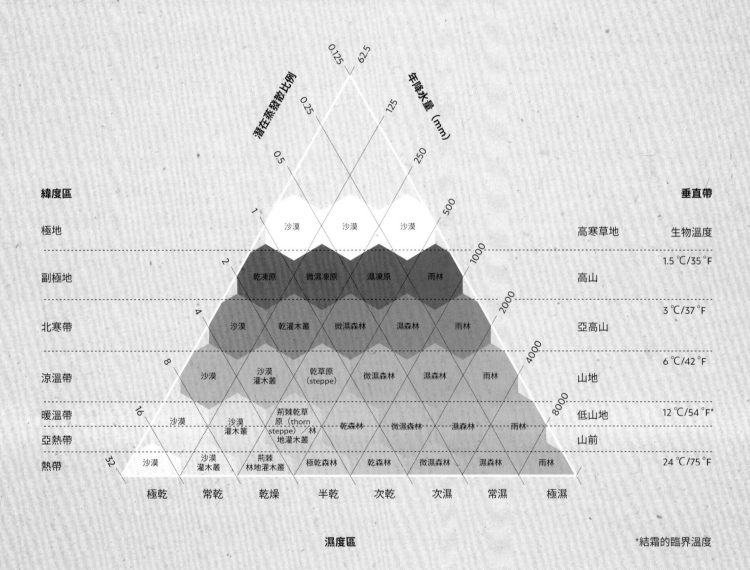

霍爾德里奇植被圖　　133

▼ 全球陸地生態系

第一個全球尺度的植被圖是由伊曼紐（Emanuel）等人於1985年所繪製，並且以霍爾德里奇的生命帶分類系統作為依據──這個分類系統是利用解析度0.5°緯度乘以0.5°經度的氣候資料發展而成。左下插圖中的色階與第133頁霍爾德里奇的圖表相符。

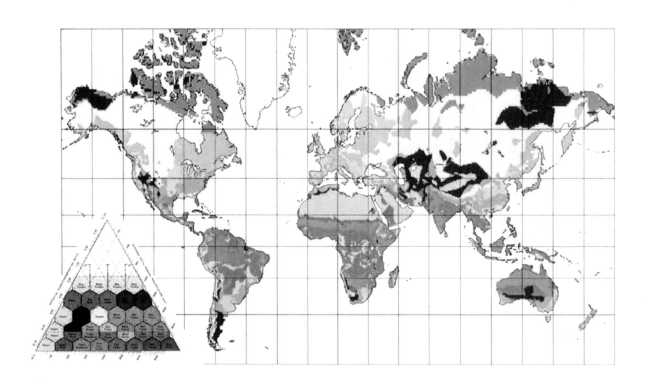

柯本的氣候帶

根據柯本氣候分類法，美國蒙大拿州屬於寒冷的半乾燥草原大陸性氣候，夏暖冬冷。

● Aw（疏林草原氣候）

● ASh（炎熱的半乾燥氣候）

● CFB（海洋性氣候）

● Dsa（夏季炎熱的地中海大陸性氣候）

● Dfc（副北極氣候）

● Dfa（夏季炎熱的濕潤大陸性氣候）

● Dwc（冬季乾燥的副北極氣候）

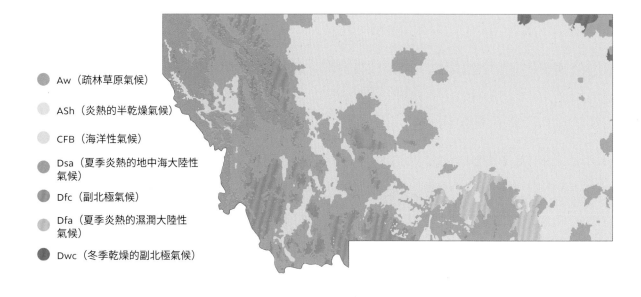

以氣候為依據的植被圖

霍爾德里奇生命帶分類法的魅力，在於它能使植被類型對應於氣候包絡。霍爾德里奇的生命帶圖表和氣候數據系統式分類，大大改善了依據柯本氣候帶所發展的較早期植被圖。他設計了一個氣候架構，並藉此利用量化數據預測全球所有的潛在植被分布。這使得用來描繪植群的植被圖能作為一種氣候記錄。後來有許多著重於理解氣候變遷與為之建模的研究，皆採取霍爾德里奇的生命帶作法。1985年，美國環境科學家威廉‧伊曼紐（William Emanuel）與同事首次利用生命帶分類法，為全球陸地生態系繪製植被圖。他們在0.5°緯度乘以0.5°經度的網格中，將生命帶演算法應用在世界氣候學資料集上（以全球氣象站數據記錄為依據進行插值），藉以發展出他們的植被圖。

高森的植被分類取徑

在霍爾德里奇發展生命帶分類法的同時，世界上的其他地區也製作了其他種類的氣候植被圖。1948年，亨利‧高森（Henri Gaussen）製作出比例尺為1：200000的法國植被圖，其中的佩皮尼昂（Perpignan）地區的分幅透過顏色的運用與掌控，採取了不同的分類作法。這位生物地理學家根據色譜來辨識和編排顏色，接著利用這些顏色來描述氣候條件。他選擇以色譜的紅色端對應乾旱炎熱的氣候，並以色譜的藍紫色端代表寒冷潮濕的氣候。此外，他依據每年乾燥與潮溼的月數，建立了他的溼度分類系統，並根據乾燥與潮溼的日數定義每個月份。如同霍爾德里奇的生命帶系統，高森的分類法也意味著特定的氣候條件會與特定的植被類型或植群相互對應。1951年，海因茨‧艾倫貝格（Heinz Ellenberg）與歐提‧策勒（Otti Zeller）運用高森的分類法，發展出1：50000的大比例尺氣候植被圖。由於他們所繪製的地區相對小型，且氣象站數量稀少，因此便用植被物候（即植被的季節變化）的數據取代氣候數據。在這個例子以及其他類似的情況中，植被圖上顯示的是相對而非絕對的氣候資訊，因為資訊的採集並未仰賴儀器記錄。然而，這類資訊屬於量化資訊，因為它所依據的是特定植物物種的季節變化。

分析氣候變遷

爲了能指出環境變化、評估其後果，以及預期植被與大氣系統間反饋的改變，植被對氣候的潛在反應是必要的考量因素。這些環境變化有可能是全球性（例如大氣中二氧化碳濃度的提升），也有可能是地方性或區域性，但不論如何，都會對地球生態系帶來全球性的影響（例如伐林、火害與生物多樣性的喪失）。

遭受無數人為影響的植群是如何應對全球氣候變化——這個至關重要的問題令生態學家備受挑戰。爲了找出答案，他們必須要仰賴自己對植被的廣泛變化與作用力的理解。這些植被現象與作用力包括樹葉層級的光合作用、從個別樹木到林分層級的族群統計與結構、地景層級的干擾與恢復作用力，以及區域層級的物種組成變化。

關於氣候變遷的強度，有一種較直接的評估方式，就是去研究植被與氣候的相互關係所造成的植被地理變化。儘管植被與氣候的關係有各種量化與製圖的方法，但這確實是一個可行的作法。在探測植被對氣候變遷的反應時，霍爾德里奇的生命帶（見第132頁）與其氣候指標是很有用的工具，特別是在預測未來植被與氣候之間的新均衡狀態時。

過去、現在與未來

研究植被對不同環境變化的反應時，操作上必須仰賴樹葉層級到族群與群落層級的實證數據。植被圖或GIS數位地圖能將這些數據外推到更高的組織層級，且以更大的空間與時間尺度呈現。歷史上，針對植被對氣候的反應是屬於「有機體」（organismal）亦或「個體」（individualistic）性質，植群生態學家彼此爭論不休——有機體性質是指：植被變化是植群的整體反應。個體性質則是指：植被變化由個別植物物種的獨立變化所共同構成。植被圖無法直接量化氣候變遷的強度，因為它們沒辦法反映氣候變遷的起因或潛在時間尺度。針對植群的空間變化，植群資料與古生態學記錄皆顯示，植物物種之集合（assemblage）會隨著時間產生連續性的變化，因此較符合植群的個體論觀點。

古生態學的研究由卡斯帕·瑪利亞·馮·斯坦伯格（Kaspar Maria von Sternberg，1761-1838年）於十九世紀初發起，爲過去的植被與氣候提供了深刻的見解。源自植物化石的實證數據暗示，過去一萬至一萬五千年來的氣候變化，在強度上類似於我們可能很快就會看到的變化。生態模型能藉由大氣環流模型（general circulation model，簡稱GCM）取得的氣候預測，彌補植被反應數據的不足。GCM運用概念架構，以數學的方式整合我們目前對植被分布與氣候關係的理解，藉以預測在新的環境條件下可能會產生的現象。這些模型會利用陸域植被分布爲對照，探討陸地與大氣的廣泛交互作用（例如碳、水、能量與其他微量氣體的交換）可能造成的影響。

GCM廣泛建立在連結植被與氣候（以及其他環境條件，例如土壤與地形）的植被圖上。
在其1985年的論文中，伊曼紐與同事以GCM為基礎，並將當時大氣中二氧化碳濃度增加
一倍，以預測植被對氣候變遷的反應。預測結果顯示，北半球的北寒林與凍原會有重大
改變（這些地區的植被深受溫度影響），而全球許多地方的植被也會因降水量減少而明
顯變得較乾燥。

▲ 火炬松
生態模型研究能預測有多少
森林重要樹種（例如火炬松
〔*Pinus taeda*〕）會受到氣
候變遷的影響。

詳細的分析

全球許多生態模型的應用，皆顯示植被分類（不論
是以生命帶、生物群系或植物群系劃分）可能會影
響植被的氣候反應預測。植被圖若有詳細的植被分
類，就能預測更多的影響。舉例來說，相較於將森
林區分為寒帶、溫帶、熱帶、乾旱、潮濕或其他更
精細類別的植被圖，只有一種森林類別的簡單植被
圖幾乎無法顯示出氣候變遷的影響。地景生態學家
路易斯‧艾佛森（Louis Iverson）與同事在2008年
針對美國東部樹種的一項研究，正好驗證了上述論
點。他們運用134個主要樹種在目前氣候條件下的分
布圖，估算出在大氣二氧化碳濃度不同的未來氣候
情境中，這些樹種的分布可能會如何變化。根據他
們的研究結果，美國東南部的關鍵樹種（例如火炬
松〔Pinus taeda〕）在數量與生長表現都會下降，
並且會往北遷徙，遠離目前的分布範圍。即使是就
整個植群的分布而言，研究結果也顯示美國東部的
森林類型將會有顯著變化。

生態建模在過去數十年來有大幅的進步。在早期的
版本中，氣候被視為判斷植被分布與其特徵的影響
因素。然而，還有其他重要因素須納入考量，而其
中最重要的，或許就是人為干擾所造成的衝擊。近
期的生態模型在預測植被對氣候的反應時，也融入
了人類土地利用活動所導致的植被變化。由此可
知，準確預測全球植被對氣候變遷的反應是一項挑
戰，而解決之道就是要靠嶄新的觀察角度與新穎的
植被圖，才能更加掌握全球植被的分布、形相、結
構與植物種類組成。

生態建模

生態建模展現出在未來氣候情境中，當大氣二氧化碳濃度不同，火炬松（*Pinus taeda*）在美國東部的分布可能會如何改變。（資料來源：氣候變遷地圖〔Climate Change Atlas〕，美國農業部森林局〔USDA Forest Service〕。）

目前分布

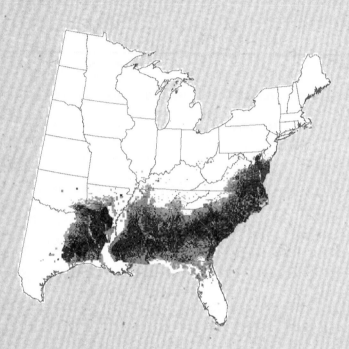

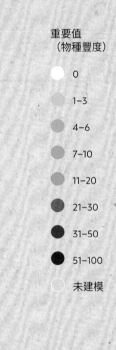

重要值
（物種豐度）

- 0
- 1–3
- 4–6
- 7–10
- 11–20
- 21–30
- 31–50
- 51–100
- 未建模

圖1―中度碳排放情境

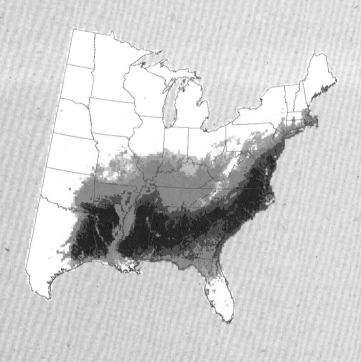

圖2―高度碳排放情境

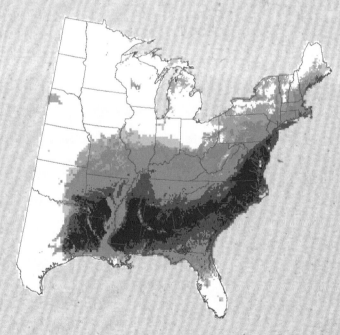

5

第五章　**世界森林的多樣性**

The Diversity of the World's Forests

某些出人意表的森林

1836 年 9 月 26 日， 達爾文（當時是小獵犬號上的 27 歲博物學家， 鞏固其歷史地位的那本著作在數十年後才會問世）在他的日記中寫道：「在內心的強烈驅使下， 我深信就如同音樂， 一個人若熟悉每一個音符， 同時具備眞正的好品味， 就能更透徹地欣賞整首樂曲 ；同理可證， 一個人若仔細檢視美好景色中的每一個部分， 或許也能徹底理解這片景色完整綜合的效應。 而正因如此， 旅人應當成爲植物學家， 因爲在所有的景色中， 植物是最主要的裝飾。」

主要的森林生物群系

地球的生物群系是依據環境、生態系的結構，以及現存活生物的配置來定義。而生物群系的分布則受控於氣候——包括從溫暖到寒冷的變化，以及從潮濕到乾旱的變化。（資料來源： MA, 2005.）

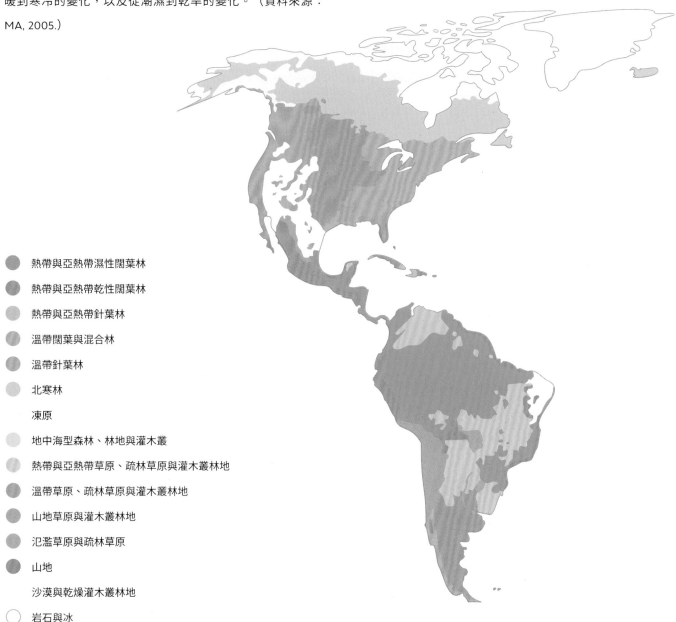

- 熱帶與亞熱帶濕性闊葉林
- 熱帶與亞熱帶乾性闊葉林
- 熱帶與亞熱帶針葉林
- 溫帶闊葉與混合林
- 溫帶針葉林
- 北寒林
- 凍原
- 地中海型森林、林地與灌木叢
- 熱帶與亞熱帶草原、疏林草原與灌木叢林地
- 溫帶草原、疏林草原與灌木叢林地
- 山地草原與灌木叢林地
- 氾濫草原與疏林草原
- 山地
- 沙漠與乾燥灌木叢林地
- 岩石與冰

美好景色中的每一個部分

為了檢視森林美好景色中的每個細微部分,十九世紀的博物學家開始將他們在旅途中看到的地理現象記錄下來,並且繪製成圖(見第四章,第116-119頁)。在這些探險家當中,有許多人(比方說達爾文本人)是來自歐洲的溫帶緯度區。對他們來說,最容易達成的緯度梯度當然是從北寒林(第七章)、溫帶落葉林與針葉林(第九章)一直到熱帶雨林(第六章)的範圍。這類由氣候梯度造成的植被改變,在南半球有很大的不同,原因是南半球在寒帶及溫帶的陸地比較少,因而缺乏北寒林帶。另一個原因是南半球海洋與陸地面積的比值較大,這使得南半球任一地區的冬季均溫,通常會比北半球相同緯度的地區較為溫暖。山區的植被現象特別有趣,因為不論南北半球,山區都具有劇烈的環境梯度變化,多樣性也較高,在海拔高度上的變化類似於緯度所造成的變化,卻又有些不同。

樹葉大小、樹葉形狀，以及常綠葉–脫落葉的分歧

若進一步放大達爾文所謂的「美好景色」的「每一個部分」，就會顯露出樹葉在形態與季節上的變化，而這些樹葉變化能用來描述大陸內與大陸之間的植被結構形式。潮濕森林中的平均樹葉大小以及樹葉具全緣（指葉緣完整無鋸齒）的比例，會隨著氣候從寒冷到溫暖而增加。熱帶森林中約有八成樹木具有全緣的樹葉；相形之下，高緯度森林中只有兩成。古植物學家發現他們可以在樹葉化石上測量這些特徵，然後利用測量結果推斷數千至數百萬年前的溫度與水分境況。

全世界最常見的植被類型，就是常綠葉與脫落葉。「落葉」樹的樹葉壽命只有一個生長季，一旦環境條件不利生長，全部的樹葉就會脫落。在溫帶氣候中，這種情形會發生在入冬之際。不過在熱帶落葉林中，樹葉脫落的現象則是發生在乾季的一開始。相較而言，常綠樹的樹葉能撐過不利生長的季節，壽命為一到十年。當新葉長出來時，較老的樹葉依然存在，因此樹木總是保持常綠——這並不是因為這些樹木的樹葉會永遠存活，而是因為每年新舊樹葉存留在樹上的時間有所重疊。

▼ **整體葉形**
某些物種的葉子邊緣平滑，例如圖中的酪梨（*Persea americana*）樹葉。酪梨是新大陸熱帶森林的原生物種。

常綠葉的生長較耗能量。相對於表面積，這類樹葉的厚度較大。由於葉表具保護作用的角質層較厚，使它們比起脫落葉，更能在廣泛範圍的濕度與溫度下存活。此外，常綠葉會在多個生長季期間保留養分，因此能在較無法立即獲得土壤養分的環境中存活。相形

之下，脫落葉較薄，生長時耗損的能量也較少。落葉樹必須在生長季之初就產出整體葉面積，而它們的養分循環通常也較快速。這類樹葉脫落的策略不只是為了要避開不利生長的季節，同時也是為了要迅速善用有利生長的季節。

樹葉種類能強化不同策略的正向回饋。常綠葉通常腐爛時間遲緩，導致土壤酸性增加與養分供給減少——這些正好是常綠樹能夠耐受的環境條件。此外，由於常綠樹一年到頭都有樹蔭，因此會影響能在它們底下生長的幼苗種類。脫落葉則通常腐爛時間較快速，因而促成了較高的養分循環速率。

▲ 有尖突的葉形

某些物種的葉緣有尖突，如同圖中的糖楓（*Acer saccharinum*）樹葉所示。其葉緣上的個別突點稱為「鋸齒」——也就是鋸片上的那種鋸齒，因此這種樹葉的形狀被稱為「鋸齒狀」。

作為植物生長策略的落葉性與常綠性

落葉性是一種生長策略，作用是使樹葉能避開不利生長的季節（乾或冷），並且能很快在有利生長的季節一開始就部署完成（見第280-285頁）。常綠策略的分布區域較複雜。在潮濕的氣候中，闊葉常綠樹種會隨著氣候梯度從溫帶到熱帶逐漸增加（見第154-155頁）。而在降水量極高與冬季暖和的區域內，不只是溫帶森林，就連涼溫帶森林通常也會由常綠樹所佔據（見第162-165頁以及第166-169頁）。常綠樹種在不同緯度區都能大範圍生長，當有利生長的季節較短時，能夠抵抗乾旱的樹葉就會因應而生。這些區域包括硬葉林（見第148-153頁）與某些溫帶針葉林（見第292-295頁）、構成林木線的針葉林（見第156-161頁），以及北寒林（見第七章）——不過要注意的是，具脫落針葉的落葉松也會出現在冬季最極端寒冷的北寒林中。最後，土壤酸性且營養貧瘠的溫帶生態系通常會由針葉常綠樹所佔據，包括那些在排水良好的砂質土上（例如北美洲東南部的松林泥炭地）、以及在泥塘與沼澤中的生態系。要留意的是，由於常綠與落葉策略皆有其代價與好處，因此常綠-落葉的分歧是一種持續的轉變，而不是突如其來的轉折。事實上，這兩種策略在許多森林中都同時存在。

不同大陸的植物種類雖然演化親緣關係差異甚大，卻會產生趨同演化（convergent evolution）。換句話說，只要環境狀況類似，不同地區的植物物種也可能會獨立演化出類似的適應性改變。這樣的現象使我們有機會去了解並驗證決定森林分布的共通規則。在過去，生態學家雖然不能確立這些植物的分類地位，但這些為適應環境而形成的有趣

特徵，卻很容易被觀察與記錄下來。而這有可能就是吸引早期生物地理學家冒險踏上陌生土地的一個原因。

極端情況下的森林

接下來的幾章會描述世界的主要森林區，每一個森林區都有自己的一套環境條件，並沿著常綠到落葉（以及前述的其他樹葉特徵）的梯度分布。然而，還是有一些森林類型不會被納入，或是很難被放進氣候帶的架構內。在此，我們要關注的就是這些「被遺漏」的森林。這類森林通常佔據小範圍地區，不過在生態上可能極為重要。舉例來說，高山上的溫帶雨林、雲霧森林與桂樹森林對水源涵養不可或缺，而紅樹林對生物多樣性也很重要，不僅是海洋食物鏈的育幼場所，同時也會保護海岸線，使其免受海平面上升與熱帶風暴的侵蝕。

這些森林也會以某種形式存在於極端的環境中，包括非常乾燥的環境（硬葉林）、非常寒冷的環境（林木線下面的森林）、暖溫帶與亞熱帶邊緣的潮濕環境（桂樹森林），以及條件惡劣的基質（紅樹林）。事實證明，上述所有例子中的森林都是由常綠樹所佔據。其樹葉的天生設計，就是為了在這些迥異且極具挑戰的環境中發揮作用。

▼ **紅樹林**
位於泰國喀比省（Krabi province）的紅樹林。

硬葉林

厚壁細胞是堅硬且細胞壁厚實的細胞，作用是在所有的植物組織（根、莖與葉）內提供機械支撐。樹木的厚壁細胞有非常厚的次生細胞壁，其內所含的聚合物集體稱爲木質素，構成了樹木 17-35% 的乾質量。在地中海型氣候中，厚壁細胞也是樹葉獨特的結構基礎：硬葉的特徵是堅硬、結實、如皮革般強韌，並且以抗凋萎的能力著稱。硬葉通常也屬於常綠性。硬葉植被就是以此一獨特的樹葉形態作爲命名依據。

地中海型氣候的植被

硬葉植被與地中海型氣候以及鄰近的氣候帶有關。這種植被所覆蓋的陸地表面相對較小（見對頁）。大部分的降雨發生在微涼的冬季，夏季則炎熱乾燥。有兩個「歌蒂拉型」（Goldilocks）[2] 的生長季節（有點濕但不會太冷，也不會太熱），提供了有利植物生長的條件：一個是冬季尾聲——這個「近似春天」的植物生長期會持續下去，直到進入乾旱的夏季、植物根系無法再向下獲得更深的土壤水爲止；另一個較短的生長季節發生在夏季過後——也就是降水量開始增加、但還不會冷到停止生長的那段時期。

在這些氣候條件支配的地區內，存在著六種植被群系。其中一種形成於地中海周遭的盆地，法文名稱爲「馬基斯」（maquis）。相較於其他五種植被，馬基斯植被所處地區的夏季較炎熱。另外五種植被則全都受寒流影響；它們坐落於南北緯的30°與40°之間，一般出現在大陸的西緣。這五種「夏涼」地中海型氣候的植被分別是非洲南部的凡波斯植被（fynbos）、智利的馬托拉爾植被（matorral）、加州的查帕拉爾植被（chaparral），以及澳洲西南部的廊甘植被（kwongan，位於西澳的伯斯南部）和澳洲皮里克石楠荒原（Australian pyric heathlands，位於南澳的阿得雷德附近）。

不同植物科的物種在這些形形色色的地中海生態系中佔有優勢。比起生物分類上的關聯性，這些植物的相似之處更常是源自它們爲適應環境而產生的改變。儘管植物起源各不相同，然而在這六種植被種類當中有很大程度的形態趨同（convergence of form）。佔有優勢的維管束植物主要爲木質、硬葉、常綠、深根的灌木。這類植被在乾燥的夏季可能極度易燃，也因此組成物種的繁殖策略會特別關注不同強度與頻率的野火——不同物種會在不同的火燒境況下茁壯成長。在野火後萌芽是這些植物的共同特徵。考慮到頻繁野火與乾燥夏季的組合，可能會讓人預期在如此不利生長的條件下，生物多樣性相對較低。然而，這些生態系卻呈現出非比尋常的多樣變化。

---

2 此處引用了著名童話三隻小熊的故事（Goldilocks and the Three Bears）：名爲「歌蒂拉」的小女孩闖入三隻小熊的家裡，在偷吃麥片粥時，說她喜歡「有點濕但不會太冷、也不會太熱」的粥。

涼夏地帶

屬於地中海型氣候帶。樹木會生長在這些氣候帶與周邊較濕涼區域。一般而言，這些地帶的樹木都很矮（高度通常低於數公尺）。

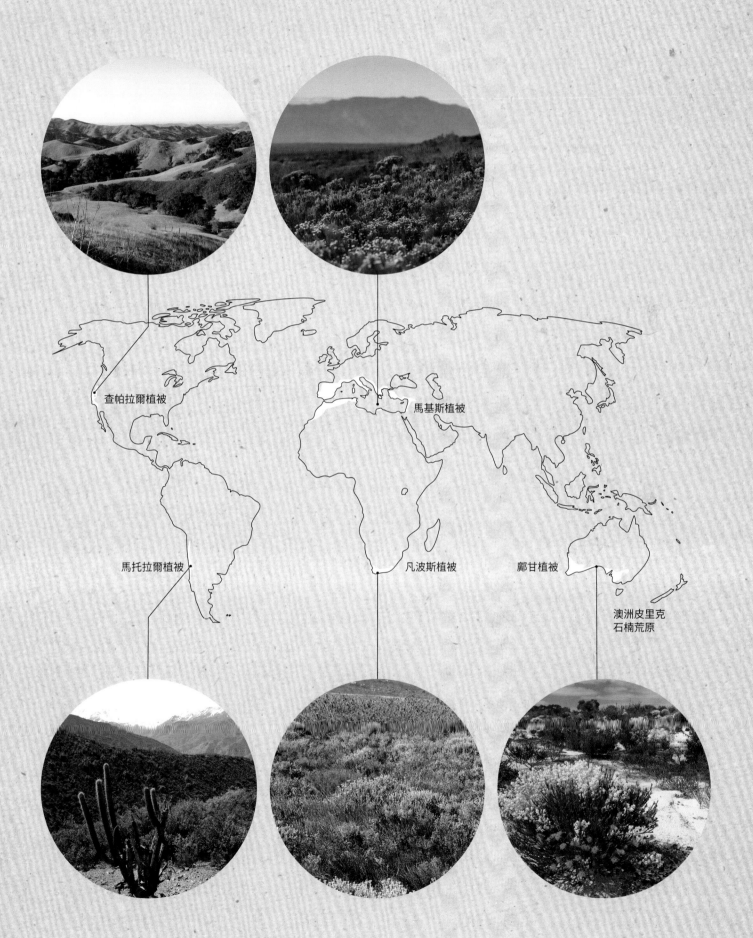

查帕拉爾植被

馬基斯植被

馬托拉爾植被

凡波斯植被

鄺甘植被

澳洲皮里克
石楠荒原

涼夏地帶

澳洲的硬葉植物

地中海型氣候的植被主要為低矮的灌木叢林地，其中只有少數的單軸樹或多莖灌木高於十公尺。在這些灌木叢林地的山區與海邊，由於降水量較多，樹木的密度可以大到被認為是森林。引人注目的是，其中有些樹木在全世界也是數一數二的高。儘管這六個地中海型氣候區都有灌木森林，然而澳洲的植被顯然提供了最有利於硬葉樹生長的生態環境。澳洲有大片的森林、馬利桉樹群（從木質塊莖萌芽長成的多莖樹與灌木）與硬葉灌木叢林地。其中有許多森林是由桉屬樹木（又稱尤加利樹）獨佔優勢，以致這些生態系的樣貌變化幅度又顯得更小。桉屬底下有超過700個物種，幾乎都是澳洲特有種——其中只有15種原生於澳洲以外的地方，而在這15種當中，也只有9種不會出現在澳洲。

澳洲硬葉森林通常統稱為「桉樹林」。在此，桉樹除了指桉屬外，也涵蓋其他兩個親緣關係密切的屬。其中一個是傘房桉屬，包含血木（因受傷時會產生如血般的深紅樹液而得名）、鬼膠桉與斑皮桉。傘房桉屬有大約100個物種，自1995年起在分類學上與桉屬區分開來。第二個是杯果木屬，由九種樹木與灌木組成。這些樹種俗稱「蘋果桉」，原因是歐洲拓荒者認為它們長得很像蘋果樹。

森林群落中種或屬的組成與其豐度，經常用來為森林分類。舉例來說，北美白橡（*Quercus alba*）／栗橡（*Q. montana*）森林是指美國阿帕拉契山脈中海拔上半部的植被。在澳洲情況則較為複雜，因此硬葉林經常是以桉樹類群內的優勢樹種來分類。多樣桉樹林的在地分類，通常會以樹葉、樹皮（如纖皮桉〔stringy bark〕、鐵皮桉〔ironbark〕，以及半皮桉〔halfbark〕——樹皮只存在於樹木一半高度以下）或其他特徵為依據。某一地點的森林可能會有一種膠桉（樹皮平滑、受傷時會產生大量樹葉）、一種纖皮桉與一種鐵皮桉。在一片桉樹林中，同一類別的桉樹只有一個樹種存在，不太可能會出現第二種。另外的地點可能也會有同樣的桉樹類別組合，然而，即使看起來很相像，其樹種組成仍可能不同。「這一帶的山坡中層生長的是哪一種鐵皮桉？」——新來的林務人員為了熟悉新的區域，會問當地同事這樣的問題。當然，也有一些桉樹林僅由一種桉樹佔優勢。

◀ 雪膠桉
一棵耐寒的雪膠桉（*Eucalyptus pauciflora*）生長於澳洲大雪山（Snowy Mountains）上的花崗岩附近。其引人注目的樹皮平滑、帶有紋理且顏色鮮豔。

▼ 桉樹林
由桉樹佔優勢的硬葉林。

▼ 血木
被燒傷的紅膠桉（或稱美葉桉〔*Corymbia calophylla*〕）所產生的血紅樹液，地點在西澳的安貝蓋特保護區（Ambergate Reserve）。

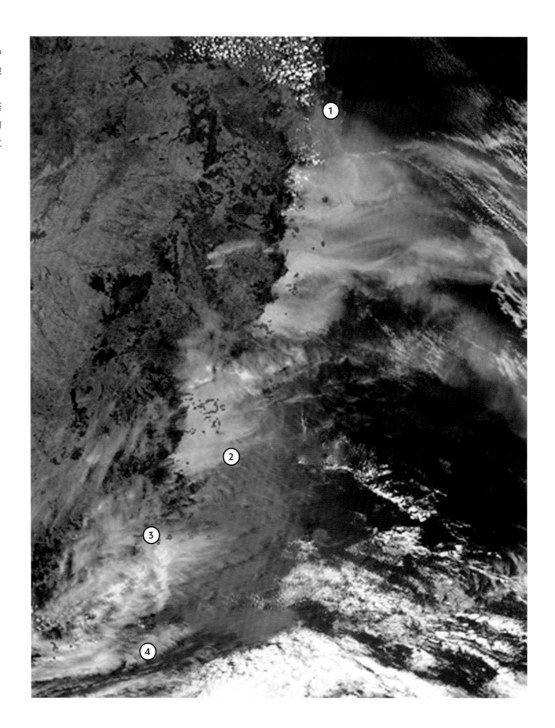

硬葉林中的火風暴

我們所感知到的世界正在燃燒，而且這樣的深刻感受可能前所未有。媒體將嚴重野火的畫面呈現於大眾眼前，而這些災情就發生在澳洲和其他容易發生火災的森林區——特別是非洲、西伯利亞與北美洲西部的森林。地球暖化的綜合效應、越來越多人移居到過去的偏遠地區，以及世界各地每隔數小時就以進步的衛星技術進行野火偵察——種種原因導致野火已從地方新聞的焦點，轉變為地球變化與極端威脅的實體表現。

以澳洲而言，2019年與2020年的野火季節被統稱為黑色夏季（Black Summer）。在這個南半球的夏季期間（12月至2月），澳洲南部的野火燃燒了186000平方公里的土地（約為英國的四分之三面積），造成34人喪命、5900棟建築毀壞。這場大火的高峰期

從2019年的12月持續到2020年的1月。到了2020年1月7日，源自澳洲的煙流飄過南太平洋，蔓延到約11000公里外的智利與阿根廷。大火所造成的損失目前仍在彙整，尤其是針對煙霧對人類的長期影響，以及先前瀕絕物種有多少現已滅絕，狀況仍在釐清。

較早之前還有一場如惡夢般的澳洲野火，那就是1939年的黑色星期五大火（Black Friday Fire）。這場大火不僅導致71人喪命，更產生了火風暴效應：如龍捲風般的巨大火焰氣旋，將90公尺高的杏仁桉（Eucalyptus regnans）從地面捲上高空，再將這些樹如稻草人般四處拋擲。在大火發生當天，也就是1939年1月13日，墨爾本記錄到45.6 °C的高溫。當時，乾燥的氣候已持續了六個月。在大火過後，由法官L・H・B・史崔頓（L. H. B. Stretton）領導的皇家調查委員會（Royal Commission）敘述了這場災難的經過，表示「大火肆虐的速度十分駭人。這些野火從一座山頭飛躍到另一座山頭，或是蔓延到遠方較低處的郊區，甚至在主要火災波及前，就已照亮了十公里外的森林……風力是如此強大，以致許多地方都有數百棵巨樹被連根吹走」。

這類野火事件的頻率與持續時間可能會因為氣候變遷而增加，特別是在許多原本就容易發生火災的地區。在這種大火的威脅下，如何應對是一項挑戰。澳洲針對野火所採取的國家方針是「預先準備，然後留守保衛或提早撤離」。但面對黑色星期五或黑色夏季這類超級大火，「提早撤離」可能是實際上唯一的選項——而要做到這點，就必須要有順暢的通報系統與規劃好的疏散路線。技術的交流與配合是絕對必要的條件，如此一來才能收集廣大地區的野火衛星影像、融合天氣與野火模型，以及理解野火在空間裡的動態變化（偶爾非常快速）對人類生活所造成的風險。硬葉林顯著的易燃特性預示著牽涉氣候變遷的野火問題會更加全球化，而在氣候暖化的影響下，這個問題很可能會更加惡化——只要地球上還有森林能燒。

為適應野火而產生的改變

不論是在桉樹的原產地澳洲或其他國家，對桉樹而言，野火通常都是最嚴重的干擾。為了適應野火，桉樹的一個改變是形成木質塊莖，而這項特徵也進而促成了馬利桉生長型（mallee growth form）。另一個明顯的改變是大量的伏芽枝（epicormic bud）在許多桉樹的樹皮底下形成。當野火燒掉桉樹的樹葉、幼枝與樹枝時，就會啟動這些伏芽枝，形成主枝與樹幹都覆蓋著新芽、看起來「毛茸茸的樹」（如圖）。

桂樹森林

桂樹森林（laurophyll forest）的名稱源自樟科（Lauraceae），而桂樹樹葉的特徵是常綠、卵形、深綠色、具有光澤、大小適中(25-45平方公分)，以及葉緣全緣(沒有尖突的鋸齒)。桂樹森林經常包含樟科成員，不過在同一樹林中，也有數種其他科的樹木具有類似的樹葉，原因是生長季節潮濕，加上冬季溫和短暫，導致這些樹種產生了這樣的適應性變化。

▲ **桂樹樹葉**
桂樹森林是以其優勢樹的典型樹葉形態來命名。這種樹葉形態的特徵是全緣、常綠與大小適中。

桂樹森林的全球分布

桂樹森林是樹木高度中等到高的常綠樹林，主要生長在亞熱帶與暖溫帶氣候區，但也可能存在於熱帶山地森林中，包括雲霧森林（見第162-165頁）。這些森林在南半球的範圍延伸到溫帶地區，甚至也延伸到涼溫帶地區，原因是海洋緩和了南半球寒冬的冷冽氣溫。桂樹森林具有濃密的冠層，以至樹林內部一年到頭都很幽暗多蔭。於是就和熱帶雨林的情況一樣，桂樹森林的林床上也幾乎沒有草本植物。

不同於熱帶林的是，許多桂樹森林會經歷寒冬，面臨結霜的風險，若冬季極度低溫，最終就會被消滅。這些森林也侷限在生長季期間能獲得大量水分的地區。因此，在冬季有雨、夏季乾燥的亞熱帶到暖溫帶地區，佔有優勢的反而是硬葉植被（見第148-149頁）。

桂樹森林在東南亞的空間範圍最大。在那裡，從熱帶林到溫帶落葉林的連續緯度梯度，有部分是由桂樹森林所構成。亞洲的桂樹森林曾一度在北緯24°與32°之間，覆蓋了2000平方公里的面積，而如今卻只剩下零碎的區域，其中有許多桂樹位於寺廟土地上以及神聖樹林（sacred grove）[3] 中。桂樹森林也存在於日本境內與其他的東亞島嶼上。

在前更新世（pre-Pleistocene）的歐洲與北非，桂樹森林形成了廣大的緯度帶，規模近似於在亞洲觀察到的大小。然而，後來隨著地球冷卻與變得乾燥，這些森林逐漸限縮在受庇護地點的小型零碎區域內，包括葡萄牙與西班牙的海岸，以及義大利的部分地區。在過去，馬卡羅尼西亞群島（Macaronesian islands，包括加納利群島與亞速爾群島〔Azores〕）的桂樹森林也曾是一大片分布廣泛的森林。桂樹森林也存在於非洲、澳洲、墨西哥、紐西蘭、南美洲、亞洲西部與喜馬拉雅山脈，只不過不像東南亞的森林那樣形成連續的緯度帶。

有一項預測是隨著氣候暖化，冬季變得沒那麼冷冽，受結霜限制的常綠闊葉樹會向極地與較高海拔移動。在歐洲，這個遷徙過程被稱為「桂葉化」（laurophyllization）。而事實上，數項研究也顯示，桂樹確實已從瑞士南部與義大利北部的氣候避難所（climatic refuge），散布到周遭的地區。

---

3 指被當地社群視為神聖不可侵犯、須加以保護的林地。

▲ **神聖桂樹**
這棵大桂樹位在日本京都青蓮院的大門前，據說是由高僧親鸞聖人栽種於此。

◀ **紐西蘭**
南半球的桂樹森林，位於紐西蘭北島奧克蘭市（Aukland）蒂蒂朗吉（Titirangi）的綠灣海灘（Green Bay Beach）朋卡拉卡公園（Karaka Park）。

林木線的森林

所有的氣候帶與大陸都有山脈， 因此本書有許多章節都會討論山地森林。 在此， 我們要換個方向，聚焦於森林的一個極端本質： 構成林木線的森林。 在過往的研究中， 林木線一向是重要的生物氣候指標。 而在當前氣候暖化的挑戰下， 生態學家必須從林木線的角度， 去預測未來的變化。

隨著海拔高度上升或緯度往極地移動，下降的溫度、較短的生長季與更嚴峻的冬季氣溫，最終都會限制樹木的生長。樹木生長型所仰賴的光合作用不只要足以產生花果與種子，也必須要足以形成與維持一個包含地上部與地下部的木質架構。

林木線的種類

林木線具有數種形式與定義方式。樹木的絕對氣候限制（即生理限制）被稱為「樹種線」（tree species line）。在某些地區，特別是在風大的山坡上，樹木會逐漸發育不良，直到它們形成低矮的矮盤灌叢。在這種情況下，林木線與樹種線通常會被視為相同的指標。在其他地區，鬱閉的森林則會逐漸形成小群體與孤立的樹木個體。此處，林木線通常會出現在樹木達到特定的最大高度（通常為2-3公尺）與密度之處——儘管林木線後可能會存在著高度與密度較低的個別樹木，但最後這些樹也會達到樹種線的生理限制。其他與林木線有關的稱呼包括：「森林線」（forest line），用來表示鬱閉森林的極限；以及「喬木線」（timberline），用來表示適合伐採的樹木尺寸所能生長的極限。

從全球與大範圍的角度來看，在用來預測林木線的環境因素中，最重要的就是溫度。有一條通則是當生長季落在約95天、生長季每日最低溫平均為0.9 ℃，以及生長季氣溫平均為6.4 ℃時，樹木就會達到生長界線。許多其他因素也可能會對林木線出現的位置產生影響，包括人為干擾（火災、畜牧生活、樹木移除）、野生動物的植食行為、提升樹木死亡率的冬季環境條件（積雪深度與土地結凍造成的冬季缺水），以及限制樹木生長的夏季環境條件（多風、低降水量、夏涼又多雲的海洋影響）。物種對熱境況（thermal regime）與上述其他的環境因素有不同的反應，因此林木線可能會依據環境與地點的不同，而涵蓋各式各樣的植群類型，包括常綠針葉的雲杉、冷杉與松樹、落葉針葉的落葉松，以及落葉闊葉的樺樹、赤楊與柳樹。

▶ **林木上限**
登 上 洛 希 德 省 立 公 園 （Loughheed Provincial Park）內的加拿大洛磯山脈（Canadian Rockies），可以看到鬱閉的雲杉與冷杉森林讓位給雪、岩石與高山草原。

矮盤灌叢

在常綠針葉林的林木線邊緣會看到一種小型樹木群，有時樹齡高，且外形近似日本盆景。這類植被稱為「矮盤灌叢」，其德文名稱krummholz是由krumm（意指扭曲、變形）與holz（意指木頭）組合而成。矮盤灌叢生長在寒冷嚴苛的環境中，強風帶來的冰風暴與乾燥效應會將這些灌叢的芽修剪掉。由於其生長地點受岩石、巨礫或覆雪所遮蔽，因此較低處的樹枝得以長出濃密的樹葉。當凜冽冰冷的冬季寒風從單一方向吹來時，風害會集中在樹幹的其中一面，進而形成「旗形樹」或「橫幅樹」。矮盤灌叢也會在山崩帶持續生長——在那些地帶，樹木的死亡率較大。這些灌叢在許多個世代的天擇中留存下來，通常是因為高度低又具有俯臥外形。就算它們或它們的幼苗被移植到有利生長的環境，仍會維持這樣的形態。不過，在某些情況下，矮盤灌叢在移植後也會變大和變高。

▼ **旗形樹（flag tree）**
旗形樹（或「橫幅樹」〔banner tree〕，亦可稱為「風剪樹」）樹幹迎風面長出的樹枝較少。

▲ **側向發展**

一棵猶他杜松（*Juniperus osteosperma*）受到極端環境條件（強風、低濕與寒冷）的形塑。

◀ **發育不良**

在林木線邊緣受強風侵襲的地區，一般會發展成單莖直立樹木的物種，也可能會演變成發育不良的個體，進而形成低矮且往水平方向生長的樹叢。

山區林木線

2016年，塞弗林・厄爾（Severin Irl）與同事發表了一份全球山區的林木線概況分析：他們比較了大陸、大陸島（這類島嶼沿著大陸的海岸線形成，並構成大陸棚的一部分）與海洋島（這類島嶼是由火山噴發所形成，不曾與大陸相連）的林木線。根據他們的研究，大陸林木線的海拔高度會隨著位置向南北兩極靠近而逐漸降低，但在熱帶地區卻會驟降。我們可以回想一下：熱帶地區的一個典型特徵，就是溫度的日夜循環比夏冬循環還要極端。之所以會形成這種林木線高度驟降的情形，是因為在熱帶地區外的地區會因季節而有無霜的較溫暖時期，但在熱帶地區，夠高的山區到了夜晚就會結霜，因此沒有無霜季。該研究也顯示出在熱帶地區，大陸島與海洋島並沒有發生林木線高度驟降的情形。據推測，這是因為周遭的海洋減弱了島嶼夜晚的冷卻現象。不過由於大山塊加熱效應（mass elevation effect或the Massenerhebung effect）的影響，在相同的緯度上，海洋中孤島的林木線一般會低於大陸島的林木線。

林木線是生態系與氣候的一個重要指標。日漸暖化的地球令人不禁聯想到一個問題：林木線的海拔高度是否正逐漸上升，或是緯度正逐漸朝兩極移動？再一次地，我們發現自己正處於科學探索的新領域。在其2021年的論文中，亞曼達・韓森（Amanda Hansson）、保羅・達格許（Paul Dargusch）與傑米・舒爾梅斯特（Jamie Shulmeister）概述了447個研究地點的結果：其中66%的地點證實上述預測無誤，即林木線正同時向更高的海拔高度與兩極移動，而緯度的移動又比高度快。

雲霧森林

最廣義的雲霧森林是指經常環繞著雲霧、並以霧滴爲重要水分來源的森林，不過，針對雲霧出現頻率與霧滴量的最低限度，目前尙未有確立的普遍標準。所有緯度的海岸地區與山區都存在著雲霧森林。

對森林的影響

當潮溼的氣團遇上低溫，雲、霧與靄會在溫度達到凝結點時形成，同時水會從氣態轉變爲液態。這個現象在兩種情況中最常發生：第一是在山坡上——但前提是山要夠高，氣溫才會達到凝結點；第二是在海岸線上——那裡的潮濕空氣會往內陸移動，並產生冷卻作用。

▼ **阿帕拉契山脈**
藍嶺公路（Blue Ridge Parkway）上的山中晨靄。

雲、靄與霧會對小範圍環境造成劇烈影響，原因是
它們會減少陽光直射與降低溫度，進而減低蒸發散
量（從表面、土壤與樹葉蒸發的水分），同時透
過凝結作用直接增加供水。當然，最大的水分來
源還是雨水本身，但有趣的是，雲在掠過森林冠層
時（也就是越過樹葉、細枝與樹枝所構成的複雜表
面時），這些森林會像毛刷般沾取空中傳播的雲滴
（cloud droplet）。因此，即使是在沒下雨時，還
是能看見水從樹冠滴落，順著樹枝與樹幹往下流，
使土壤保持濕潤。測量結果顯示，與開闊地的雨量
計相比，這種雲或霧滴帶給森林的總降水量，有可
能是開闊地的兩倍或甚至三倍。

以山區為例：當氣團受迫沿著山坡抬升時，氣壓會
下降，導致溫度降低——任何爬過山的人都曾有這
種經驗，因此學會要為了攻頂而多帶一些衣服。氣
溫隨高度上升而遞減的速率稱為氣溫垂直遞減率
（adiabatic lapse rate）。在北美洲東部的阿帕拉
契山脈，雲和雲杉-冷杉林的海拔高度下限有關。水
氣的凝結與雲的形成會隨著高度增加而突然發生。
由於這個變化過程會儲存熱能，加上水本身會減緩
溫度改變的速度，而雲會減少日曬，因此雲對水分
與溫度環境都會產生影響。

依此來看，雲幕（cloud ceiling）彰顯了溫度與水
分供給之間關鍵的相互作用。如果雲幕仍在過往的
位置上形成，那麼可能會緩衝氣候變遷對山地生態
系的影響。然而，如果雲幕的位置移動到較高海拔
處，那麼生態系可能很快就會發生改變。安德魯・理查德森（Andrew Richardson）在
美國阿帕拉契山區所做的研究，確實顯示出雲幕正移動到較高的海拔高度。

雲、霧與靄也會沿著某些海岸線頻繁出現（見第166-169頁）。同樣地，其形成過程也
需要靠潮濕氣團從海洋移動到陸地時的冷卻作用。相較於海上溫度，陸地溫度的變動較
小。而在北一情況下，當相對涼爽的陸地遇到海風時，就會產生霧。在美國加州北部與
奧勒岡州西南部，以極高樹高與樹齡聞名的紅杉森林，正是彰顯出濱海霧有多重要的顯
著例子。由於這兩個地區的地景特徵是低降水量與夏季乾旱，因此這些森林必須仰賴霧
滴作為水分來源。

▲ 霧滴

隨著霧、靄與雲滲入森林，
凝結作用在植物的表面產
生。已有研究顯示，紅杉
（*Sequoia sempervirens*）等
針葉樹種取得凝結霧滴的效
率最好。這些樹種大大提升
了其他降水來源的獲水量，
以提供森林成長所需。

雲霧森林的特色

狹義的「雲霧森林」經常用來指稱熱帶山地森林——這類森林中的氣團幾乎都很潮濕，而其氣溫垂直遞減率也確保溫度一定會達到凝結點。一整年來，雲、霧與靄在這些森林中可能每天都會出現。由於熱帶山地雲霧森林不會經歷冬季的酷寒，在極端情況下也完全不會有乾旱時期，因此它們的光合作用速率或其他生命歷程不會有季節性的停頓。這樣的現象導致這些熱帶山地主要由常綠闊葉樹所佔據，形成了濃密多蔭的森林。雲霧森林就和低地熱帶雨林一樣充滿各種生活型，包括附生植物（生活在冠層高處樹枝上的植物），以及葉附生植物（能夠生活在葉表上的苔類與地錢類）。苔類通常會覆蓋於樹幹和樹枝表面。由於分解作用在涼爽的山區氣溫下速度較慢，因此森林土壤會含有較多有機物質，同時也偏酸性。在稜線與陡峭的上部斜坡，由於土薄風大，因此樹木可能會比較低矮，其多枝的樹冠也會比較接近地面，因而衍生出「精靈森林」（elfin forest）這個生動有趣的名字，用來稱呼這種雲霧森林的變化體。

雲的供水作用

產生雲量及頻繁降雨起霧的山坡，同時也是潛在的「造水機」，能為人類供給用水。根據聯合國糧食及農業組織的估計，超過一半的世界人口仰賴源自山區的供水。全世界的主要河川皆發源於山坡，而下流水庫會儲存絕熱冷卻作用所產生的降水與霧滴，以及山

雲霧森林的位置

當潮溼的雲遇到冷卻的氣溫時（如同在山坡或某些沿海地帶發生的情況），持續存在的雲會提供大量的水氣。

岳冰河融化而成的水。我們不能只觀察低海拔峽谷、深壑與瀑布的湍急水流，或甚至平地的遲緩曲折河流，卻沒有想到山坡的水源。供水連結了我們最發達的城市以及最偏遠的山區。

這種依存關係也令人聯想到另一個重要的氣候變遷議題：一方面，雲的形成會減少太陽輻射並增加水氣，導致蒸發作用減緩溫度上升的速度，進而緩衝了當地的氣候暖化現象；但另一方面，暖化的氣溫可能會提升雲幕的海拔高度，進而減少了雲在總降水量中的貢獻。比起對氣溫的衝擊，氣候變遷對供水的衝擊更難預測，而這些供水上的影響，不論是對仰賴山坡水源的自然系統還是人類，勢必都會帶來嚴重的後果。

▼ **精靈森林**
一座被苔蘚覆蓋的山地「精靈」雨林，位於厄瓜多孔多爾山脈（Cordillera del Condor）的南加里特薩河谷（Rio Nangaritza Valley）上方。

雲霧森林、咖啡以及生物多樣性

熱帶山地森林在經濟上也很重要，因為它們是咖啡的生產地。咖啡是以咖啡屬熱帶灌木的果實製作而成。源自伊索比亞的咖啡生產透過殖民強權迅速向外拓展，而這些強權國家也引進了遍布於熱帶世界的咖啡屬植物。儘管將熱帶山地森林大規模變更為咖啡園，對這些森林的生物多樣性是一大威脅，但野生的咖啡屬灌木（右圖）事實上是耐陰物種，生長於森林下層。在最近的數十年間，非傳統的「蔭下種植」（shade-grown）咖啡已持續受到推廣，以期能減低咖啡生產對這些森林所造成的衝擊。

沿海溫帶雨林

沿海溫帶森林的樹木生長在等同於「樹木天堂」的環境中， 除了整年都有降雨外， 還有相對較小的年溫差， 以及幾乎不存在的極端溫度變化。 夏季氣候溫和， 冬季較涼但不至於寒冷。 遊艇介紹手冊的插圖大多出自於這些適合攝影的溫帶雨林景觀。

沿海溫帶雨林

沿海溫帶雨林是指在中高緯度區（35°-60°）大陸西岸、生長茂盛的潮濕海岸林；這些地區受寒冷的近海洋流影響，具有較涼爽的氣候條件。其中一個顯著的例子是北美洲西北部的太平洋沿岸雨林。儘管南緯35°以南幾乎沒有陸地，不過這類森林還是生長在僅存的陸地上——包括塔斯馬尼亞（Tasmania）、澳洲東南部、紐西蘭、智利南部以及阿根廷南部。

北半球的沿海雨林透露了許多生態系的詳細情況。這些雨林以常綠針葉樹為優勢樹種，並且在全球大氣環流所促成的區域分布上，展現出相似之處。從沿岸向內陸移動時，可能會看到非常類似的森林，出現在整日有雨、靄和霧的較高海拔地區。而從大多數的溫帶雨林向赤道推進，夏季會變得愈來愈乾燥，進而形成高大的森林，以及最終的地中海型森林與灌木叢。歐洲西部相對類似於北美洲沿海溫帶雨林的氣候，但沒有那麼潮濕。從歐洲的大西洋沿岸向東移動，冬季會變得更冷，而夏季會變得更熱。

季節性事件

溫帶雨林的特徵是具有顯著的季節性事件。鮭魚會在俄羅斯、英屬哥倫比亞與挪威溯河洄游，而高密度的魚群甚至能將河川染成紅色——這似乎是一個很值得讚嘆的生態特色。成年鮭魚從大海迴流到牠們出生的那條溪流。在那裡，牠們翻攪著溪底的沉積物，開始挖洞築巢，接著產卵，最後（幾乎無一倖免地）走向死亡。新的一代孵化後，發育成可自由游動的鮭魚苗。這些魚苗會從牠們的溪流移動到較大的溪流和河川中，然後進入大海裡發育為成魚。

這種魚類與森林間多重尺度的趨同現象（convergence），有個格外令人驚奇之處，那就是這些生態系在過去的一千年於當地形成——雖然對長壽的樹木而言不算是很長的時間，但這些森林的所在位置在過去是冰川。生態系中的交互作用就像是錯綜複雜的齒輪裝置，然而這個裝置究竟是如何自行組裝的呢？如果我們正在改變地球的氣候，那麼我們就應該要去探究這個問題。

▼ **通加斯森林**
通加斯國家森林是美國最大的國家森林，其最主要的植被是太平洋海岸林。

▲ **野生生物的避風港**
各種不同的野生生物以通加斯國家公園為家，包括動作靈敏的黑熊。

◄ **海岸林**
全球海岸林的氣候變化幅度小，意味著世界各地的海岸林出乎意料地相似。

▶ 南部的氣候區
位於紐西蘭南島道佛峽灣
（Doubtful Sound）的原始
森林——以紐西蘭為家的溫
帶沿海雨林蒼翠繁茂、氣候
涼爽，內有蕨類和被苔蘚覆
蓋的樹木。

南半球的沿海溫帶雨林

在南半球的塔斯馬尼亞、澳洲東南部、紐西蘭與南美洲南端，沿海溫帶雨林具有源自岡瓦那大陸（Gondwana）的優勢植被。這些陸地板塊曾是這個古代超大陸（supercontinent）的一部分，後來在數百萬年間逐漸分裂。非洲與南美洲是在約一億八千萬年前從南極洲分離，南極洲、紐西蘭與新喀里多尼亞則是在約八千五百萬年前開始從澳洲分離。岡瓦那大陸的植物後代如今遍布於南半球的沿海溫帶雨林。一個典型的例子是南青岡屬植物，也就是澳洲與南美洲南部的南山毛櫸（落葉和常綠樹種都有）。若行走於紐西蘭的某座南青岡森林中，你幾乎不用靠想像力，就能瞬間回到恐龍稱霸地球時樹木叢生的南極洲。

斑海雀

海鸚科鳥類是一群黑白相間、在海域潛水的鳥類，生活在北半球的岩岸——牠們就類似南半球的企鵝，只是牠們會飛，而企鵝不會。在想像海鸚科鳥類的畫面時，彷彿能同時聽到海浪拍打的聲音、聞到鹹水的味道，以及看到小海雀、海鴉、崖海鴉與海鸚飛行的模樣。

斑海雀（*Brachyramphus marmoratus*）是矮壯的小型北太平洋海鸚，體型比那些在都市廣場上聚集的鴿子稍微小一點，從喙到尾的長度約25公分。牠們在水中會利用鰭肢般的翅膀，以「飛行」的方式游泳，並且能潛至水下80公尺的深度。在飛行時，牠們靠短小的翅膀推動矮胖的身體，樣子看起來就像大型的熊蜂。起初，沒有人清楚這些小動物在哪裡築巢。但如今我們知道，斑海雀和任何有親緣關係的海鸚科鳥類都不一樣——牠們是在樹上築巢。沿著美國與加拿大的太平洋峽灣地區，斑海雀會築巢於沿海老熟雨林內巨大針葉樹的生苔樹枝上，並在巢內產下一顆蛋。而離巢雛鳥的首次飛行就是直接飛向大海。斑海雀的族群數正因為築巢棲地喪失而不斷減少，至於棲地喪失的肇因則是森林採伐及導致樹木死亡的昆蟲傳染病——不過在這之前，樹木就已受到氣候變遷的影響而變得衰弱。

紅樹林

紅樹林會沿著熱帶與亞熱帶沿海地區的潮間帶呈直線分布。 若從熱帶地區向南與向北移動， 由於潮間帶的邊緣缺乏樹木， 因此佔有優勢的會是鹽沼以及其他的草本植被。

▶ **在水面下**
在熱帶與亞熱帶氣候中，耐鹽的紅樹林會沿著海洋的邊緣排列。某些物種能在淹沒於水中的地區生長，創造出對許多物種不可或缺的水下結構與有機生產系統。

至關重要的角色

雖然就區域範圍而言，紅樹林不在森林的前段班，但它們發揮了一個關鍵的作用，那就是為毗鄰陸地與人類族群阻擋颶風、颱風與海嘯所引發的破壞性大浪。此外，氣候的變遷更導致紅樹林成為上升海平面的防衛前鋒。紅樹林也為大量的無脊椎與脊椎動物營造了不可或缺的棲地，並因此被稱為「基石」（keystone）物種。「生態系奠基」（ecosystem foundation）物種是紅樹林的另一個稱號，因為它們能透過圍困沉積物與耐受高鹽度環境，創造出獨一無二的森林棲地。

從植物的角度來看，潮間帶的環境條件嚴苛且多變。在這樣的環境中，任何經演化而佔有優勢的植物（更不用提樹木）都是一大奇蹟。此外，潮間帶的鹽度可能會隨地點而有所變化：若從開闊海域移動到淡水定期穿越基質湧入的區域，鹽的濃度就會降低；若移動到低潮的曝曬區域，鹽的濃度就會因海水蒸發而提高。由此可見，紅樹林樹種必須要應付的不僅是鹽的一般毒性，還有鹽度的變動程度。

鹽對多數植物而言具有毒性。帶正電的鈉離子能輕易溶解於水中，取代植物盡全力累積的基本營養素。而帶負電的氯離子能在植物體內累積，進而妨礙細胞作用力（例如光合作用）。高濃度的鹽著實能使植物完全乾掉，導致水分藉由滲透作用通過細胞膜離開。甚至是為了改善冬季路況（防止道路結冰）而灑在路面的鋪路鹽（road salt），也可能對路樹有毒。

並非所有的紅樹林樹種都能適應各種鹽度變化。有些樹木偏好低鹽度（由陸地棲地的淡水所導致）的濕地，不過也有些樹木能在外圍地區茁壯成長（能耐受漲潮與低潮時的鹽分濃度）。

鹽不是紅樹林需要面對的唯一問題。由於海水持續流動，紅樹林樹根賴以生長的基質也會發生含氧量低的情況。此外，這些樹木也必須要牢牢著根在基質上，並形成穩固的架構，使它們能抵抗狂風巨浪。

鹽度帶

紅樹林內有依據鹽度條件劃分的梯度。此外，較內陸的地區能
支持較高大樹木的生長，而陸地與海的交接地帶則長有較低
矮、較能抗浪的森林。

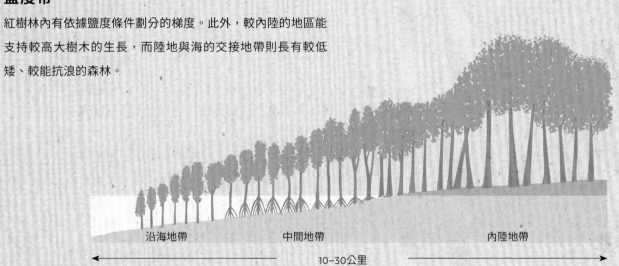

沿海地帶　　　　　　中間地帶　　　　　　　　　內陸地帶

10–30公里

紅樹林的位置

紅樹林沿著熱帶與亞熱帶沿海地區的潮間帶呈直線分布。

紅樹林的適應性變化

紅樹林是如何應付這些地球上其他森林不會遭遇的環境條件？其驚人的適應性改變包括一項在植物中極其罕見的特徵，那就是胎生。在紅樹林中，胎生指的是種子在萌芽時仍附著在親代樹上，之後才向外傳播。紅樹林樹種也具有支柱根，能在波動的海平面上吸收氧氣。此外，它們會形成用來呼吸的出水通氣根（pneumatophore）——一種從沉水根延伸到海平面上的管狀結構。最後，這些植物的粗莖與細胞表面，加上代謝及運輸鹽的構造，都能用來排除與分泌過多的鹽。

適應這些嚴苛條件是很困難的事，鮮少有植物能做到這點。個別的熱帶雨林可能是數百至數千個樹種的家，但鄰近的沿海紅樹林內最多卻只有幾個樹種。一項與演化有關的事實是，紅樹林的適應性改變（儘管在樹木間很罕見）是在數個植物譜系中獨立發生，而這些譜系內有分布於16個植物科的50多個物種——這是另一個趨同演化的例子（見第146頁）。然而，並非所有的紅樹林都有完全相同的適應性改變，也有可能會發生新的變化。

獨立演化也意味著「紅樹林」指的不是一群親緣關係密切的樹木，至少從屬與科來看並非如此。相較之下，我們稱為「楓樹」的樹木則全都在屬的層級上互有關聯（皆為楓屬）。被稱為「紅樹」的樹木共同點是都生活在海岸林中，而不是皆為單一植物屬的成員。

全球的多樣性現象

從紅樹林那裡學到的最後一堂演化課，是關於全球的多樣性現象。在紅樹林中，某些區域的多樣性比其他區域要高上許多。根據生態學上的預測，環境條件相同的兩個地區應該會有類似的多樣性，但有趣的是，有時環境相似的地方，展現出的多樣性卻互不相同。這種情況稱為多樣性異常（diversity anomaly），而紅樹林就是一個代表例子。多樣性異常也會發生在溫帶落葉林中（見第288-289頁），但部分是由大陸之間的棲地異質性

（habitat heterogeneity）差異所造成——例如亞洲的山區經緯度分布範圍比北美洲東部大。

在紅樹林中，多樣性異常的情況甚至更明顯，原因是所有地區的鹽量梯度都很類似，而且沒有海拔高度或土壤差異的問題需要考量。雖然紅樹林的環境幾乎都像到不能再像，但全球的紅樹林多樣性就屬東南亞最高——事實上，甚至比加勒比地區還要高三到四倍。對此，最有可能的解釋包括：紅樹林在東南亞的演化時期較長，因此產生較多的種化現象；亞洲不像新大陸有那麼大的氣候波動，因此具有較低的物種滅絕率；東南亞有較多的島嶼和較長的海岸線，因此能支持物種的多樣化發展。

◀ **紅樹林的幼苗**
佛羅里達礁島群（Florida Keys）上的紅樹幼苗懸掛在其樹枝上生長。紅樹種子在萌芽時仍附著在親代樹上。

6

第六章　熱帶雨林

Tropical Rain Forests

作為生命搖籃的雨林

熱帶雨林是大自然的奇蹟， 其內蘊涵了高度超過 30 公尺的參天大樹。 這些樹木形成了濃密複雜的葉叢（也就是冠層）， 纏繞糾結的木質藤本植物蜿蜒穿越其中。 所有樹木皆靠各式各樣的昆蟲、 鳥類、 蝙蝠與其他動物協助授粉， 並為它們提供食物來源。

熱帶雨林不僅是無與倫比的生物多樣性搖籃，同時也孕育出許多演化生物學與生態學的創見。在十九世紀期間，生物學科的重要思想家——包括阿爾弗雷德‧羅素‧華萊士（Alfred Russel Wallace，1823-1913年）、查爾斯‧達爾文、尤金‧瓦爾明（Eugen Warming，1841-1924年）與亨利‧貝茲（Henry Bates，1825-1892年）——都是在探索熱帶雨林後，才發展出他們的洞見。在此同時，人類學家也正嘗試理解與記錄世界各地森林民族與環境間的複雜及永續互動。這些投入不太可能純屬巧合：對十九世紀的科學家而言，熱帶森林有一股強大的吸引力。

消失的授粉媒介

沒有一個例子比「消失的授粉媒介之謎」，還要更能生動表現出演化生態學的熱帶本質。1862年，達爾文收到了一個大慧星風蘭（*Angraecum sesquipedale*）的標本。這種來自馬達加斯加的雨林蘭花具有長度驚人（30公分）的細長蜜距。於是，達爾文推斷在

▼ **雨林冠層**
俯瞰這座婆羅洲的熱帶森林，會看到層層樹葉、多樣化的植物種類，以及覆蓋著枯落物的地被層。

當地應該有動物能為這種外形奇特的花授粉，並預測那個動物很可能是一種蛾。到了1867年，華萊士發表了一份針對某個非洲蛾種的研究報告，內容描述這些非洲蛾的吻管長到足以採集大彗星風蘭的花蜜，並預測這種蛾應該存在於馬達加斯加。這項說法後來在1903年獲得證實，距離最初提出的假設已超過40年的時間。大彗星風蘭（如今以「達爾文蘭」著稱）靠蛾授粉的現象，是共演化（coevolution）的一個典型案例，意即兩個物種經演化而形成緊密的互助關係。

在大約同一時間，貝慈正在研究南美洲的蝴蝶，並注意到牠們是如何保護自己免受鳥類與蜻蜓（其自然掠食者）的傷害。他說明有些蝴蝶有毒，以致掠食者從教訓中學到不要去招惹牠們。其他可食又美味的袖蝶屬蝴蝶則會模擬有毒物種的顏色與外形，藉以欺騙牠們的掠食者。由此可見，擬態（mimicry）提供了支持天擇的有力證據。近期的基因科技革新進一步釐清了這個擬態過程，顯示袖蝶屬蝴蝶的某一基因體區段，與牠們翅膀的色彩樣式有密切關係，而此一區段能透過不同物種的雜交發生交換。

生物多樣性以及人類干擾與汙染所造成的多樣性喪失，是較近期的關注主題，不過也是熱帶生物學家一直以來宣傳最有力的議題。美國生物學家愛德華・O・威爾森（Edward O. Wilson，因率先提出biodiversity〔生物多樣性〕一詞而受到讚揚）將其學術生涯的大部分時間，都投注在研究熱帶森林的螞蟻。植物學這門學科尤以熱帶為主：根據某些說法，在全世界四萬八千五百個森林樹種中，有四萬七千種（也就是多於96%）位於熱帶地區。光是這個數字，就足以說明熱帶雨林對生物多樣性有多重要。

▼ 貝氏擬態（Batesian mimicry）
某些熱帶蝴蝶會模擬其他物種的鮮豔顏色，使掠食者不敢靠近。

▲ 達爾文蘭
對十九世紀的植物學家而言，這種蘭花的修長花距是一道難解之謎。達爾文推測它一定是靠某種不知名的蛾類協助授粉。

物種博物館

在現今世界中最豐富的生物多樣性，大多形成於氣候宜人、範圍廣泛的熱帶雨林。數百萬年來，大部分的熱帶地區仍維持著適合生物生長的環境條件。相較而言，在溫帶與寒帶地區的植物為了生存，則需要有複雜的生物配備，例如適應嚴寒的能力。如同華萊士最初的推測，在某種程度上，熱帶森林生物群系的高物種多樣性，可能歸因於其年齡與穩定性。而華萊士也將熱帶森林比喻為物種的「博物館」。然而，熱帶森林中為數驚人的生物交互作用，也意味著物種在一場無止盡的軍備競賽中，不斷在適應其宿主、寄生物或掠食者。這些選汰力量導致族群分歧，最終造成了種化，也就是新物種更頻繁出現的過程。考慮到熱帶地區的生態交互作用網絡較複雜，該地區的種化頻率應該也會較高，不過這項推測仍存有爭議。

熱帶雨林的年紀有多大？

樹木化石在熱帶地區很罕見，但在具有熱帶特性的樹狀化石中，最古老的例子起源可追溯至大約五千萬年前。葉形的詳細分析有助於訂定熱帶特性的判斷標準：熱帶雨林樹葉的大小通常為中大型，葉緣全緣，且葉片末端具有獨特的「水滴葉尖」。雨林樹葉還有另一個特徵，那就是各式各樣的昆蟲經常以它們為食。葉跡（leaf trace）有可能顯現出蟲癭、外來咬痕、潛葉昆蟲的啃噬路徑，或是刺吸式昆蟲留下的痕跡，而這些都會被保存在化石記錄中。綜合上述特徵，證據指出熱帶雨林存在於六千六百萬與六千萬年前之間。然而，生物學家藉由重建熱帶雨林植物科的演化歷史，判斷熱帶森林的年齡可能還要再大一些（約一億歲）。

▶ **熱帶化石**
棕櫚與熱帶森林群系有密切關聯。圖中的棕櫚化石是在美國懷俄明州的格林河盆地（Green River Basin）被發現，它證明該地區在約五千萬年前屬於亞熱帶氣候區。

7

11.

8

1

4

3

5 6 2

D.Blair ad sice delt et lith.

M & N Hanhart imp.

CHONDRODENDRON TOMENTOSUM, *Ruiz & Pav.*

◀ **追溯雨林的起源時間**
植物學家在重建熱帶雨林植物科的演化歷史後，認為熱帶森林的年齡可能還要再大一些。這些科包括防己科——一個典型的熱帶植物科，其下包含藤本植物南美防己（*Chondrodendron tomentosum*），一種用來萃取箭毒的植物。防己科的DNA定年結果顯示，其起源時間約為一億年前，比化石記錄還要老上許多。

在這段很長的時期，地球的氣候產生了劇烈變化。大約五十萬年前，也就是在始新世（Eocene）期間，氣溫比現今的溫度高了幾度——熱到極地冰蓋尚未存在。今日的溫帶地區在當時是由熱帶森林所佔據。而倫敦這座位於英格蘭的城市所奠基的深厚泥層，也是起源於同一時期。泥土不僅防水，也很容易挖掘隧道貫通其中，因此對1863年推出的世界首個地下鐵系統而言，是很理想的建構環境。然而，倫敦的地下泥層長久以來以藏匿始新世的植物寶藏著稱，而令早期的植物學家大感意外的是，這些隱藏於泥層中的植物化石皆屬於熱帶森林的植物群，包括棕櫚。英格蘭東南部甚至覆蓋了源自五千萬年前的熱帶森林！

新大陸的熱帶雨林

根據估計， 熱帶雨林涵蓋了約一千三百萬平方公里的面積， 也就是約 8% 的地球陸地表面。 而在這個地區內， 據估未受干擾的區域小於一千萬平方公里。 熱帶雨林存在於非洲、 東南亞、 大洋洲與南北美洲， 但這些大陸之間與甚至之內的熱帶雨林， 皆存有巨大的差異。 而最大範圍的熱帶雨林顯然位於南北美洲， 也就是所謂的新大陸。

新大陸的雨林位置

新大陸的熱帶雨林位於南美洲、中美洲以及加勒比海島嶼。全世界的熱帶雨林大約有一半位於巴西和祕魯。

- 熱帶雨林
- 熱帶微濕森林
- 熱帶乾旱森林
- 熱帶山地系統
- 其他的生態區

▶ **熱帶性質**
位於哥斯大黎加拉福圖納瀑布（La Fortuna waterfall）的熱帶雨林。

中美洲

新大陸的熱帶雨林從古巴一路擴展到阿根廷的北端。中美洲雨林見證了奧爾梅克文明（Olmecs）、托爾特克文明（Toltecs）、馬雅文明（Maya）與薩波特克文明（Zapotecs）的盛衰，而在過去的五百年間，這些重要文明的驚人建築已完全被濃密的雜木林植被覆蓋，只能依賴近期發展的空載光學雷測掃描技術，才能揭露中美洲古文明城市的分布範圍與複雜程度。中美洲火山弧（Central American Arc）大部分為火山脊，因此即便養分在高地已因風吹日曬而流失，到了低地土壤還是很肥沃。這種情況是福也是禍：因為土壤肥沃度，中美洲一直是人類文化重要熱點與植物馴化要地（受馴化

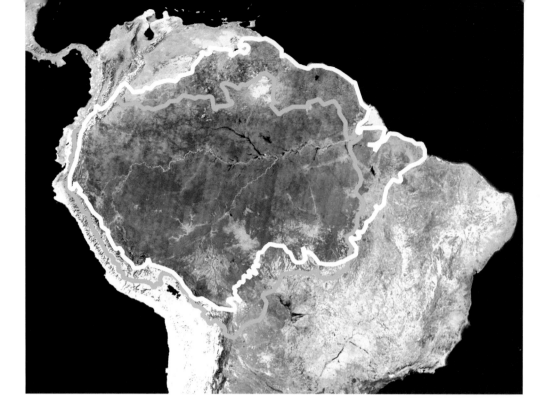

▶ **亞馬遜雨林**
亞馬遜雨林絕大部分都位於
亞馬遜河流域（橫跨南美洲
的亞馬遜河全長超過6000公
里），不過，也有部分區域
位於奧利諾科河（Orinoco
River）與蓋亞那共和國（the
Guianas）的數條河川流域。

的植物包括玉米、南瓜、可可、酪梨與棉花）。然而，近來為了供牧場所需，中美洲的
森林植被歷經了劇烈砍伐，以供牧場所需。牛隻數量從1960年到1980年代中期增加了三
倍，但在同一時期，森林覆蓋量卻減少了將近一半。這樣的現象也引起了強大的反推，
啟動了早期的熱帶森林保育計畫：如今在波多黎各，有超過四分之一的土地受到某種形
式的國家保護。

中美洲與南美洲的植物截然不同，原因是這兩個次大陸直到最近都還是分開的（至少就
地質學的角度來看是如此）。直到三百萬年前，南北美洲之間都還隔著一片海洋，大大
限制了物種的遷徙。換句話說，在過去八千萬年來的大多數時間，南美洲徹底脫離世界
上其他的地區。直到巴拿馬地峽（Isthmus of Panama）的形成，才造成了大規模的物
種交換：美洲獅（Puma concolor）從北湧入南美洲，而犰狳也依循同樣的路線從南進
入北美洲。

加勒比海地區與南美洲

加勒比海島嶼氣候溫和宜人，因此受到早期歐洲移民的青睞。島嶼土地上原本覆蓋著熱
帶雨林，但這些歐洲移民卻為了開墾甘蔗園而大舉伐林。伊斯巴紐拉島（Hispaniola）
是克里斯多福·哥倫布（Christopher Columbus）在1492年的第一個登陸點，當時大部
分的區域應該都還覆蓋著森林。然而在今日，這座島上的低地森林覆蓋率卻只勉強達到
幾個百分比。

在南美洲，亞馬遜雨林覆蓋了超過五百萬平方公里的面積，不僅擁有驚人的生物多樣
性，也在地球的重大自然作用（包括水與碳的循環）中扮演關鍵角色。從西到東，其延
伸範圍超過3000公里，相當於華盛頓哥倫比亞特區到墨西哥市的距離。在地圖中，這
座森林看似組成均勻且廣闊無垠，但一經細看，卻又顯露出不同的面貌。到目前為止，
亞馬遜河的運載水量是世界之冠，而且在流經巴西東北部的馬卡帕市時，寬度甚至超過
10公里。亞馬遜雨林有多達三分之一的區域會經歷季節性淹水，當地的樹木已適應一年

中有部分時期必須在浸水土壤中生存。亞馬遜雨林北部有一個由砂岩山脈構成的龐大山坡地區，佔據了委內瑞拉境內亞馬遜雨林的大範圍區域。這片山坡地區也包含特普伊山（tepui，意思是「眾神之家」）——一座從森林深處垂直升起、外形壯觀的平頂山脈（見第184-185頁）。

南美洲具有各式各樣的熱帶森林。在安地斯山脈的面太平洋側，某些位於哥倫比亞喬科省（Chocó）的森林不僅展現出極高的生物多樣性，同時也是世界上最原始的雨林。熱帶南美洲的中間地帶氣候過乾，無法支持雨林生長，轉而被名為塞拉多熱帶草原的疏林林地所佔據。在此生長著混合的植被類型，代表性樹木是美麗的淡黃風鈴木（*Handroanthus ochraceus*）。再往束南部移動，由於來白大西洋的降水量增加，會看到雨林呈長條帶狀分布，沿著海岸延伸約2000公里的距離。這座大西洋雨林是巴西的發源地，聖保羅（São Paulo）、薩爾瓦多（Salvador）與里約熱內盧（Rio de Janeiro）等城市皆位於此一生物群系內。

▼ **委內瑞拉**
黑水河流經委內瑞拉境內的亞馬遜雨林。

特普伊森林

圖中是亞馬遜雨林以北的蓋亞那高原（the Guiana Highlands），位於委內瑞拉的卡奈馬國家公園（Canaima National Park）內。其中也包括特普伊山——聳立於茂密熱帶森林之上、外形壯觀的平頂山脈。

探索亞馬遜雨林

第一個以文字記錄亞馬遜河全程探索之旅的人是傳教士加斯帕‧德‧卡瓦哈（Gaspar de Carvajal，約1500-1584年）。根據他的記述，這趟漫長艱辛的旅程共有57人同行，在法蘭西斯科‧德‧奧雷亞納（Francisco de Orellana，1511-1546年）的帶領下，於1541年2月從厄瓜多的基多（Quito）出發，並在1542年8月抵達委內瑞拉的庫瓦瓜島（Cubagua Island）。

在卡瓦哈的記述中，最令人印象深刻的是他描述他們在順著亞馬遜河探險時，遇到了繁榮熱鬧的人類社群。接下來的重大考察之旅發生在1637年，率領的人是葡萄牙探險家佩德羅‧德‧特謝拉（Pedro de Teixeira，卒於1641年），負責記錄旅程的則是傳教士克里斯托瓦爾‧德‧阿庫尼亞（Cristóbal de Acuña，1597-約1676年）。阿庫尼亞描述亞馬遜河沿岸的社群生活欣欣向榮，不過該地區已遭到密集開發，除了有漁業、海龜養殖外，村落中也設置了裝有圍欄的大型樹薯倉庫。

天花在十七世紀中期開始蔓延，許多其他的疾病隨後也開始肆虐，包括境外輸入的瘧疾病毒株。在十八世紀前半葉，耶穌會的傳教活動以及其後非宗教的葡萄牙殖民行動，都對原住民人口的衰減產生了巨大的影響，進而對環境也造成了複雜的衝擊。一方面，葡萄牙人積極砍伐森林以開墾可可種植園，同時也狩獵海牛與海龜。但另一方面，亞馬遜雨林的原住民人口衰減（從1500年約有一千萬人降到1700年只剩一百萬人）很可能也促成了大規模的森林復甦。某些生態作家認為此一森林復甦現象所形成的潛在碳匯，或許就是導致十六與十八世紀間大氣中二氧化碳減少的原因。

亞馬遜雨林以如此形式長期由人類所佔據，而這些族群馴化了樹薯、甘藷、辣椒、巴西堅果與各式各樣的棕櫚物種。儘管亞馬遜雨林被塑造成最後的原始森林與未經開發的處女地，但這樣的形象只是虛構的神話。不過，亞馬遜雨林是由美洲原住民種植而成的這項推論，也是誇大的說法。以每平方公里有一人的人口密度而言（河流附近的人口較集中），亞馬遜雨林的人口比中美洲與安地斯山脈還要稀疏許多，甚至是在歐洲人到來前也是如此。

◀ **在洪水中倖存的樹木**
亞馬遜的黑水氾濫區在當地被稱為「伊加波」（igapó）。儘管在一年中有長達六個月的時間，樹根都泡在水中，伊加波森林的樹木還是能存活下來。某些樹木的種子是靠魚類傳播。

◀ **亞馬遜社群**
亞馬遜雨林是多元文化的發源地。許多證據皆證實這些社群深深形塑了他們的生活環境。圖中的岩畫藝術是在一萬兩千年前繪於哥倫比亞亞馬遜雨林內的「可愛之山」（Serranía de la Lindosa），描繪的是令人驚奇的已滅絕巨型動物群。

舊大陸的熱帶雨林

位於大西洋另一側的非洲也擁有廣闊的熱帶雨林。 在大約九千萬年前， 非洲與南美洲都是岡瓦那這片單一超大陸的一部份， 因此具有某些共同的地質特性。 然而， 自那時起發生了許多變化， 以致非洲的樹木群變得和南美洲幾乎完全不同。

舊大陸的雨林位置

舊大陸的森林存在於非洲、南亞與大洋洲，範圍橫跨各種森林
類型與氣候境況。

- ⬤ 熱帶雨林
- ⬤ 熱帶微濕森林
- ⬤ 熱帶乾旱森林
- ⬤ 熱帶山地系統
- ◯ 其他的生態區

▼ **吉貝木棉**
圖中的小女孩突顯出塞內加
爾最大的吉貝木棉（*Ceiba
pentandra*）究竟有多龐大。

▶ **種子的傳播**
一隻坐在樹上的黑猩猩伸手
抓取食物，地點在烏干達
的基巴萊國家公園（Kibale
Forest National Park）。

非洲與南美洲的雨林植物群之間幾乎沒有共同點。這些植物群包括以堅果提煉油聞名的高大苦油楝（*Carapa procera*）、球花森氏藤黃（*Symphonia globulifera*）與吉貝木棉。吉貝木棉在中南美洲地位神聖，當地幾乎不會有人同意砍伐這種樹。而當被解放的非洲奴隸在1792年回到家鄉時，他們在獅子山（Sierra Leone）也圍繞著一棵吉貝木棉建立了自由城（Freetown），並以這棵聳位於市中心的樹，象徵著他們神聖又有尊嚴的嶄新生命。

非洲

非洲的熱帶雨林大多位於剛果河（Congo River）流域或附近，包括加彭（Gabon）、喀麥隆（Cameroon）南部、剛果共和國（the Republic of the Congo）與剛果民主共和國（the Democratic Republic of the Congo）境內。這一片林木叢生的廣大區域孕

育出相當多元的種族，光是在剛果民主共和國就有超過200種不同的語言。熱帶森林的研究地點包括加彭的洛佩國家公園（Lopé National Park），以及剛果民主共和國的獾狐狓野生動物保護區（Okapi Wildlife Reserve）。洛佩國家公園的濃密森林具有複雜的鑲嵌形式，加上散布於其中的疏林。當地針對種子傳媒動物所進行的研究，對象包括黑猩猩（*Pan troglodytes*）、西部大猩猩（*Gorilla gorilla*）與非洲森林象（*Loxodonta cyclotis*）。而在獾狐狓野生動物保護區，康乃爾・伊旺格（Corneille Ewango）等頂尖植物學家的研究也貢獻斐然，令我們更了解為何在某些熱帶森林中，佔優勢的可能只有少數樹種，例如大瓣蘇木（*Gilbertiodendron dewevrei*）。

非洲的數個其他區域也扶持著雨林的生長，包括三個生物多樣性熱點。第一個熱點的涵蓋範圍包括西非的幾內亞比索（Guinea-Bissau）到奈及利亞，以及賴比瑞亞的大片森林遺跡。在非洲的另一側，東部弧形山脈（Eastern Arc Mountains）與艾伯丁裂谷（Albertine Rift，橫跨剛果民主共和國、烏干達、盧安達、蒲隆地〔Burundi〕與坦尚尼亞）的非洲山地熱帶森林則庇護了許多瀕絕物種，包括東部黑猩猩（*Pan troglodytes schweinfurthii*）。最後，在馬達加斯加東岸也有殘存的熱帶雨林，但這些雨林目前正以飛快的速度遭到砍伐。

錫吉利耶（Sigiriya）位於
斯里蘭卡中央省的丹布拉鎮
（Dambulla）附近，是一
座興建於西元五世紀的岩石
堡壘。雖然從圖片看來，錫
吉利耶周圍的森林似乎很原
始，但這個地區卻存在著一
些極其古老的景觀庭園。

東南亞與大洋洲

大約在一億年前，馬達加斯加與印度相連在一起，構成岡瓦那大陸的一部分。印度的地
質板塊後來分裂開來，展開了一段向東北前進的奇妙旅程，最後與亞洲相撞，形成了
喜馬拉雅山脈與青藏高原（Tibetan Plateau）。在當時，一個小型的植物科——近似
馬達加斯加特有的苞杯花科（Sarcolaenaceae），隨著印度板塊抵達了亞洲。這個被
命名為龍腦香科（Dipterocarpaceae）的植物科，後來成為熱帶森林樹木在輻射演化
（radiation）上最成功的例子，如今不僅在東南亞的森林中佔有優勢，同時也是主要的
木材樹種。由此可見，印度在亞洲熱帶森林的歷史中扮演著特殊的角色。

亞洲熱帶雨林孕育了當地的代表性動物，例如紅毛猩猩（隸屬於猩猩屬，其俗稱
orangutan在印尼語中意思是「森林之人」）、長相滑稽的長鼻猴（*Nasalis larvatus*）
以及婆羅州象（*Elephas maximus borneensis*）。如同華萊士的觀察，新幾內亞島
（New Guinea）與澳洲在生物多樣性上與亞洲有重大的差異。具有華麗外觀的天堂鳥
（birds of paradise）只生活在「華萊士線」（Wallace Line，穿過印尼峇里島與龍目
島之間，以及婆羅洲與蘇拉威西之間的想像線）以東的澳洲、新幾內亞島與其他眾多島
嶼。而雉科、鴨科及啄木鳥等鳥類只存在於華萊士線以西的地區。

東南亞熱帶森林因土地利用的大規模改變而遭受威脅，其中以馬來西亞與婆羅洲的油棕園帶來的衝擊最大。這些威脅加上聖嬰現象（El Niño）所引起的偶發性乾旱，而變得更加惡化。舉例來說，在2015年由聖嬰現象所造成的乾旱期間，印尼熱帶森林的林火因燃燒過於猛烈，以致產生的煙霧籠罩了半個世界。聖嬰現象引發的事件會對全球產生重大影響，其中一起極端事件發生在1788-93年間：當時，印度季風的雨量不足，造成災難性的飢荒，奪走了多達一千一百萬條人命。這種氣候異常現象也可能是法國革命（1789-1799年）的近因，導致歐洲在1788年作物嚴重歉收，進而引發了劇烈的社會動盪。

島嶼熱帶森林

最後要提到的是島嶼上的熱帶森林，往往因環境改變而蒙受巨大衝擊，就如同我們在加勒比海島嶼和其他島嶼上看到的情況。聖赫勒拿島（St. Helena）在十六世紀經發現後，便成為歐洲船隻到印度途中的一個重要停靠點。然而，由於其森林遭到徹底砍伐，以致數個特有樹種如今被認為已經滅絕（例如聖赫勒拿濱珥花〔*Trochetiopsis melanoxylon*〕），或是瀕臨滅絕（例如圓葉膠菀木〔*Commidendrum rotundifolium*〕）。其他熱帶島嶼，包括夏威夷和大溪地，則是生物入侵的受害者。在那些島嶼上，米氏野牡丹（*Miconia calvescens*）因造成當地森林生態系大規模崩塌，而有「紫色瘟疫」（purple plague）之稱。

▼ **受威脅的森林**
東南亞的熱帶森林轉變為油棕園，對於當地的生態系與野生生物都是一大威脅。非洲油棕（*Elaeis guineensis*）所產的油是交易量最大的植物油。在婆羅洲，將近八成的油棕園（面積約九百萬公頃）在1970年代早期原為老熟林。

冠層頂端的複雜生態

熱帶雨林的頂部冠層是自成一格的世界，扶持著在其他地方看不到的成簇蕨類、蘭花、仙人掌與多肉植物。在這些植物當中，有許多都是生長在其他植物上的附生植物。全世界雨林上方的生態多樣性不僅宏大，也超乎想像。

▶ **高冠層**
新大陸雨林的冠層頂端展現出高度的植物多樣性。在對頁圖示中，形狀如花瓶的植物是積水鳳梨（Tank bromeliad）。其綠白條紋的葉子能支托住儲存的雨水，為種類繁多的動物提供養分與生活環境，包括牙買加的一種小型螃蟹。

植物多樣性

鳳梨科植物是新大陸熱帶森林冠層特有的植物。鳳梨科有大約3320個物種，分布於52個屬內，且皆生長在美洲（大多位於熱帶地區）。菲利克斯皮氏鳳梨（*Pitcairnia feliciana*）是唯一的例外，生長在熱帶西非的岩石露頭上，而非森林冠層。最為人熟知的鳳梨科植物，或許就是地方商店中裝飾著貨架的空氣鳳梨。而在美國深南部被人發現垂掛在橡樹上的銀葉松蘿（*Tillandsia usneoides*），是該區域的代表性物種。在野外，積水鳳梨為各式各樣的生物提供了棲地，其中包括數種有助於預防蚊類大量孳生的孑孓掠食者。

其他在雨林頂部冠層佔有優勢的驚奇植物還包括蘭科植物。蘭科是世界上最大的植物科，具有大約27801個物種，分布於899個屬內，其中超過半數是附生植物。天南星科植物（有117個屬和3368個物種）則構成了另一個獨特的類群。它們的大型花卉在成熟時會加溫到35-45 °C，以吸引授粉的甲蟲。許多冠層頂端的植物物種都是常見的辦公室植物，因為除了澆水外，它們幾乎不需要照料。

艾爾文·格里特（Alwyn Gentry）與卡拉韋·多德森（Calaway Dodson）於1987年，調查了一塊0.1公頃厄瓜多熱帶雨林內的植物物種總數。他們記錄了至少365個物種，其中有三分之一是附生植物。這個比例在有乾濕季之分的熱帶森林會急遽下滑，因為附生植物極度仰賴在潮濕森林中能獲得的夜間水分凝結。除了附生植物外，熱帶雨林頂部冠層也充滿了豐富多樣的生活型。

昆蟲多樣性

熱帶雨林頂部冠層特有的高度多樣性不只展現在植物上。1970年代晚期，美國昆蟲學家泰瑞·埃爾文（Terry Erwin）朝一棵熱帶樹木的頂部噴灑大量殺蟲劑，並收集掉落在地上的昆蟲。他發現單獨一棵樹就庇護了多達1200種甲蟲，而且其中約160種只存在於那一個特定的樹種上。埃爾文根據這些有關宿主專一性（host specificity）的研究結果，推斷全世界的甲蟲物種數量一定超過三千萬種，而這遠高於生物學家近期所估計的一千五百萬種。節肢動物是存在於熱帶森林的主要動物群，牠們可能會吸汁、食葉、食蕈或是食腐。當基督教神學家詢問英國生物學家「傑克」·霍爾丹（"Jack" Haldane）[1]對神創造萬物有何看法時，據說他的回答是造物者想必「過度熱愛甲蟲」。

---

1 傑克是暱稱，本名為約翰·伯頓·桑德森·霍爾丹（John Burdon Sanderson Haldane）。

迷你水庫

從積水鳳梨的橫斷面可以看到，某些動物就生活在其所儲存的
水中。蜘蛛、蝸牛、樹蛙與昆蟲幼蟲，都是這個迷你生態系中
常見的棲息動物。其他可見於積水鳳梨內的動物包括山椒魚、
介形綱動物（俗稱「種蝦」的小型甲殼動物），以及各式各樣
的昆蟲與其幼蟲。

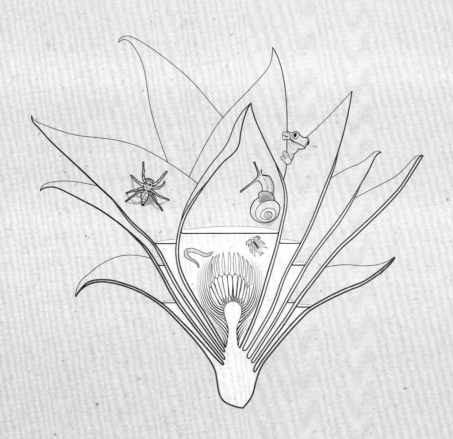

雨林中的授粉作用與再生過程

在熱帶森林中，動物是授粉與種子傳播不可或缺的媒介。為何花的形狀、顏色與尺寸有那麼多種？唯一的合理解釋就是，這是花為了適應其授粉媒介（一群甚至比花更多樣化的生物）而演化形成的結果。

動物授粉媒介

中南美洲的砲彈樹（*Couroupita guianensis*）具有白色的雄蕊篷，會生長出粉紅色與紅色相間的大型花朵。木蜂是已知會造訪這種花的昆蟲。當木蜂進入其內尋找花蜜時，身上會沾黏花粉。有時它們會將這些花粉帶到其他樹木上，進而確保了授粉效果。超過98%的熱帶雨林都是靠動物授粉。昆蟲是主要的授粉媒介，尤其是蜂類、蛾類與蝴蝶類。蝙蝠有時也會為樹木授粉，而食蜜鳥類（特別是蜂鳥）更是積極的授粉媒介。要是森林中少了的這些動物，植物的授粉就完全不會發生——這樣的說法一點都不誇張。

動物也是重要的種子傳播媒介，在吃了果實的飽滿果肉後，會將種子排泄在其他地方。牠們也可能會在無意間，將附著在毛上的種子帶到他處。刺豚鼠（Neotropical agoutis，中南美洲常見的雨林嚙齒類）是不同類型的園丁。牠們會將種子埋在不同地點的土壤裡，但通常又會忘記這些儲藏地點，以致這些種子在萌芽時，已經是種植在土裡的狀態。許多熱帶森林的植物會生長出色彩鮮豔的漿果，而這些顯然是植物用來吸引種子傳播者的適應性改變。南美肉荳蔻樹（屬於肉荳蔻科）的果實在成熟時會開裂成兩瓣，露出其內的單一種子。這些種子的主要傳播者是鳥和猴子，牠們會將包覆於種子表面、顏色鮮豔且具有營養的肉質部分吃掉。

▼ **引人注目的種子**
刺莖肉荳蔻（*Virola surinamensis*，隸屬於肉荳蔻科）的種子，地點在亞馬遜雨林。其果實在成熟時會裂開並露出醒目的種子，而這些種子相當受到冠層野生動物的喜愛。

生存策略

一旦經傳播後，種子會暴露於許多風險之中。大型種子富含澱粉，以致即使在陰暗處也能萌芽。但也因為如此，它們可能會被掠食者吃掉，或是被昆蟲或真菌寄生。這些種子也需要有少許陽光才能萌芽，不過光是靠穿過樹冠的斑光（sun flecks），往往就夠了。因此，並沒有任何的外部刺激會導致大型種子延遲萌芽。由於動物的掠食行為是決定種子存活的關鍵，因此某些樹種會產出大量的大型種子。這些種子皆會在同一時間萌芽，使地面覆蓋著滿滿的微小幼苗。這種所謂的「豐年結實」（mast fruiting）策略以東南亞的龍腦香科樹木最為著稱。龍腦香科植物每4-6年只會繁殖一次，但每次繁殖的數量都多到讓掠食者吃得很撐。

相較於大型種子，小型種子欠缺在陰暗環境中萌芽的資源，對掠食者也不具吸引力。對這些種子而言，採取「坐等機會」的策略才能成功。在一項巴拿馬的研究中，研究人員發現從土壤中收集到的巴豆樹（*Croton billbergianus*）微小種子已有38歲，而且在這麼長的休眠期後，竟然還能萌芽。大樹倒塌會導致森林冠層出現缺口，使大量陽光進入林內。有些種子已在土壤中等待數十年，突然出現的冠層孔隙讓這些種子終於脫離了休眠階段。只不過，這些幼苗才剛冒出頭來，就得投入競爭，與鄰近的樹木及木質藤本植物爭奪陽光。

▼ **有效率的傳播者**

種子在經由巨嘴鳥傳播前，大約能在牠們的消化道裡停留30分鐘。在這段時間內，巨嘴鳥會移動超過100公尺的距離，也因此牠們是很有效率的種子傳播者。

▶ **醒目的花**

砲彈樹（*Couroupita guianensis*）隸屬於玉蕊科（巴西堅果也是該科的成員），樹上長有大量的花與果實。

夥伴關係與寄生生物

授粉是動物向植物提供服務以換取回報的一個例子。 這樣的雙向互惠夥伴關係稱為互利關係（mutualism）， 與寄生關係一樣經常出現在熱帶雨林中。

螞蟻的巡邏活動

南美洲的十節異切葉蟻（*Allomerus decemarticulatus*）只會棲息在特定一種金殼果科植物（*Hirtella physophora*）上。這種植物能為十節異切葉蟻提供花蜜與庇護。而作為回報，十節異切葉蟻會保護牠們所棲息的植物，使其免於遭受潛在植食動物的威脅。牠們會切斷植物莖上的硬毛，並沿著樹枝將這些硬毛編織成長廊，製作出一種精密的捕蟲陷阱，然後將牠們所培養的真菌塗抹在這個長廊結構上，以達到加固效果。一旦有昆蟲降落在這種植物上，十節異切葉蟻就會從牠們作為巢穴的葉囊（leaf pocket）內衝出，固定住這名可憐訪客的腳，最後如中世紀酷刑般將牠肢解。亞馬遜雨林中的「菜鳥樹」（Novice Tree，一種蓼樹，學名為*Triplaris americana*）是另一個與螞蟻物種建立互利關係的例子。只有不熟悉這種樹的「菜鳥」才敢貿然伸手摸它，然後隨即發現這種樹是由一種兇猛的螞蟻（*Pseudomyrmex triplarinus*）所看守，被牠們咬到的經驗可說是既慘痛又難忘。

樹根的力量

植物會從土壤中獲得它們所需的水和養分。不過熱帶森林的土壤通常都不肥沃，且植物大部分的養分攝取都發生在土壤表面——土壤越貧瘠，植物的根簇就越淺。某些實驗將帶有放射性標誌的營養物撒在根簇上，結果顯示植物吸收了99%的營養物。這項發現支持了一個假說，即熱帶雨林樹木的養份大多來自枯落物的原地分解，而非土壤本身的資源。

▼ **共生（symbiosis）**
某些熱帶螞蟻會在植物莖上自然形成的洞裡築巢，而作為回報，牠們會在這株植物上巡邏以阻止掠食者入侵。在這個發生在喀麥隆的例子中，可以看到某種熱帶螞蟻（*Petalomyrmex phylax*）棲息在蟻巢檀屬植物（*Leonardoxa africana*）之上。

寄生在植物上的生物

生物的複雜性令人大為驚奇。在加勒比與中南美洲的熱帶地區，有時森林地面會冒出某種龍膽科*Voyria*屬的植物。這種植物的葉子並不明顯，但它所開的花為林床帶來了色彩。這些植物已失去了利用光能合成糖分的能力，於是改為寄生在其他植物的菌根菌（mycorrhizal fungi）上。它們隸屬於一個被稱為「菌根詐欺者」（mycorrhizal cheaters）的植物類群，而熱帶蘭花也是其中的一份子。熱帶蘭花同樣會寄生在真菌上，只不過蘭花真菌本身是以已死的有機物質為食。

建立網絡

樹根為何能如此有效率地吸收養分？答案是它們從體型渺小的真菌朋友身上獲得了一點協助。土壤真菌會形成一個網絡，由名為菌絲（hyphae）的微小管道所構成。當遇到纖細的樹根時，某些真菌會進入樹根的細胞，並在其內發展出一個微小的樹狀結構，稱為叢枝（arbuscule）。這些真菌會透過叢枝為樹木提供養分，並攝取樹木的糖分作為報償。真菌與植物根部之間的關聯稱為菌根（mycorrhizae，源自希臘語，意思是「根部的真菌」）。而在此所描述的關聯類型是叢枝菌根關聯（arbuscular mycorrhizal association），其中不論是植物或真菌，只要少了對方的協助就無法生存。這樣的關係就稱為共生。叢枝菌根關聯不只發生在熱帶雨林中，但是對缺乏某種主要營養素的土壤而言特別重要。那一種營養素就是磷，而熱帶土壤大多缺乏磷。

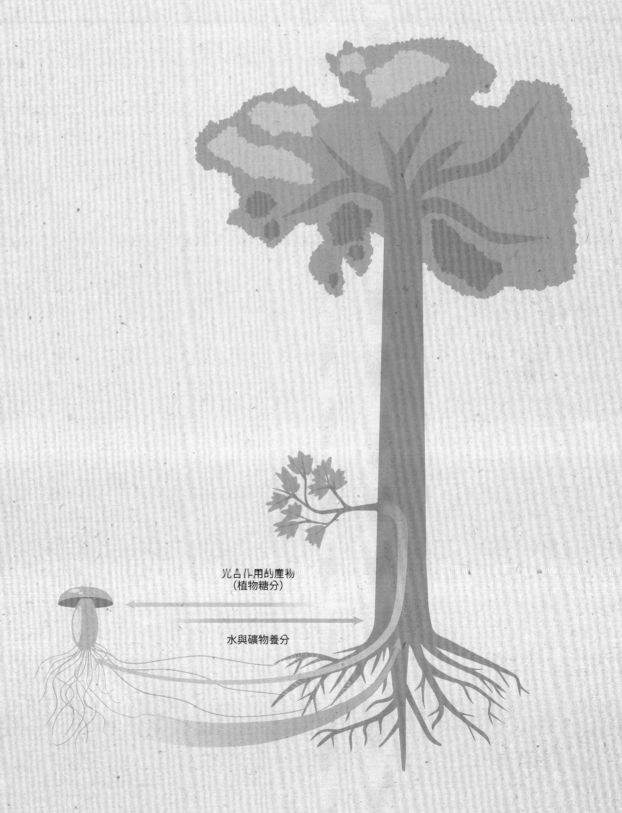

光合作用的產物
（植物糖分）

水與礦物養分

雨林中的功能型樹木

面對熱帶雨林中極度複雜的樹木多樣性， 以及多元的植物形態類型， 植物學家持續想要依據其形態及特徵， 將這些眾多的植物物種劃分成不同的類群， 每一個類群皆由一組獨特的生態功能作爲其代表特徵。 這樣的概念與做法， 可以協助我們理解爲何開闊地的常見物種在老熟林中會變得稀有， 也能協助我們建立森林演替路徑的模型。

萌芽與種子大小

萌芽過程會隨著種子大小而有所不同。小種子的樹種有時可能會進入休眠階段，並在種子庫中持續待上數年，等待萌芽的理想條件出現。其他具有大型種子的樹種則必須在數周或數月內萌芽——當然，先決條件是種子在那段期間內沒被吃掉。由此可見，種子大

小控制了植物生存策略中的一個重大差異，將仰賴陽光萌芽的陽性樹種與耐陰樹種區分了開來。

陽光與蔽蔭

渴求陽光的陽性樹種通常沿著熱帶地區的道路旁生長。除了具有小型種子外，這些樹木生長快速，樹葉寬大又經常脫落，而且壽命較短。陽性樹種包括新熱帶（Neotropics）的號角樹屬與封蠟樹屬植物，以及舊熱帶（Paleotropics）的血桐屬與傘樹屬植物。有人形容這些樹種採取的是「詹姆斯・狄恩」（James Dean）[2]策略——活得快又死得早。它們無法在陰暗的森林中存活，只能在大樹倒塌後形成的孔隙中生長，並在耐陰樹種超越它們之前，迅速產生大量種子。這些種子接著會維持休眠，等候下一個樹冠孔隙形成。耐陰樹種則發展出相反的策略：它們具有大型種子，幼苗能長時間存活於森林下層，生長速率緩慢，而且壽命較長。

▼ **快速繁殖**

演替早期的熱帶樹木會產生大量的微小種子，而這些種子會經由動物散播到森林孔隙內。圖中是結有果實的盾葉血桐（*Macaranga peltata*），位於印度。

---

2 美國知名演員，英年早逝（1931–1955年）。

高度

熱帶樹木的另一個功能性變化是高度。有些樹種永遠不會長高，並且會在森林下層完成其完整的生命週期。這不見得表示森林下層樹種具有很高的轉換率，而是在熱帶森林下層的低光照環境中，植物必須要活得比較緩慢。有些樹木的樹幹直徑小於2公分，以放射性碳定年法（radiocarbon dating）測得的樹齡卻已超過100年。然而，也有些樹種可能生長不到100年就突出冠層。不論是需光或耐陰的樹種，都有可能長得高大或低矮（見第二章的例子與討論，第76-77頁）。

常規中的例外

若更仔細地檢視植物的功能類型，會發現某些樹種並不符合這些理想上的分類。某些樹木需要全日照才能萌芽與進行第一階段的生長，但接著它們就能在成熟林的冠層中，持續存活數十年或甚至數百年。醉籬木（*Agarista salicifolia*）是馬斯克林群島（Mascarene Islands）特有的杜鵑類樹木，在當地被稱為壁壘木（Rampart Wood）。這種樹以灌木形態生長在熔岩平原上，但在成熟的雨林中，卻能長成高度超過20公尺的大樹。壁壘木除了在形態上具有驚人的靈活度外，也以樹葉具有毒性著稱——克里奧爾語（Creole）的諺語提到，這種植物的兩片樹葉就能殺死一頭牛。壁壘木這類樹種具有重要的經濟價值，因為它們會長成大樹，也會產出相對輕盈的木材，而且生長速度快。其他具經濟價值的樹種還包括大葉桃花心木（*Swietenia macrophylla*）與奧克欖（*Aucoumea klaineana*）。後者是加彭的特有樹種，用於生產膠合板。

◀ **耐陰幼苗**
種子在落葉間萌芽，以其為食的各種植食動物很容易發現這些顯眼的幼苗。

◀ **耐陰樹種**
厄瓜多熱帶雨林中的一棵巨樹。最古老的熱帶雨林樹木在等待了數十年至數百年後，才接觸到冠層的陽光。

雨林開發與土地變更

溫帶雨林變更爲農業用地是一段漫長的過程， 在過去的兩千年來持續進行了大半時間。 相形之下， 熱帶雨林則大多維持原狀， 直到十九世紀情況才有所改變。

▶ **茶園**
採茶工在森林皆伐後新闢的
茶園裡工作，地點在斯里蘭
卡（舊稱錫蘭），時間約爲
1900年。

耕作帶來的衝擊

根據歷史學家的計算，在熱帶與溫帶的前工業文化（pre-industrial culture）中，每個人需要有約0.4公頃的耕地才能維持生計。而在1700年時，熱帶與溫帶地區的耕地面積大約就和他們估算的一樣，總共約一億三千萬公頃——這表示全球人口數約為六億兩千五百萬人。在當時，幾乎沒有熱帶雨林因為全球商業貿易而遭到變更。其中一個例外是在印尼蘇門答臘島上的亞齊特別行政區（Aceh Province），因為當地早在十七世紀就已開始從事胡椒生產，以出口到歐洲。

直到十九世紀，全球作物的耕種才開始對熱帶森林產生重大影響。到1800年為止，英國殖民者為開墾茶園而在斯里蘭卡（當時稱為錫蘭）砍伐的森林，已超過20萬公頃。而在十九世紀前半，巴西的大西洋沿岸雨林約有75萬公頃的土地遭變更為甘蔗園，因為當時甘蔗是最有利可圖的大宗生產作物。接著在十九世紀結束前，甘蔗又被稱為「綠金」（green gold）的咖啡所取代。

殖民主義與森林砍伐

在許多熱帶國家中，殖民主義是森林砍伐的潛在原因，而殖民國則以當地人口無能永續經營自己的森林資源作為理由，宣稱他們掠奪被殖民國的森林是正當的行為。馬達加斯加的例子突顯出這個問題的嚴重性。根據某些估算數據所示，大約在兩千三百五十年前，也就是人類抵達前，這座島嶼約有四成土地是由潮濕的雨林所覆蓋。島上有部分區域因過於乾燥而無法扶持雨林生物群系，加上這座島特有的典型疏林草原物種數量龐大，也意味著有一大部分的土地，一直都是由野火易發的天然疏林草原所佔據。當馬達加斯加於1898年淪為法國殖民地時，仍有三分之二的潮濕雨林保持原狀，然而到了1960年馬達加斯加贏回獨立時，雨林的比例已降到33%。儘管如此，法國殖民統治政府卻編造出一套說詞，表示馬達加斯加有九成的土地原本就覆蓋著森林，而當地的原住民才是導致森林遭大規模破壞的罪魁禍首。1927年，法國在這座島上設立了自然森林保護區，禁止當地原住民進入森林內採收他們賴以生存的資源。對殖民國而言，以保護自然資源為由對被殖民區的土地進行管控，是一種鞏固強權的有力手段。

熱帶雨林的流失

熱帶森林自十九世紀起就已持續遭到砍伐以開墾農園，然而砍伐速率從1950年代開始大幅提升。（資料來源：國際地圈生物圈計劃〔IGBP〕，2004。）

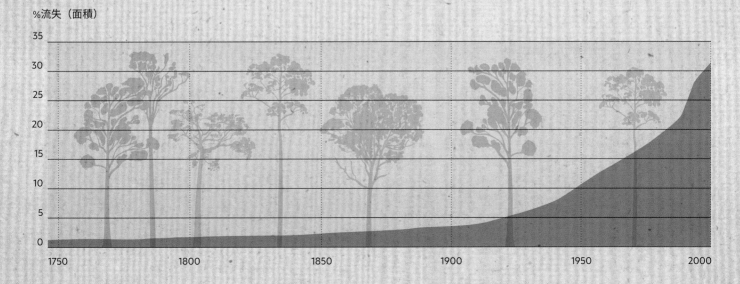

%流失（面積）

日益加劇的森林砍伐

雖然熱帶地區自古以來就有森林砍伐活動,但一直要到一戰爆發與國際貿易系統建立後,熱帶森林的砍伐才演變成一種大規模的現象。根據估計,在1920-1949年間,熱帶地區每年有八百萬公頃的森林遭到砍伐,在1950-1979年間則增加到每年一千萬公頃,而在1980-1995年間又增加到每年一千四百萬公頃。造成此一情形的因素包括人口爆炸、繼而產生的農業與都市用地需求增加,以及林業部門的科技技術提升(例如電鋸、森林拖車與木材裝載機)。

木材資源是導致森林砍伐的一個主因,而且長久以來情況都是如此。在變更森林土地的過程中,供應木材的樹木通常會最先遭到砍伐,而採集到的木材不是用於地方建設,就是賣給國際市場。在化石燃料的時代來臨前,非木料的林木會用來作為柴薪,而這樣的木材燃料對現今世界上的許多地區仍舊十分重要。不過,單憑伐木並無法解釋熱帶森林砍伐速度為何如此飛快。在數個大量採伐的循環過後,將森林變更為耕地的誘因會變得非常強烈。因此,森林砍伐通常會是不同的參與者聯合促成的結果。這些參與者包括伐木公司、都市開發商與政策制定者、國際農工業,以及當地的地主。

森林砍伐的驅動因素

在熱帶美洲與亞洲，造成森林砍伐的主因是農工業計劃，而這些計畫通常與林業有關。在非洲，對森林的衝擊則主要來自地方上的輪耕農業。（資料來源：Curtis et al., 2018. Science.）

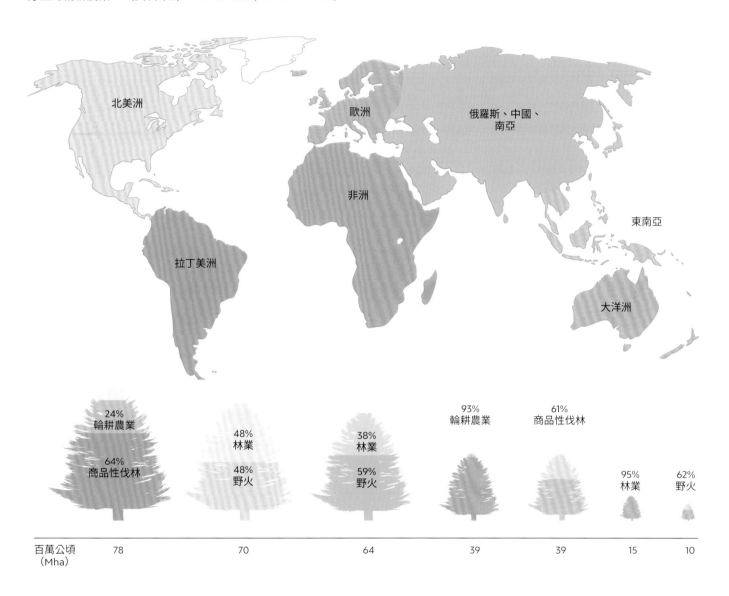

全球性的驅動因素

根據熱帶森林砍伐驅動因素的分析所示，不同地區遵循著截然不同的模式。在拉丁美洲與東南亞，三分之二的森林砍伐是由全球性商品貿易所驅動，而這些商品主要來自拉丁美洲的畜牧業與東南亞的油棕園。然而在非洲，森林砍伐的性質完全不同，主要是由當地的農產品需求所致。這種情況造成了小尺度的干擾（指輪耕農業），而相較於大尺度的土地變更，這種小尺度的干擾使土地在遭棄耕後，能較快恢復其森林覆蓋。

除非土壤發生壓實（compacted）、汙染或侵蝕現象，否則森林會自然而然地佔據遭棄耕的熱帶土地。森林砍伐並不是一個無法逆轉的問題；事實上，許多造林計畫都很成功。造林的一個重要動機是熱帶森林具有強大的大氣二氧化碳捕獲潛能，而且大型地區的造林活動能有助於減緩全球暖化。不過，這種以自然為本的解決方案（nature-based solution）是否能在大尺度上執行，還有待觀察。

破碎化的森林

熱帶森林曾一度在中南美洲、 非洲與東南亞形成大範圍的完整冠層。 然而在今日， 這些森林卻高度破碎化。 在巴西的大西洋沿岸熱帶雨林中， 據估只有少於兩成的破碎森林面積大於 50 公頃。 2018 年，生態建模學者法蘭西斯卡 · 陶伯特 （Franziska Taubert） 與同事發現， 在上述的三個大陸上， 中尺寸熱帶破碎森林的面積都相同， 約爲 13 公頃。

邊緣效應

森林破碎化導致植物與動物生活在受邊緣效應支配的地景基質（matrix）內。靠近森林邊緣的空氣較乾、溫度較高，而這樣的條件對需光植物物種有利，但會犧牲耐陰物種。另一個重要考量是這些剩餘森林經常位於私人土地上，地主可能會進行某些活動而導致森林區塊更加退化，或是狩獵這些區塊上的野生生物。大片老熟林的破碎化現象，意味著這些森林儲存碳的能力下降，抵抗乾旱的能力或許也不比從前。

乾旱熱帶森林

乾旱熱帶森林是世界上極度破碎的森林類型之一。農業系統的主要目的是使土壤適度肥沃，並且使土壤的年度水平衡（annual water balance）達到既不會太乾也不會太濕的狀態。在具有季節性降雨但乾季顯著的氣候帶中，天然害蟲較不會構成問題，任

▼ **甘蔗園**
底下的鳥瞰圖顯示出戈亞尼亞市 （Goiana） 的剩餘森林。該處的破碎化現象是由甘蔗種植所致。戈亞尼亞市位於巴西伯南布哥州 （Pernambuco） 的雷西非 （Recife） 附近。

何的季節性缺水情形也都能靠灌溉系統應對。基於這些理由，乾旱熱帶森林成為了甘蔗園與畜牧業的主要目標。中美洲的乾旱林在二十世紀初首當其衝開始退化，而許多熱帶森林保育工作的源頭，都可追溯至1971年的乾旱森林保護行動（這座乾旱林位於現今哥斯大黎加西北部的瓜納卡斯特保護區〔Guanacaste Conservation Area〕內）。然而，乾旱熱帶森林的保護狀態在各國間仍舊參差不齊。在哥倫比亞，九百萬公頃的乾旱熱帶森林中只有8%今日依然存在，而且在這當中幾乎沒有森林受到任何保護。由於哥倫比亞幅員遼闊（從加勒比海沿岸一路延伸到厄瓜多邊界），因此這些乾旱熱帶森林具有變化廣泛的生物多樣性。為了保護尚存的破碎乾旱林，哥倫比亞的洪保德研究所（Alexander von Humboldt Institute）進行了相關研究，以記錄這些森林的破碎化現象，並制定出可行的保育計畫。

將破碎熱帶森林描述為較低等森林的普遍說法，可能會對森林保育產生不利的影響。如果這些破碎的森林不符合冠層高大的理想森林類型，也就是西方文化（至少是從浪漫主義開始流行後）所認定的「真正的」森林，那麼何必要投入心力和資源去保護這些破碎森林？這樣的偏見無疑對亞馬遜地區人類活動的擴展起了相當的作用。根據1965年生效的巴西《森林法》（Forest Code），亞馬遜地區的地主必須使其過半數的土地維持原生植被。然而，在如此廣大的地區施行此一法規極為艱難。即使巴西環境與可再生資源研究所（Brazilian Institute of Environment and Renewable Resources）在推行法規上扮演了關鍵角色，然而2012年的《森林法》更新版，卻赦免了2008年以前發生在私人土地上的任何非法伐林活動，有效地撤除了過去那些不法行為應負的責任。

▼ **研究樣區**

1979年，生物學家湯瑪士．洛夫喬伊（Thomas Lovejoy）在亞馬遜中部地區發起了實驗性質的長期研究，名稱為「破碎森林之生物動態研究計畫」（the Biological Dynamics of Forest Fragments Project），目的是要探索在不同大小的人為破碎森林中，森林運作與生物多樣性要如何持續下去。

7

第七章　北寒林

Tropical
Rain Forests

北寒林的現象

北寒林又稱爲泰加林（Taiga）， 是全球面積最大的陸地生物群系， 涵蓋了從北美洲、 歐洲與亞洲約北緯 50 度向北延伸的範圍。 加拿大、 阿拉斯加、 俄羅斯與芬諾斯堪底亞（Fennoscandia） 境內由針葉樹佔優勢的廣大森林， 皆包含在內。 有些生態學家以泰加林一詞描述這個生物群系北部、 大多存在於俄羅斯的較稀疏森林，並以北寒林描述這個生物群系較南的區域。 不過在此，我們將兩者視爲同義詞。

北寒林的區域

北半球的北寒林覆蓋了11.5%的地球陸地（一千七百萬平方公里）。儘管範圍遼闊，但樹種多樣性低，且主要源自相對少數的針葉植物屬。

北寒林

多樣性與季節變化

▼ 夏季與冬季
西伯利亞北寒林是世界上最大的森林。上圖：夏季時阿爾泰山（Altai Mountains）的暗針葉冷杉林。下圖：冬季時西伯利亞北寒林內被雪覆蓋的雲杉。

比起其他的森林系統，北寒林的樹種多樣性相對較低。北美洲所有北寒林的優勢樹種僅有15種，橫跨芬諾斯堪底亞與俄羅斯的歐亞大陸則僅有14種。在小範圍的北寒林內，樹種通常僅約有6種或是更少。這樣的數字不僅低於許多溫帶森林樹木種數的十分之一，更遠遠不及大多數熱帶雨林樹種數的百分之一。南半球沒有與北寒林對等的寒帶針葉林。世界上最南端的麥哲倫副極地森林（Magellanic subpolar forest）位於智利南部與阿根

廷，屬於涼爽的溫帶森林，其優勢樹種為南山毛櫸（南青岡屬）。

北寒林是季節變化強烈的寒帶森林。此一森林帶的夏季短暫、潮濕且適度溫暖，冬季則冗長、乾燥且極度寒冷。內陸區域在月均溫上的波動特別顯著。舉例來說，阿拉斯加內陸的最高與最低月均溫差了44 °C，而西伯利亞東部則差了56 °C。這兩個區域都可能會有超過38 °C的偶發性高溫，而這些熱浪也都可能會引發災難性的野火。野火與區域性的昆蟲爆發都是促使北寒林產生變化的驅動因素。除了季節間的溫度變化十分明顯外，年溫度變化也很強烈。

晝長也會隨著日期與緯度而有所變化，其中高緯度地區在晝長上的季節變化最大。晝長的變化會左右某些事件（例如萌芽、長葉與開花）發生的時機。當林務人員為了利用逐漸變暖的氣溫，將南部的樹木種類移植到其自然生長範圍以北時，當地的晝長時間並不會隨氣候暖化而改變，若這些樹木因當地的光照境況導致太早萌芽而遭受霜害，移植就可能會失敗。

◀ 山區的北寒林
生長在俄羅斯布里亞特區（Buryatia）東薩彥嶺（East Sayan Mountains）的西伯利亞松（Pinus sibirica）。

對應的高山植被

不同緯度的植被類型經常會有高度上的對應植被。以北寒林為例，其對應植被就是北美洲與歐亞大陸的高山森林。這些森林的結構類似，並且具有相同的樹木屬，有時甚至樹種完全相同。然而，若仔細比較，會發現它們之間有重大的環境差異。舉例來說，高山森林的晝長並不會出現高緯度北寒林中的極端季節變化。以光在大氣中的傳播而言，傳播距離越短，被空氣過濾掉的光就越少。換句話說，高度越高，大氣過濾就會較少，因此高山森林會接觸到較多的有害紫外線。身在高處時，低氧分壓會使我們難以呼吸。在如此情況下，為了獲得氧氣而提高呼吸速率，也會導致我們喪失更多水分——這就是為什麼人在高海拔處需要喝比平常多的水，使身體保持充足的水分。對植物來說，由於高山空氣中的二氧化碳分壓較低，為了應付這點，生長在高山的植物在每單位面積的葉片會有較多氣孔（植物體上的孔隙，能張開使二氧化碳得以進入葉內）。較高的氣孔指數（stomatal indices）能使二氧化碳向內擴散得更多，但也會導致葉子喪失更多水分。由此可見，每單位耗水量的光合作用收益（水分利用效率）會隨著高度而降低。

北寒林的樹種

北寒林與其對應的高山植被經常是由相同的植物屬所構成,且這些屬在世界各地的生態角色類似。落葉被子植物(在北寒林中包含樺木屬物種〔樺樹〕與楊屬物種〔白楊〕)通常是在干擾後最先拓殖的樹木。成熟北寒林的優勢樹種皆隸屬於少數幾個植物屬:雲杉屬(雲杉)、冷杉屬(冷杉)、落葉松屬(落葉松〔larch〕或美洲落葉松〔tamarack〕)以及松屬(松樹)。在寒帶地區,這些植物之間的演替現象在不同地區均相當一致,以致俄羅斯的生態學家若來到加拿大,也能「讀懂」任一加拿大地景的廣泛歷史,辨識出何處在近期曾發生野火,或是在十年前曾經歷風暴。相對地,首次見到某一西伯利亞地景的加拿大生態學家,也會有相同的解讀能力。然而,還是有些出人意表的例外情況,其中特別顯著的是俄羅斯境內廣闊且極為寒冷的落葉松林。這些落葉松林屬於落葉林,整體範圍只稍微小於美國本土48州,而且在北美洲的北寒林中並沒有對應的植被。

北寒林樹木的樹冠呈圓柱或圓錐狀,且樹枝通常會向下垂到地面。此一延伸的圓錐外形也有助於積雪滑落,以及減低樹枝因荷載積雪而斷裂的風險。高緯度地區的直射陽光

▼ **樺樹**
在全世界的北寒林中(特別是在西伯利亞境內),隸屬於落葉闊葉喬木的樺樹(樺木屬)經常是野火後最先拓殖的樹木。

常常平行於地平線，透過高大圓柱狀樹冠的兩側較容易捕捉。這些針葉樹樹葉細長如針，且通常為常綠樹。由於它們具有非常高的入射光吸收率，因此被稱為「暗針葉樹」（dark conifer），其針葉呈幾何排列，能更有效地困住入射光。葉表以厚厚的蠟質外層包覆，能減少脫水。當這些針葉脫落並在地面分解後，這些礦物化的養分可以被其他競爭樹木以及灌木、苔類、草本植物所吸收。

然而，身為常綠樹也有其代價。常綠樹的年輕樹葉通常在利用陽光行光合作用時較有效率，但隨著老化，效率也會變差。此外，這些樹木通常會因為暴露在寒帶地區典型的乾燥空氣中而受苦。落葉松不同於雲杉、冷杉與松樹，一年會掉一次葉子。落葉前，它們會將樹葉中的含氮化合物移送到樹枝內儲存以過冬——這是為了適應低氮、高碳的環境條件而產生的現象。

▲ **圓錐狀樹冠**

在北寒林的高緯度區域，太陽從不會位於頭頂，而且直射陽光較為水平。這些區域的樹木具有圓錐狀樹冠，樹葉會垂到地面以捕捉更多直射光線。

永凍層中的變化

北寒林能依據永凍層（或稱為永久凍土）存在與否，從較不寒冷到逐漸變冷的環境分成三個地帶：無永凍層、不連續永凍層，以及連續永凍層。不連續永凍層的地帶只在某些地點有永凍層，其他地點則無。永凍層的凍融作用（特別是在不連續永凍層地帶）會導致地形產生巨大變化，也會使環境變得不利於許多樹種生存。土壤的凍結與再凍結會帶來數個後果，包括冰擾現象（土壤的凍裂攪動）以及熱融現象（小型窪坑、土墩與沉洞〔sinkhole〕等地貌的形成）。在全球暖化的情況下，許多上述的土壤動態變化在連續永凍層地帶內，皆隨著永凍層開始融化而變得更加顯著。

▼ **醉樹林**
阿拉斯加迪納利公路（Denali Highway）上一座小湖泊中的醉樹林。這些蹣跚的「醉倒樹」（drunk tree）是土壤凍結／融化的物理作用力造成的。

落葉松

西伯利亞東部的落葉松（*Larix gmelinii*）是世界上位置最北的樹木。落葉松藉由一年掉一次葉，能避免樹葉內部水分凍結所產生的傷害、強風所造成的斷裂，以及被風吹來的冰晶所帶來的冬季磨蝕（冰擊〔ice-blasting〕）。為了承受−40 °C以下的低溫，落葉松需要經歷特殊的適應性改變，以保護其細胞不因凍結而受損。在這些極寒環境中生存所需的適應性改變包括：防止細胞在凍結時破裂的厚細胞壁、減少組織中自由水（free water）水量的組織脫水作用（tissue dehydration），以及先前已提過的落葉特性。落葉松能在低達−70 °C的溫度下存活。

◀ **熱融巨坑**

位於俄羅斯巴塔蓋（Batagay）的熱融巨坑。永凍層的凍融作用能在土壤中形成強大內壓，進而創造出大型的地貌特徵，例如圖中的巨坑。永凍層的融化過程能釋放大量的二氧化碳與另一種更麻煩的溫室氣體——甲烷。

共有的歷史

全世界的北寒林都有一段共同的歷史。 在末次冰盛期， 也就是在兩萬六千五百年前到一萬九千年前之間， 世界上的冰河範圍最廣。 現今北寒林地帶的大部分區域， 在當時被冰河、 極地沙漠或凍原生物群系所覆蓋。 當時能適應如此環境而如今多已滅絕的大型動物， 包括猛瑪象 (*Mammuthus primigenius*)、 披毛犀 (*Coelodonta antiquitatis*)、 馬、 美洲野牛、 麝牛。

遷徙的物種

北寒林的優勢樹種仰賴風媒傳粉。某些靠風傳播的花粉堆積於湖泊與沉積物中，為這些樹木的存在提供了歷史記錄。從前的北寒林樹木較為稀疏，這點可從掉落在全世界湖泊中的較少花粉量得知。從化石花粉中得到的證據清楚顯示，隨著冰河在末次冰期於大約一萬兩千年前結束後消退，不同的北寒林樹木開始從南方的根據地朝不同方向擴展，進而形成了現今位於遠北的北寒林。整個環極地帶都是相同的發展情況。這些北寒林似乎並未在最初隨著冰河時期氣溫下降而整體向南遷徙，然後又隨著冰河消退而整體移回北方；相反地，這些樹種彼此獨立向北遷徙，在遠北聯合形成了北寒林。

儘管具備了如此多的相同點，不過俄羅斯、芬諾斯堪底亞與北美洲的北寒林之間，還是存在著某些重要的顯著差異。俄羅斯的北方林木線是由落葉針葉的落葉松所形成；北美洲內位置最北的樹木是常綠針葉的雲杉；芬諾斯堪底亞的林木線樹種則是落葉闊葉的樺樹。在較長的時間間隔內，北寒林中不同區塊的林木線通常不會同步後退與前進。我們在今日看到的情況並不尋常：全世界所有的北寒林皆前進到凍原的範圍內。上一次這樣的情況是發生在六千至四千年前之間。

沼澤化

由於寒帶地區在最近才結束凍結狀態，因此具有年輕的土壤，且土壤中的碳氮比通常很高。伴隨著此一現象的是緩慢的分解率，而為樹木提供營養的氮也因此釋放緩慢。北寒林容易累積有機的泥煤物質，導致養分滯留。透過沼澤化的過程，這些北寒林可能會隨著時間的推移而轉變為酸沼 (bog)、 泥沼 (mire)、 鹼沼 (fen) 與樹沼 (swamp)。

最北林木線的樹種

這三個北寒林的北方林木線是由不同屬的不同樹種所構成。在北美洲的北寒林中，生長於北方林木線最末端的樹種是黑雲杉（*Picea mariana*），一種能耐受永凍層的常綠針葉樹。黑雲杉能行無性繁殖，在樹枝向下碰到地面時，以壓條的方式（layering）使枝條埋入土中，進而生長出根。相形之下，

位於芬諾斯堪底亞邊界最北的樹種則是落葉闊葉樹的毛樺（*Betula pubescens*）。雖然芬諾斯堪底亞與北美洲的林木線特徵相反，但毛樺的幼枝確實含有用來行光合作用的葉綠素，因而營造出一種「假的常綠性」（faux-evergreeness）。

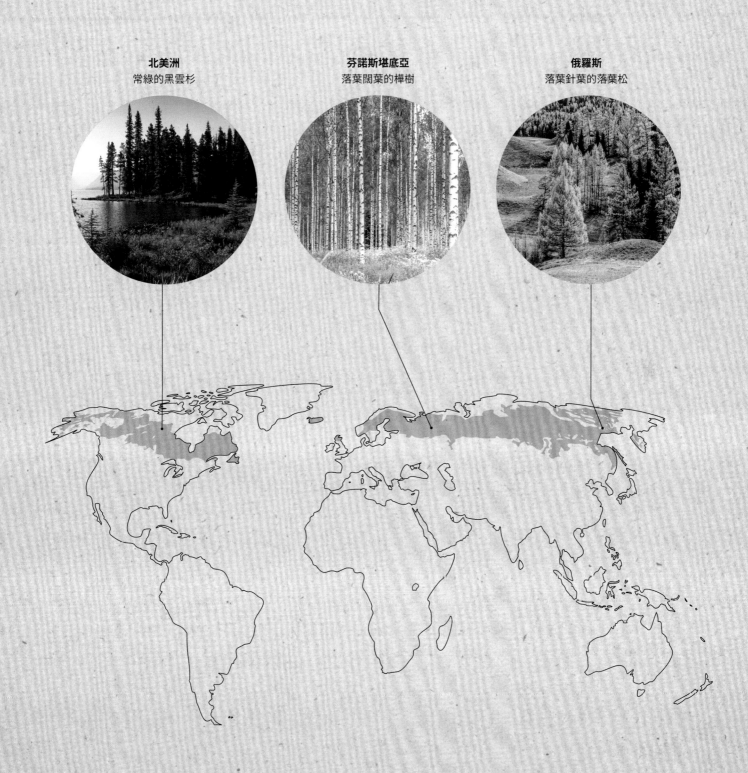

北美洲
常綠的黑雲杉

芬諾斯堪底亞
落葉闊葉的樺樹

俄羅斯
落葉針葉的落葉松

森林的動態變化

因為發生在不同空間尺度的生態系動態變化，北寒林形成了許多不同的地景元素。試想一下，在阿拉斯加費爾班克斯（Fairbanks）附近的北寒林發生了一場野火後，北面與南面坡上各自形成了一個理想化的森林演替過程。在這兩面山坡上的林火後復原情形不僅相當不同，也展現出有哪些物理與生物作用力能驅動北寒林的森林動態變化。在較暖和的南面坡上，野火燒死了樹木，為草本植物與樹苗創造機會。隨著時間發展，灌木開始佔據該地區，而樹苗也逐漸長大。圓葉樺（*Betula glandulosa*）與香脂白楊（*Populus balsamifera*）很早就鞏固了自己的位置，但它們都是較小型的樹木，因此最終還是會被白雲杉（*Picea glauca*）超越。此一雲杉及闊葉樹的混合林，最後會轉變為由白雲杉佔優勢的森林。在這段期間，有機土壤層會加深，而白雲杉則會維持優勢地位，直到下一場野火引發另一段演替過程。

在此同時，較涼爽、較少陽光照射的北面坡在遭受火害後，有著截然不同的命運。此處的土壤常具有凍結的永凍層，且隔絕永凍層的有機泥炭層有部分在野火中被燒毀，其造成的後續發展與南面坡所經歷的截然不同。就整體而言，這些土壤環境的特色，不僅造成樹木的成長變慢，也增加了苔類的生長量，進而促進了泥炭的發展。不僅如此，這些土壤與植物間的反饋作用還會相互增強，導致這些森林具有能封存碳的凍結土壤。

北面坡的苔類累積（見對頁的圖表）導致土壤變得較濕冷，有機物質的分解作用也變得較慢，又使得土壤變得更酸更濕，甚至進一步讓有機物分解變得更慢。此一碳封存反饋系統最終導致更多的苔類累積，而此一循環結束後會再重複相同的過程。在土壤絕緣效果降低的情況下，較深處的永凍層會在夏天融化，而加深在夏季不會凍結的活動層（active layer）土壤。隨著永凍層恢復與深厚的泥炭層發展形成，草本植物會拓殖到該地區，緊接在後的則是灌木。隨著時間的推移，該地區會被逐漸密集的黑雲杉（*Picea mariana*）所覆蓋。這些樹木覆蓋與泥炭層會增加日間森林的輻射熱通量（flux of heat）。在這樣的情況下，永凍層會移動到更接近地表處，促成一座成熟的黑雲杉林。在這座森林中，永凍層的融化、隆起與再結凍能形成「醉林」，使樹木樹幹朝不同方向傾斜。

南面坡與北面坡野火後的演替

在美國阿拉斯加費爾班克斯附近，相較於地底有永凍層的寒冷北面坡，無永凍層的南面坡在野火後有著截然不同的次級演替發展。

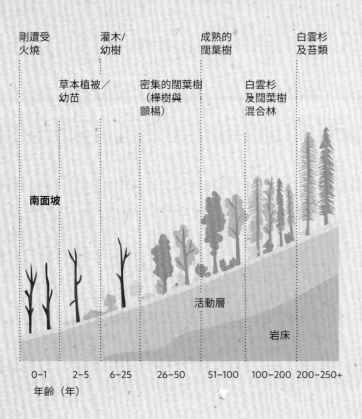

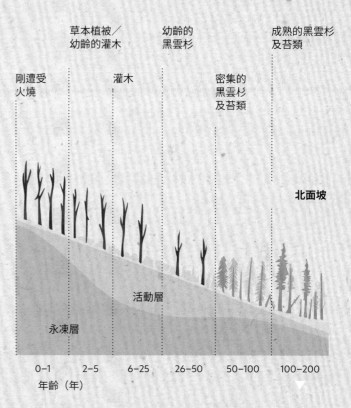

南面坡的演替過程

從阿拉斯加的費爾班克斯到普拉德霍灣（Prudhoe Bay），在道爾頓公路（Dalton Highway）上，這片落葉闊葉樹次生林隨著秋日轉為金黃的樹葉，顯露出發生在50到100年前的野火足跡。

北面的永凍層

在阿拉斯加費爾班克斯的醉林中，由於永凍層融化，樹木倒塌後陷入了地面。此一情形與上列圖表中的100–200年森林演替階段一致。

北寒林中的干擾事件

飛越北寒林上空不僅會更加感受到北寒林的廣闊，也會觀察到改變北寒林生態系的主要干擾事件所造成的大尺度影響。燒毀和焦黑的地景畫面、被昆蟲殺死的枯立木形成綿延數公里的棕色樹冠、因複雜的凍融作用而造成的淹水地景……這些都顯示重大干擾事件所造成的廣泛改變與死亡。

干擾機制是指某一特定區域內自然干擾的特徵總和（見第83頁）。根據大多數氣候模型的預測，北寒林所在的緯度帶，溫度變化最大，近年來最顯著的暖化現象也發生在這個緯度帶。干擾機制的變化會迫使生態系跟著改變。如果北寒林的干擾在強度或頻率上有所改變，它們的生態特徵將因此變樣。目前北寒林系統中的三大干擾是野火、昆蟲侵擾與森林採伐，這些干擾全因氣候變遷而加劇。森林採伐（尤其是在俄羅斯）據估在暖化現象下會增加，因為北極海的海冰融化將有利於海洋運輸。此外，氣候變遷造成的永凍層融化也可能會導致樹木大量死亡與地景變化。

▼ **野火**
位在俄羅斯的共青城（Komsomolsk），2007年6月。一場林火發生在西伯利亞北寒林的偏遠區域。

野火

相對於其他森林，北寒林偶爾會經歷規模非常大的野火。發生在中國東北部大興安嶺（Greater Khingan Mountains）的黑龍森林大火（the Black Dragon fire）始於1987

西伯利亞中部的野火

一份科學研究論文呈現了西伯利亞中部20年來的野火。上圖顯示該地區被橫切成五個緯度帶以詳細分析。下圖顯示從1996年到2015年每年的野火數量與火燒面積。野火總數與火燒總面積有大幅增加的趨勢，尤其在最近幾年上升趨勢最為極端。

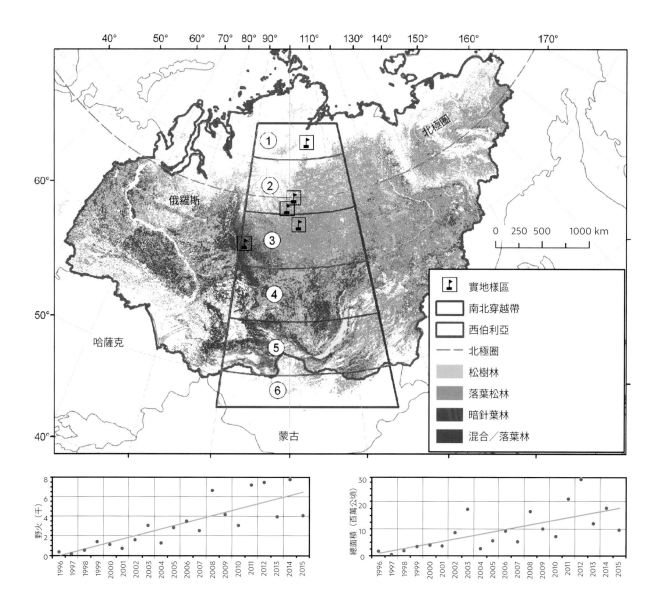

年5月6日的一段乾旱時期，當時的氣候條件相當有利於野火蔓延。這場大火最終擴散到中俄邊界外，並持續了一個月，燒毀了6500平方公里的森林與3500平方公里的其他土地覆蓋，其中俄羅斯損失的森林比中國多了約五倍。俄羅斯的打火策略就是任由大火燃燒，而中國當局則是部署了六萬名軍人與工人負責滅火。當這場大火終於在6月2日被撲滅時，中國有六分之一的林木蓄積量被毀，191人喪命，33000人無家可歸。

阿拉斯加、加拿大與西伯利亞北部森林目前的野火消防策略，是保護人民優先於保護樹木。舉例來說，俄羅斯聯邦林業署（Federal Agency for Forestry）在2020年採取的政策是無視91%的野火，而當年野火的發生率比以往還要高上許多。這些野火有許多都發生在「放任區」，因此並未對當地人民造成影響。在這樣的情況下，一般認為撲滅野火所耗費的成本，會大於放任野火燃燒所帶來的損害。

大範圍的野火在北寒林不定期地發生。地面與空中監測系統自1950年起，持續估計阿拉斯加與加拿大被野火燒毀的森林面積。雖然在某幾年，野火燒毀的森林面積相當小，但在其他幾年，每年燒毀面積卻高達七百萬公頃。研究指出野火的大小與強度正在提升，而頻率也在增加。2016年，艾夫根尼·波諾馬瑞夫（Evgenii Ponomarev）與同事計算了1996年與2015年間的這二十年來，西伯利亞中部某地區的落葉松林野火數量。這些落葉松林覆蓋了約三分之一的俄羅斯總面積。在這段期間，野火的數量從1996年的數百次，增加到每年約六千次。其中光是在2014年就有八千次野火，總共燒毀了約一千七百萬公頃的森林。不難想像，北寒林的野火數量與強度有顯著的上升趨勢，是因為該生物群系正在對全球暖化做出反應。

昆蟲爆發

如同森林野火，歐亞大陸與北美洲北寒林的昆蟲爆發也屬於偶發事件，並且能摧毀數百萬公頃的森林。北寒林樹木與昆蟲之間的關係，通常具有某些共通且交互作用的要素。北寒林的優勢樹種利用樹脂作為化學防禦機制，以抵擋昆蟲的攻擊。這些大量生產的黏稠防禦工具能用來「黏住」昆蟲。另一種常見的植物防禦機制是能使植食動物中毒的毒物，包括生物鹼、氰與萜烯。不過比起北寒林的樹木，壽命短的草本植物更常有這樣的化學防禦機制。在這場化學大戰中，樹木就像是城堡，會運用防衛性物質抵禦大舉入侵的昆蟲。而侵襲的昆蟲則會號召大量士兵攻擊這些樹木，藉由耗盡對方的防禦手段來取得勝利。

西伯利亞冷杉相繼死亡

西伯利亞松毛蟲（*Dendrolimus superans*）是一種肆虐於俄羅斯北寒林帶的害蟲，範圍從烏拉山脈（Ural Mountains）一路延伸到俄羅斯遠東地區。其幼蟲一般以針葉樹的樹葉為食，特別是西伯利亞冷杉（*Abies sibirica*）與落葉松。這種昆蟲會以蛹的型態過冬，而成蟲會在冬季過後羽化，並從六月下旬到八月初在枝葉上產卵。幼蟲從卵中孵化出來，等變成蛹後，整個循環會再次重複。如果樹木夠強壯，就能以化學防禦機制抵抗昆蟲攻擊。然而，若是這些昆蟲佔了上風（例如這些樹木受乾旱波

及），可能在數年內就會大幅增加。緊接在後的是昆蟲大量散播，導致大範圍的森林遭到毀滅。樹木大量死亡會造成西伯利亞松毛蟲的食物大幅萎縮，使得昆蟲數量也跟著驟降。在此同時，地景會由乾枯的死木所覆蓋，為野火提供了充足的燃料來源。

此一連鎖反應在昆蟲爆發前有個較脆弱的地方，當時年輕的再生樹木正茁壯生長，而昆蟲數量也很少。在這個關鍵時期，西伯利亞松毛蟲為了存活，會鎖定那些遭雷擊或被暴風吹倒的虛弱樹木，並利用這些棲息地點維持基本的數量，等待時機大量繁殖。對努力防制蟲害的林務人員來說，這是消滅害蟲的大好時機，而且不只是針對西伯利亞松毛蟲，其他大舉侵襲森林的昆蟲也能趁此時清除。

蘇聯國家林務局（State Forest Service）在1991年前，一天會執行約600次飛行任務，以偵測西伯利亞的野火，並部署「空降消防員」（跳傘進入某一地區撲滅野火的消防員），進而達到控制野火的目的。而在野火淡季，他們還是會飛行類似的次數，以找出遭昆蟲攻擊而受損的樹木或小型地區。接著，空降消防員會充當「森林公共衛生」的工作人員，負責清除與燒毀這些蟲害區塊，以預防昆蟲在整片地景上爆發。樹木從前次干擾後再生並成長，隨後老化而生長趨緩，進而累積更多壓力，最終造成昆蟲爆發──這樣的生物世代循環，在北寒林樹種及其植食昆蟲間非常普遍。儘管在世界上不同的北寒林中，參與演出的生物種會不同，但劇本皆維持不變。

▲ **雙重干擾**
因甲蟲侵擾而死亡的枯木，加上岩石地面的侵蝕滑動現象。地點在加拿大亞伯達省（Alberta）的賈斯伯國家公園（Jasper National Park）。

森林伐採

全世界的北寒林佔了約45%的全球可販售木材（growing timber，達到可銷售尺寸的木材）。北寒林木材蓄積量每年的總增加量高於伐採總量，然而各個國家的伐採量差異不小。大多數的阿拉斯加北寒林都沒有進行伐採。透過科技與運輸，俄羅斯與加拿大分別伐採32%與19%的北寒林密林。挪威則是14%，瑞典是9%，芬蘭則只有2%。各個國家的北寒林所有權差別很大，阿拉斯加、加拿大與俄羅斯大部分是政府所有，北歐五國則主要為私人所有。

在有經營的森林中（包括瑞典與芬蘭的北寒林，以及加拿大北寒林的南部），森林管理重點是控制或限制林火與昆蟲。在北寒林的北半部，森林的管理強度較低，因此天然干擾活躍，大幅形塑了當地的地景。

林業（特別是北寒林林業）作為一種經濟事業，目前正因為全球需求的複雜變化而面臨改變與不確定的時刻。北寒林外的紙漿與紙類生產正在增加，這主要來自於人工林。在2000與2010年間，芬蘭與加拿大的林業從業人口數下滑了三分之一。而在同一時期，俄羅斯也下滑了五成。中國如今已超越美國，成為最大的紙類與紙板生產國有預測指出，即便在全球暖化與隨而增加的蟲害、野火與乾旱影響下，北寒林的總生產量在2050年以前可能會增加6%，進而提升北寒林木材供應的經濟變數。北極海的融冰增加有可能

▲ **有經營的森林**
運用收割機進行的松樹林疏伐作業。

▼ **木材生產**
北寒林供應了約17%的年度全球森林木材生產。

會使目前無法進入的遠北地區（特別是在俄羅斯）容易進入，進而減少森林開採成本。
然而，北寒林也大多是原始林，它們未來可以發揮遊憩、碳封存與自然保育的功能與價
值，而不是傳統的木材資源供給。

北寒林的經營

森林可以被劃分為：未經營、有經營（實施商業採伐與再
生）、有經營及認證（認證為永續經營）、原始林（人為活動
影響很小的綿延森林，且面積大到足以維持所有的本土多樣
性）、有認證的原始森林（認證為永續經營的原始森林）。

（資料來源：Kraxner et al., 2017; IIASA; IBFRA.）

- 未經營
- 有經營
- 有經營及認證
- 原始森林
- 有認證的原始森林

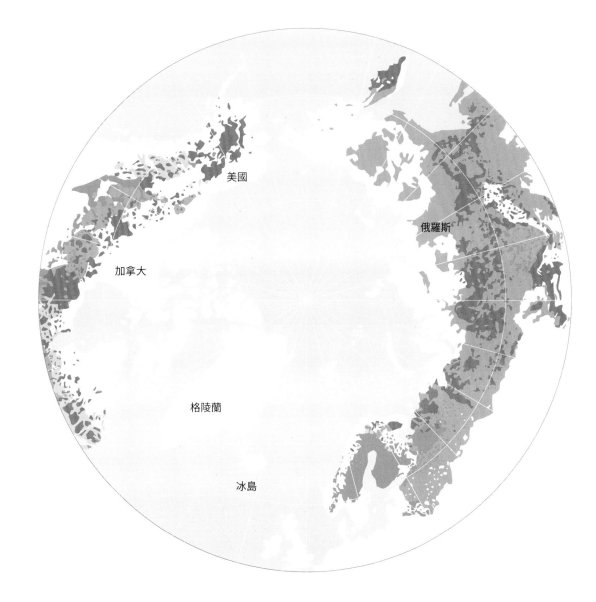

北寒林的氣候變遷

北寒林正在改變，其不確定性只會隨著全球氣候變遷而增加。 全球暖化預計會改變北寒林的干擾機制，進而影響北寒林的邊界與鄰近的生態系。

北寒林的邊界

在氣候暖化增加約2 ℃的情境下，北寒林帶將產生位移，造成40%的北寒林產生植被與土壤上的變化。這些改變會促進二氧化碳釋放到大氣中，進而引發正反饋（positive feedback）效應，也就是隨暖化增加的溫室氣體排放，反過來又導致暖化加劇。此外，北寒林向北擴展到凍原，也有可能會增強全球暖化的效應。

- 北寒林
- 溫帶闊葉與混合林
- 溫帶針葉林
- 凍原
- 溫帶草原、疏林草原與灌木叢林地

移動的邊界

博物學家洪保德以等溫線繪製植被分布圖，連結了植被類型與緯度及高度的變化（見第118頁）。他藉由測量一年當中某一特定地點在每天黎明與下午兩點的溫度，並計算這兩種溫度的平均值，以設立該地點的等溫線。在現代，等溫線代表某一特定地點在特定時期內的平均溫度。北寒林帶是以七月的18 ℃等溫線為南界，並以七月的13 ℃等溫線為北界。這兩條南北邊界間相差了5 ℃。如果這樣的等溫關係持續存在，那麼在初步粗估中，大約2 ℃的氣候暖化將導致北寒林的南北邊界均往北極移動，且位移範圍足以使當前40%的北寒林轉變為其他的生物群系。

上述這些變動率涉到北寒林與其他生物群系間的邊界移轉，包括凍原北移、落葉林拓展至較溫暖潮濕的地區，以及草原拓展至較溫暖乾燥的地區。北寒林也會與海洋或是海邊的海岸林接界。沿著這些邊界的過渡帶上，有一系列的控制條件，每一個條件對應的改變反應都不同。這樣的邊界大多都受控於干擾機制。舉例來說，草原與北寒林的邊界通常會由野火決定，特別是野火的發生頻率。研究這些過渡帶的轉變必須在大範圍地區上進行，而且會花費很長的時間。基於這些原因，我們對這些疆界移動的理解，都是以森林變化的假設與古生物學的長期資料為依據。

林火危險指數

根據全球氣候模型預測，林火干擾的強度將會增加。森林公園或其他遊樂區的入口處經常會有顯示林火危險指數的告示牌。這些林火危險指數的依據，視使用的模式而定，可能包括林木在該環境有多容易引燃、野火擴散的速度有多快、撲滅野火有多危險，以及火舌的預計高度等等。危險指數越高，林火在該地區發生時就越危險。如果林火指數太高，該座森林就會禁止人員進入。用來計算這些指數的數學模型，是以天氣與森林數據資料（潛在燃料的乾燥程度、野火熱傳遞速度的控制條件，以及天氣狀況〔乾燥、炎熱、多風等〕）為依據。根據預測，在全球暖化下構成林火危險指數的變因會大幅增加，而證據顯示這樣的情況已出現。

邊界的林火

針對如北寒林般幅員遼闊的區域,控制北寒林與其他生物群系邊界的要素,可能會隨
地點而異。影響要素與地形有關,包括坡向(北面坡與南面坡的入射光線有很大的差
異,影響也會有所不同)、排水狀況、土壤變化、海拔與方位。儘管如此,北寒林北
邊與凍原的邊界,以及南邊轉變為草原的變遷過程,經常都與野火有關。

根據生物學家賽吉・佩耶特(Serge Payette)、路克・西洛伊斯(Luc Sirois)與魁
北克拉瓦爾大學(Laval University)的其他同事為期數十年的調查,在加拿大北部
的北寒林-凍原邊界,林火發生的時機是關鍵。如果林火發生時,森林已有高度的繁
殖力,那麼在林火後就會有大量的種子生產,而適應林火的樹木族群密度也會增加。
因此這個鬱閉林會維持生存,並且有可能會拓殖到鄰近凍原的開放區塊。然而,如果
林火發生時的氣候與森林條件只會觸發有限的種子生產,那麼樹木在干擾後的再生潛
能就會有所侷限,而植被也會轉為較稀疏的林地或裸露地。此外,由於土壤表面對野
火的反應也不盡相同,因而使得森林有時向凍原前進,有時則是後退。

北寒林與較乾燥草原的邊界同樣是由野火控制。與北寒林相比,凍原很少產生野火,
不過草原的野火頻率卻比森林高。沿著草原邊界發生的頻繁野火會導致森林的野火頻
率提升,因為這些北寒林提供了大量的燃料。野火引發後,那些影響林火危險指數的
關鍵要素(見第229頁的方框)會決定林火行為(fire behavior)。當天氣炎熱、乾
旱、多風,且作為燃料的森林枯落物、樹葉、枯樹與樹枝都很乾燥時,單一的引燃點
就能釀成摧毀森林的林火。沿著草原邊界反覆頻繁發生的野火會消滅種子與幼苗,造
成森林轉變為草原。

北寒林與較潮溼落葉林或混合林間的邊界轉變較不明顯，這是因為北寒林樹木通常在南部邊界的生長速率最高，但生長狀況較差。相同的現象在高山上的北寒林與落葉林邊界也可以看到。在此，北寒林南部邊界的位置並不是由環境條件所控制，而是取決於樹木間競爭互動，但這些競爭互動本身也可能受到環境條件的影響。電腦模型已藉由模擬森林中個別樹木間的交互作用及每棵樹木的周遭環境，證實了上述這項推測。

▼ **潮溼的邊界**
地景尺度的永凍層作用力可以同時使水流失與形成濕地，進而創造出複雜的地景——生長在較高處的黑雲杉（*Picea mariana*）、湖泊、酸沼與泥沼、灌木，以及因沼澤產生而枯死的樹木。地點在加拿大的育空領地（Yukon Territory）。

樹木的競爭

樹木的競爭是一個複雜的科學概念，原因是樹木生物學存在著一些基本的問題。大多數有關樹木競爭的生態理論與模型都奠基於兩項簡單的假定。首先，個體的獨特性（包括大小與位置）並不重要，以致所有的個體都被假定為完全相同。其次，所有樹木個體都是完美地混合在一起，其空間分布完全均勻。然而，樹木的大小其實變化甚大，從渺小的幼苗到高度有時超過100公尺的巨大樹木都有，與上述第一項假定相悖。此外，樹木與鄰近樹木間的交互作用也很重要。對森林生態學家而言，競爭是一種樹木之間重要的交互作用，而樹木大小與位置是關鍵。

由於這兩項假定都沒有考慮樹木間的明顯競爭，因此電腦模型才被發展出來，將樹木的競爭納入考量，以避免產生問題。其中之一是孔隙模型，其命名是為了呼應艾力克斯·瓦特所提出的概念，即強調孔隙在鑲嵌森林中的重要性（見第68-69頁以及第72-73頁）。這些電腦模型會預測0.1公頃的小範圍（森林樣區與孔隙的一般大小）內，每棵樹木每年的生長、死亡與再生情形。這些樹木的死亡、幼苗再生及環境狀況的逐年變化，都會納入隨機變異。接著模型會重複模擬數百或數千個區塊，模仿鑲嵌森林在現象與作用力上的動態變化，以預測森林隨時間的整體變化。

1986年，美國明尼蘇達大學杜魯斯分校（University of Minnesota Duluth）的約翰·派斯特（John Pastor）與橡樹嶺國家實驗室（Oak Ridge National Laboratory）的W·M·「麥克」·波斯特（W. M. "Mac" Post），發展出一個以個體為基礎的森林模型，能夠納入土壤的變化及每棵樹的表現與再生情形。接著他們運用這個模型，在靠近加拿大東部（魁北克與安大略）與美國（緬因州與明尼蘇達州）北寒林南界的11個立地上，調查北寒林轉變為落葉林的過程。模擬結果如人們的預期，在水分充足且較溫暖的立地內，北寒林轉為落葉林後的生產力會增加，在較乾燥的地點情況則會相反。一項重大的發現是在森林的氮循環內，樹種組成與枯落葉分解性間有強大的增強反饋（reinforcing feedback）。換句話說，「富者越富、貧者越貧」，生產力增加提升了氮的可得性，而氮的可得性又會反過來提升生產力；相反的狀況也是如此，即較低的森林生產力會導致可獲得的氮變少，進而又使生產力更為低落。他們認為當氣候變化時，不論是面對土壤的這類反饋所形成的間接影響，或是面對溫度變化對樹木生長的直接效應，森林都一樣敏感。

▶ **混合林**

加拿大海洋省份（Canadian Maritimes）的混合林存在於北邊的北寒林與南邊的溫帶落葉林之間。這是一個多樣化的森林。儘管時空條件變化無常，導致適合生長的環境稍縱即逝，進而使樹種輸掉競爭，但這些樹木仍舊持續存留。地點在加拿大魁北克的雅克卡地亞國家公園（Jacques Cartier National Park）。

北寒林獨特的全球角色

森林的其中一個奧妙之處在於許多與之有關的事物似乎都遵循著一套類似的規則。 高大的單軸樹木反覆且各自獨立地在植物的演化中崛起、 樹木與森林對土壤發展的作用……這些和其他許多的要素使森林不論來源， 似乎都令人感到熟悉。 對森林生態學家而言， 不論源自何處， 譬如說與其他陸地板塊分開了八千五百萬年的一座紐西蘭森林， 看起來都很眼熟。

海冰的多寡

冰會反射輻射，而較暗且未結凍的海水則會吸收輻射，以致海冰的變化成為了影響全球氣候的一個關鍵要素。在西伯利亞的森林中可以看到類似的情況，當地的地表季節性變化使淨輻射通量（net radiation flux）產生了大幅的年度變動。就全球的北寒林而言，森林皆伐使地表由森林轉為其他土地覆蓋形式，進而增加淨輻射通量並促進冷卻效應。不過，由氣候暖化所造成的森林擴張可能會有相反的效果——暖化造成北寒林擴張，進而引發更嚴重的暖化。

2020年9月

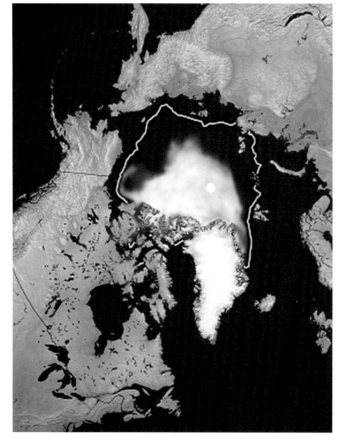

2021年3月

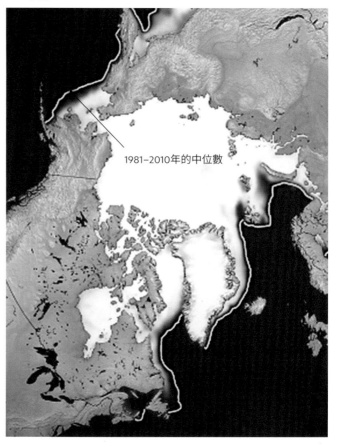

1981–2010年的中位數

海冰的範圍（%）

0　　　25　　　50　　　75　　　100

▲ **暗針葉樹**

泰伯達自然保護區（Teberda Nature Reserve）的暗針葉林，位於俄羅斯卡拉恰伊－切爾克斯共和國（Karachay-Cherkessia）內高加索山脈的山坡上。

相似但有所不同

儘管森林間有那麼多相似之處，但也存在著許多差異。不過，也只有獨特性才能突顯出令人感到舒適的熟悉感。北寒林的一個獨特之處，在於樹種相對稀少但樹木眾多，森林可以大規模移動其範圍，可以對全球氣候變遷發揮強大的效益。2000年，英國氣象學家理查‧貝茲（Richard Betts）針對全球氣候模型的預測，提出了一個有趣的問題：「正在成長的樹木會儲存碳，並吸收二氧化碳以減少全球暖化。但是，較多的樹也會增加入射輻射的捕獲，使得地表增溫加劇。既然有些作用會產生冷卻，有些作用會促進暖化，那麼要在哪裡種樹才能最有效地減緩全球暖化現象？」他發現在高緯度地區，常綠針葉森林的增加會提升來自陽光的暖化作用（透過輻射強迫〔radiative forcing〕與暖化效應），這效應會大於吸收大氣二氧化碳所造成的冷卻效應，進而加劇全球暖化。減緩全球暖化是大家都希望的，但事實比呼籲「大家多種樹」還要更複雜。種樹的地點是一個很重要的關鍵。

西伯利亞東部的落葉松林

西伯利亞東部廣闊的落葉松林，展現出北寒林獨特的一面。全球暖化應該會使適應低溫但較容易反射陽光的落葉松林，被南邊的「暗針葉林」所取代。比起屬於「亮針葉樹」（light conifer）的落葉松，暗針葉樹會捕捉更多的入射輻射，因而更加促進暖化。此外，落葉松林會落葉，當葉子掉光時，地表的冬雪會反射更多的陽光。因此，落葉松林轉變為暗針葉林的過程會導致更多輻射吸收，而此一情況又會反過來促進更多常綠針葉樹的生長，而使暖化加劇。這樣的現象稱為「正反饋」（positive feedback），最初的小變化促使更多方向一致的變化產生。正反饋的運作方式和反向接線的溫控器類似：天氣熱時，加熱功能會開啟；天氣冷時，加熱功能會關閉。

「常綠化」

世界上還有其他地區的地表季節變化會影響輻射能量收支（radiation budget）。一個顯著的例子是海冰的結凍。覆蓋著雪的海冰會反射太陽輻射，而較暗的未結凍海水則會吸收輻射。此一重大效應必須要被納入全球氣候模型。在西伯利亞的森林（包括落葉松林）也有類似情況，季節性的冰雪覆蓋會改變輻射通量。森林輻射能量收支的整體變化可能產生加乘效應，進而提升全球暖化的效應。儘管還需更多分析，但粗估俄羅斯落葉松林更替的長期槓桿效應，可能會在3°C的暖化之外再加上約1-1.5°C。

令人擔憂地，西伯利亞落葉松林可能已經開始「常綠化」。蘇卡切夫森林研究院（Sukachev Institute of Forests）位於西伯利亞的克拉斯諾亞爾斯克（Krasnoyarsk）。來自該研究院的維亞切斯拉夫・哈魯克（Viacheslav Kharuk）與同事，已在西伯利亞遠北與高海拔地區發現落葉松被常綠針葉樹（雲杉、冷杉與松樹）取代的證據。1992年，美國環境科學家戈登・伯南（Gordon Bonan）與同事以氣候模型進行分析，發現北寒林的砍伐可能會造成全球性的氣候變化。北寒林向北遷移至凍原內可能會增加地球吸收的入射輻射百分比，並導致暖化加劇。亞馬遜地區的大量類似研究也顯示，熱帶森林的破壞可能會造成氣候變暖與變乾。北寒林同樣也可能會影響北半球氣候，而這突顯出我們亟需增進對這些森林的了解，因為它們都是全球生態系統中彼此影響的關鍵。

落葉松的更替

在暖化的趨勢下，比起其他的針葉樹（如圖中的西伯利亞松），耐寒的西伯利亞落葉松正逐漸失去競爭優勢。這表示隨著時間的推移，落葉性的落葉松林會轉變為常綠的針葉林。此一現象似乎出現在大範圍的平原與高山地區。這些變化預計會影響森林的輻射能平衡而造成暖化，暖化會使森林產生改變，森林的變動會促進暖化，而暖化又會導致森林變化——因而驅動正反饋迴路。

落葉松

西伯利亞松

落葉松

西伯利亞松

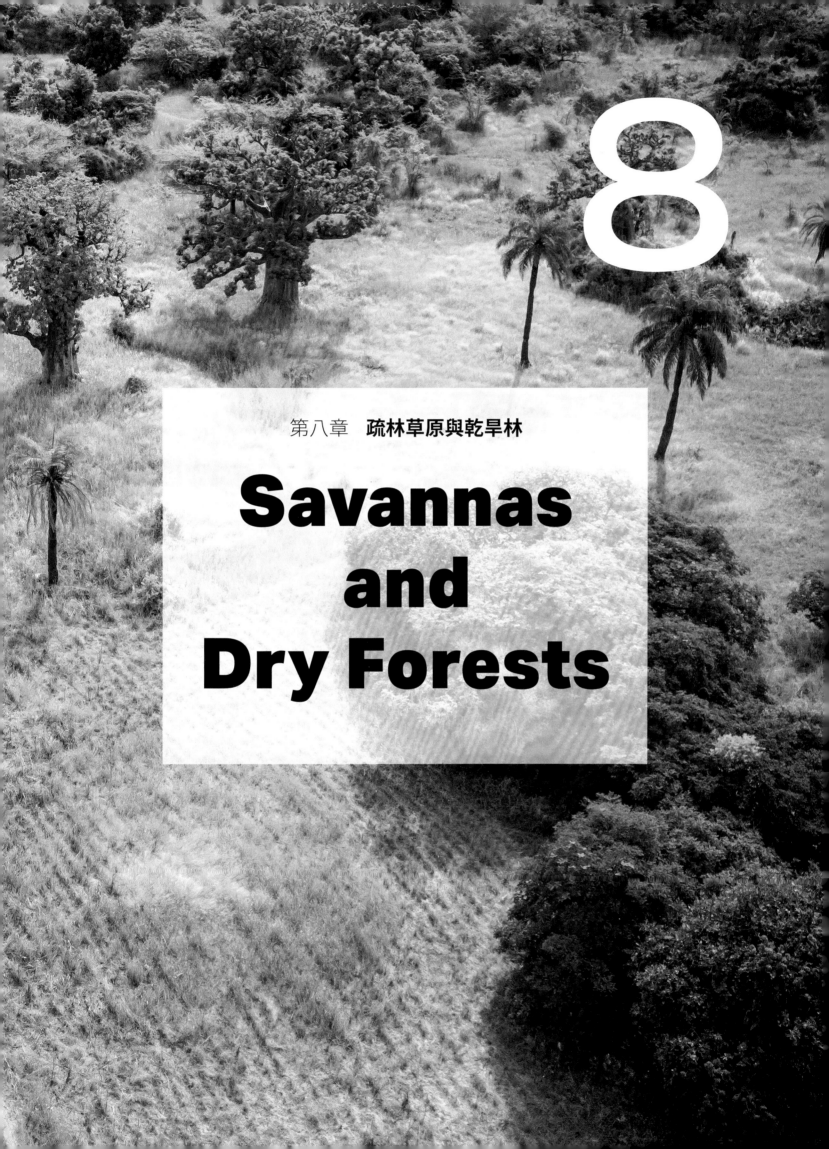

8

第八章　疏林草原與乾旱林

Savannas and Dry Forests

疏林草原與相關的林地

疏林草原的特徵是混合了木本植物與禾草， 分布於熱帶與亞熱帶氣候區， 冬季明顯乾燥， 夏季溼熱。而地中海氣候與相關植被則具有相反的雨季， 因此冬濕夏乾。

疏林草原的位置

喬木、禾草與灌木的複雜混合體構成了全球的疏林草原生態系。這些疏林草原廣泛且具有異質性，也是全球五分之一人口的家。

● 熱帶與亞熱帶草原、
  疏林草原與灌木叢
  林地

● 溫帶草原、疏林草原
  與灌木叢林地

相對較新的植被種類

疏林草原是禾草類與木本植物的複雜混合體，通常覆蓋於廣大的地區之上。在此，「禾草類」一詞同時用來表示真正的禾草（禾本科成員）以及莎草（莎草科成員）。疏林草原內大多數的木本植物都是「雨綠型」（rain-green），意即它們的樹葉會在長而乾燥的冬季掉落，然後隨著雨水而生長季開始時長出新葉。許多疏林草原木本物種會在稍微早於濕季的時機落葉。按照生物群系的不同定義，世界各地疏林草原覆蓋的總面積介於兩千五百萬與三千三百萬平方公里之間。全球有五分之一的人口居住在疏林草原地區。在莎士比亞的劇作《暴風雨》（*The Tempest*）中，安東尼奧（Antonio）曾在第二幕的第一場景中說過：「既往的一切只是序幕，未來的發展則操之於你我（Whereof what's past is prologue; what to come, in yours and my discharge）。」如果套用他的話，那

▽ **澳洲疏林草原**
一棵繁花盛開的銀栲
（*Acacia dealbata*，澳洲
的象徵花卉）坐落於澳洲
廣闊的中心紅土帶（red
heartland）。該地區又
稱為「灌木地帶」（the
bush）或「紅土大陸」（the
outback）。

▲ **非洲疏林草原**
非洲疏林草原具有全球最多
樣化的大型哺乳類。此一多
樣性大多蘊含於保護區內，
例如肯亞的馬賽馬拉國家保
護區（Maasai Mara）──即
圖中這株金合歡的所在地。

麼疏林草原的序幕可說是十分短暫，因為比起其他主要的陸地生物群系，它們形成的時間相對晚近。即將發生且未來操之在你我，我們正在改變這個星球，而疏林草原也隨之變化。

疏林草原生態系

疏林草原生態系如何運作，以及它們可能會如何回應改變，背後的原理就像是一道由起因與反應糾結形成的難解之謎。解謎的工作正一步步取得進展，特別是透過以生態系為本的統合研究。疏林草原的定義一直是生物地理學家、生態學家與博物學家的論題。由於疏林草原是相當複雜的自然生態系，因此在科學領域上引發了激烈的爭論。在語源上，savanna（疏林草原）一字源自加勒比地區泰諾族（Taíno people）所使用的阿拉瓦克語（Arawakan language）。該語言是歐洲探險家與移民地開拓者借字以杜撰新詞的主要來源──在這個例子中輸入新詞的是西班牙語。西班牙人以Sabana作為地名，用來指稱一片無樹的平原。這片平原在泰諾族國王卡洛斯（Carlos）的王宮附近，很可能就位於現今巴拿馬的馬頓甘迪原住民特區（Madungandí indigenous province）內。如今這個字在使用上已偏離了最初「無樹平原」的字義，以致西班牙探險家針對某些地點的植被性質所下的註解變得難以解讀。

在生態學上，savanna一字普遍用來表示具有連續禾草層與零星樹木的群落或地景。疏林草原樹木與禾草在豐度與現象上的平衡，是氣候、地形、土壤、地貌、野火與植食情況（herbivory）之間的交互作用所產生的結果。

為何是混合型植被？

禾草類與木本植物為何能作為等優勢種（codominant）生存於廣大地區，這個老問題促成了不同的理論，最初是什麼特定情況阻礙了其中一種生活型，以致它無法表現較好

▶ **疏林草原的化學作用**
疏林草原是由不同光合作用類型的植物所構成。樹木是行C3（三碳）光合作用代謝途徑，上圖的非洲猴麵包樹（*Adansonia digitata*）即屬於此類。大約有3%的維管束植物則是C4（四碳）代謝途徑——其中特別顯著的例子是禾草（中圖）。第三種是CAM（景天酸代謝）途徑，能為仙人掌（下圖）、龍舌蘭與許多種類的蘭花提供耐旱性。

並壓制另一種生活型？其他森林與草原的分界線想必也是如此。為何贏家不會真的全盤通贏，使疏林草原成為樹木佔優勢的森林，或是禾草佔優勢的草原？假如這是比例的問題，那麼是哪些關鍵決定樹木與禾草在不同時空的覆蓋百分比呢？比例的變化會否與水的可得性有關？若是如此，運作的原理究竟為何？原因是可取得的養分嗎？還是水與養分的結合？還是野火？還是植食動物（grazing animal）的食性決定呢？這些都是很好的問題，但「正確」的答案可能會隨地點或整體環境的微小變化而有所改變。

不同的光合作用途徑

植物可依據其光合作用途徑，劃分成C3、C4與CAM植物。幾乎所有的木本植物都運用較古老、形成於大約28億年前的C3光合作用途徑。這種光合作用代謝途徑最為常見，同時也具有最廣泛的地理分布，除了木本植物外，藻類、苔類與蕨類也使用C3途徑。在濕涼的氣候中，C3植物的光合作用最有效率。

在典型的疏林草原中，禾草類具有特化的生化程序，會利用C4途徑（也就是以四碳化合物為本的生化途徑）聚集二氧化碳，再進入到較古老原始的C3途徑。儘管世界上只有3%的維管束植物物種使用C4途徑，但約有一半的禾草物種都使用該途徑，而這些物種共進行了約四分之一的全球總光合作

用。C4禾草通常是指暖季型禾草，而使用C3途徑的禾草則稱為涼季型禾草。在陽光充足的炎熱氣候中，以及在大氣二氧化碳濃度低的情況下，暖季型禾草與其他C4植物具有優勢。C4禾草極度不耐陰，因此幾乎不會存在於密林底層。

第三種途徑是CAM植物（因其新奇的景天酸代謝〔crassulacean acid metabolism〕生化作用而得名），在乾旱的環境中具有優勢。如同C4植物，CAM植物也會利用額外的生化程序將二氧化碳送入較古老的C3途徑內。典型的CAM植物包括仙人掌、龍舌蘭與許多種類的蘭花。它們很耐旱，而且幾乎不會發展成樹木的形態。

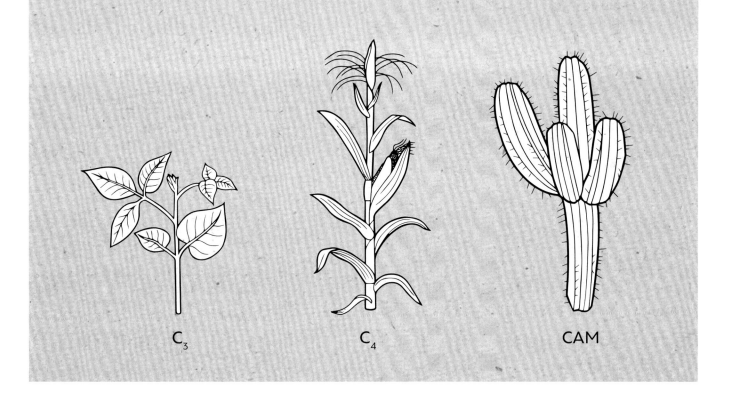

C₃ C₄ CAM

疏林草原的演化

疏林草原是由兩種極為不同的植物生活型：木本植物與暖季型禾草混合組成；這兩種生活型有各自的光合作用途徑（見第243頁的方框）。C4植物發展於大約三千萬年前。接著在約八百萬年前，C4植物在世界各地大幅擴展，過程持續了約一百萬年，雖然這在地質時間只是一眨眼。疏林草原形成的時間幾乎與C4禾草同步擴展。此一現象的觸發條件為何？大氣中二氧化碳濃度較低會不利於C3樹苗的生長，使它們難以和世界各地的C4禾草競爭，然而在疏林草原擴張前，二氧化碳濃度較低的狀況早已持續了約兩千萬年。

有些研究學者主張野火以及野火、植被、煙霧與氣候間的反饋，是形成疏林草原的觸發條件。在野火頻繁易發的地點，禾草會比木本植物茂盛，而草原也會比森林更容易發生火災，這是一種正反饋現象。大多數有關疏林草原作用力的假說所探討的反饋，都涉及野火、乾旱、植食動物造成的禾草減少，以及草食獸造成的木本植物減少。另外，某一類植食動物如果數量眾多，可能因掠食者捕食而減少，進而促進另一類植食動物，這也是會納入討論的反饋現象。疏林草原的形成，或許就是結合了上述的某些或所有原因所產生的結果。然而，對於這個年輕生物群系的未來發展，有一個影響因素很可能最為重要：一群新的角色在這短暫序幕結束時登場，舞台背景是處於巨變時代的一個嶄新生物群系，演出陣容是生活於疏林草原的原始人類，而其中擔任要角的就是智人（*Homo sapiens*）。

▼ **奧杜瓦伊峽谷**
（**Olduvai gorge**）
巧人（*Homo habilis*）是從東非的疏林草原物種演化而來。他們很可能是最早出現的人屬物種。

早期的人類

巧人（*Homo habilis*）是人屬物種最早的祖先。第一批巧人化石是在東非大裂谷系統（East African Rift System）中遭人發掘，起源時間介於兩百三十萬年前到一百八十萬年前之間。在巧人之後出現的直立人（*H. erectus*）有很顯著的演化改變：體型較大，腦部更比巧人大了40%，肩膀結構使他們能做出投擲動作，另外也變得善於長跑。人類起源於生活在疏林草原中的一系列人屬物種，這些物種經由環境演化出直立行走的能力，之後也持續朝提升生態靈活性與增加腦容量的方向演化。於是第一批現代人類——智人（*H. sapiens*），在大約30萬年前的非洲崛起。

如今人類正對疏林草原這生物群系造成重大影響。人類之前已造成澳洲、新大陸與歐亞大陸疏林草原許多超大型哺乳類的滅絕。如果C4禾草會因大氣二氧化碳濃度低而發展興盛，進而在競爭中勝過C3木本植物，那麼我們燃燒化石燃料與開發土地會增加大氣二氧化碳濃度，進而抑制了C4禾草的優勢。「木本雜草」（woody weed）、樹木與灌木能在這樣的競爭中勝過禾草，引發了一個複雜的全球性問題。木本雜草的激增可能是由原本利於C4禾草生長的環境條件（八百萬年前低濃度的大氣二氧化碳）逆轉所致，而此一現象同時也可能是促使疏林草原（最終孕育出人類的搖籃）形成的觸發條件。

▲ **木本雜草**
在非洲、澳洲與亞洲的疏林草原系統之中，銀膠菊（*Parthenium hysterophorus*）是主要的入侵物種。隨著大氣二氧化碳濃度的增加，這種植物所產生的毒素量也會變大。其毒素對動植物皆有害。

猴麵包樹

圖中的大猴麵包樹（*Adansonia granddidieri*）生長於馬達加斯加穆隆達瓦（Morondava）的「猴麵包樹大道」（Avenue of the Baobabs）。猴麵包樹共有八種，其中一種原生於非洲大陸，另一種原生於澳洲，其他六種則原生於馬達加斯加。它們能活很久，也能長得很龐大。一棵生長於辛巴威的非洲猴麵包樹（A. digitata）在2011年死去時，以放射性碳定年法測定的樹齡為2450歲；另一棵被命名為「林波波猴麵包樹」（The Limpopo Baobab）的樹木周長為47公尺，直徑為15.9公尺。這棵巨大的猴麵包樹如今已裂成了兩半。

除了外觀引人矚目外，猴麵包樹也具有相當實用的用途。其硬殼的球狀果實內含飽滿果肉，味道類似柑橘且營養豐富，因而經出口到美國與英國作為一種安全的食品原料。在非洲，這種果肉被辛巴威人當作一種食品添加物，加在粥與飲品內；安哥拉人則是將烹煮後的果肉用來作為冰淇淋（gelado de múcua）的基底。猴麵包樹的葉子也可食用。在澳洲，這種樹的樹葉被當作是一種「緊急飼料」，用來在乾旱期間餵養牲畜。另外，數個猴麵包樹種的木質纖維也被用來製作細繩，接著再編織成繩索與籃子。

疏林草原的運作方式

疏林草原植被的研究向來無法得出簡單的解釋。 即便是直接了當的疏林草原植被圖繪製工作， 也因為植被類型有許多種界定方式而變得困難。

疏林草原的動態變化

除了疏林草原的定義困難外，疏林草原的管理也是個問題。疏林草原能透過觀光業或畜牧業生產，為其地主帶來收益。不過，在某些最貧窮的國家（以人均所得作為經濟指標），疏林草原卻是佔優勢的植被類型。1985年，一場由國際生物科學聯合會（International Union of Biological Sciences）贊助的疏林草原研討會在辛巴威首都哈拉雷（Harare）舉行。該場研討會比較了南美洲、非洲與澳洲的疏林草原，並促進了多年的後續研究。科學家們運用全球通用的疏林草原功能模型，整合了疏林草原動態變化中的主要作用力。如對頁所示，他們辨識出那些影響疏林草原結構的的主要作用力。

此因果關係網相當複雜，許多因子間有高度的相互影響。不同大陸上的疏林草原會特別受到其中某一因子的影響。接下來的三個案例，說明了大陸間的這些明顯差異如何促成了疏林草原的結構變化。

非洲疏林草原擁有全世界現在最完整的大型草食獸群，因此適合成為探討植食作用的研究地點。人類在大約六萬五千年前抵達澳洲後，野火發生的頻率也跟著大幅提升，因此很適合探討如何利用野火管理地景。第三個案例探討南美洲的塞拉多疏林草原，該研究闡述了養分與水分是如何交互作用，進而在複雜的疏林草原中形成大範圍的植被組成。

交互作用網絡

許多作用力與其交互作用，造就了疏林草原的結構組成。土壤性質、養分條件與氣候間的交互作用，不僅限制了樹木、禾草及灌木是否能佔據該地，也初步決定了該地的優勢物種。不同植食動物在掠食動物的控制下，對植物物種有不同的植食壓

力，進而影響疏林草原的結構組成。野火與發生頻率有利於禾草類與適應野火的木本植物生長。而這些交互作用之間複雜的協力運作，使經驗豐富的自然觀察者、科學家與牧場主人得以「解讀」某一特定疏林草原的地景歷史。

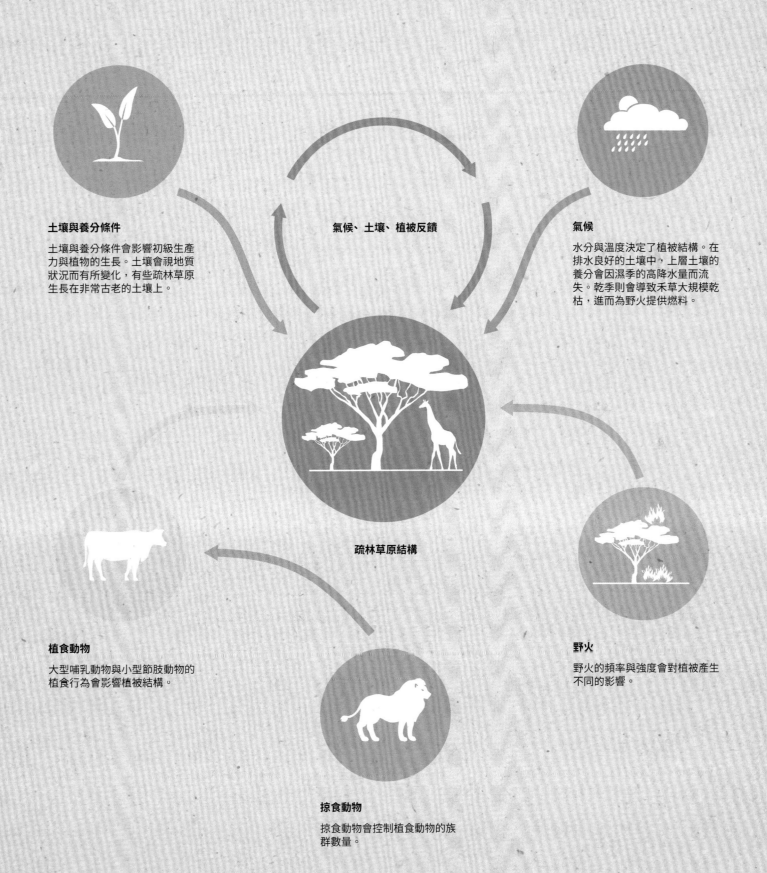

土壤與養分條件
土壤與養分條件會影響初級生產力與植物的生長。土壤會視地質狀況而有所變化，有些疏林草原生長在非常古老的土壤上。

氣候、土壤、植被反饋

氣候
水分與溫度決定了植被結構。在排水良好的土壤中，上層土壤的養分會因濕季的高降水量而流失。乾季則會導致禾草大規模乾枯，進而為野火提供燃料。

疏林草原結構

植食動物
大型哺乳動物與小型節肢動物的植食行為會影響植被結構。

野火
野火的頻率與強度會對植被產生不同的影響。

掠食動物
掠食動物會控制植食動物的族群數量。

大型植食動物在非洲疏林草原中的植食活動

食物鏈頂端的掠食動物能控制植食動物的數量，使植食動物不會多到過度啃食植被。因此，這些掠食動物消失可能會使植食動物過度啃食。有鑑於此，我們會認為一個「健康」的生態系必須要有掠食動物的存在，藉以將植食動物的密度控制在相對低的程度。此一效應稱為「營養瀑布」（trophic cascade），具有「由上而下」的控制作用——掠食動物會控制生態系的結構，因此將之移除會對整個生態系產生巨大的衝擊。

▶ **大象**
非洲象能夠造成毀滅性的破壞。牠們可能會使疏林草原生態系中的優勢植物從樹木轉變為禾草。

▼ **植食動物**
大型草食獸若沒有掠食動物的壓制，就有可能過度啃食疏林草原的植被。

另一種「由下而上」作用的假設是，這個世界的植物並不是一大盤生菜沙拉，植物會藉由使自己不適合被進食、長滿棘刺或具有毒性的等等方式，保護自己不被植食動物吃掉，因而控制植食動物與食物鏈的數量。這代表環境會對植被結構產生顯著影響，也意味著移除掠食動物也不會有影響。

在非洲疏林草原的國家公園與自然保護區中，獅子（*Panthera leo*）是重要的頂級肉食動物。在此，調查顯示出肉食動物只在某些地點對植食動物數量發揮了由上而下的控制作用。進一步觀察發現小型至中型的草食獸通常受限於獅子的掠食（由上而下的控制）。然而，大型草食獸——包括非洲象（*Loxodonta africana*）與犀牛，幾乎不會受到獅子的控制；就算有，也只發生在特殊的情況下。大象是一種能造成嚴重破壞的動物，有可能摧毀疏林草原生態系中的森林與灌木。牠們是撞倒樹木的主要作用力，導致禾草數量增加，進而提升野火頻率。其他的連鎖反應還包括草食獸的食物變多。

在其2003年的論文中，生態學家威廉・邦德（William Bond）與喬恩・基利（Jon Keeley）指出，野火可以被看作是一個大型的植食動物，會挑選特定的植物性狀（plant trait），並吞噬未被其他植食動物啃食的植被。這種「植食動物」在疏林草原中以地表火（surface fire）的形式活動，通常會選擇性地消耗草層中的植物，但不會吞噬高度超過2-4公尺的樹木。否則的話，樹苗有可能無法衝出草層野火的火焰帶，而無法長成幼樹。從這一切的現象可以看出，治火能作為一種經營疏林草原植被的方法。

澳洲以火管理植被的作法

在雷擊等自然事件與人爲意外引火的背景下， 世界各地的疏林草原目前皆以受管控的策略燒除來管理植被， 以達到預期目標。 澳洲原住民使用野火至少有四萬五千年的歷史， 這悠久的歷史記錄使澳洲成爲了一個值得關注的範例， 能探索林火在地景管理上的運用。

▼ **野火的相關知識**
原住民結合了傳統知識與現代科學，以管理野火。

傳統的人爲火災似乎會形成不同植被類型的鑲嵌體，其內一個個「馬賽克磚」代表在不同時間燃燒的土地區塊。澳洲原住民會故意引發小範圍的火燒，使得火燒後發展的植被鑲嵌體具有較細的粒度。這些火燒會提升當地的養分可得性，並增進草本植物（演替初期代表性植物）的短期生產力。這種作法通常被稱爲「火棒耕作」（fire-stick farming）。以此方式產生的火燒強度較低，而且通常會在特定植被類型中引燃，不過，這種人爲火燒的發生頻率比雷擊引起的天然火燒還要高。

▲ 砂巨蜥

砂巨蜥（*Varanus gouldii*）是
西澳馬圖人實施火棒耕作的
目標獵物。

以火狩獵

以火狩獵是澳洲西部沙漠的馬圖人（Matu）所使用的傳統狩獵法。馬圖人有時會用
火「清整」偏遠區域來吸引澳洲鷺鴇（*Ardeotis australis*），因為這種體型如火雞的
鳥類會在火燒後的地區覓食。不過，在大多數情況中，都是由女性放火來狩獵砂巨蜥
（*Varanus gouldii*）。她們會利用風的方向來放火，並先闢好防火線以控制火蔓延的方
向。冬季是以火狩獵的季節，因為火在一年中的這個時期較容易控制，因此用來獵捕砂
巨蜥也較有效。馬圖族女性發動火獵的方式是先在一塊適合的土地上點火，接著再走到
防火線後面，尋找是否有巨蜥剛挖好的地道痕跡。如果她們找到了地道，就會用專用的
挖掘棒將巨蜥從藏身處翻找出來。

在馬圖族女性以火狩獵巨蜥與其他獵物的同時，她們也重建了地景系統，創造出一片有
利於她們活動的地景。若沒有她們，當地的地景將會呈現不同的樣貌。她們的火燒範圍
一般就是她們搜尋獵物的範圍，導致這片土地上的植被以小面積區塊鑲嵌在一起，並且
創造出更高的生物多樣性。馬圖族女性以火焚燒土地，會立即提升狩獵目標物種的數
量。換句話說，他們的傳統火燒管理方式，能有效地促進小型獵物的數量。

澳洲各地原住民族群所採用的傳統狩獵法，皆與馬圖人的火獵（或稱火耕）如出一轍。
來自不同原住民族群的專家運用傳統用火知識，成為專業的「護林員」（ranger）。其
工作內容是融合現代與傳統作法，以促進野生生物棲地的發展。在撰寫這本書的同時，
澳洲有數個地點的原住民護林員政策正難以為繼，原因是這些護林員不容易獲得火險。

塞拉多疏林草原的養分與水分現象

塞拉多疏林草原是位於巴西中部與巴拉圭部分地區的一片廣大區域， 其名稱 Cerrado 源自葡萄牙語，意思是「疏林」。 塞拉多疏林草原的特徵是具有很大比例的常綠闊葉樹， 與生長在世界上其他疏林中樹葉較細的落葉樹形成對比。

在野火頻繁與土壤肥沃度低的環境下，塞拉多疏林草原會是「無樹草原」（campo limpo）的形式，意思是具零星灌木或完全無灌木的草原（在葡萄牙語中，campo一字泛指草原）。隨著野火減少及土壤肥沃度增加，無樹草原植被會轉變成「疏木草原」（campo sujo），即多半為禾草與小型灌木的混合型植被；接著轉變成「疏林草原」（campo cerrado），即具有少數樹木及稀疏灌木叢的草原；接著再轉變成「嚴格定義的塞拉多疏林草原」（cerrado sensu stricto），即濃密的灌木層加上零星的喬木層（overlayer）。最後，在土壤肥沃度最佳與野火頻率最低的情況下，會形成過渡森林（cerradão），即高度適中的茂密森林。（要注意的是，「塞拉多疏林草原」（Cerrado）在此能泛指在大範圍地區內的所有植被類型混合體；而「嚴格定義的塞拉多疏林草原」則是指這些植被類型中的一種特定植被。）如同許多疏林的分類系統，這些塞拉多疏林草原的植被分類，是依據樹木-禾草-灌木混合體中各類群的比例及其環境條件（如野火頻率、養分可得性等）。

塞拉多疏林草原的植被轉變

塞拉多疏林草原的獨特植被。野火的減少與土壤肥沃度的增加，導致植被從草原轉變為樹木零星的疏林，再轉變為茂密的森林。

草原

無樹草原（campo limbo）
草原，其上幾乎或完全沒有灌木或較高的木本植物。

疏林形成

疏木草原（campo sujo）
草原（2–3公尺高），其上有零星灌木。

 野火增加

對樹木組成的影響

2018年，巴西學者馬塞羅・萊昂德羅・布耶諾
（Marcelo Leandro Bueno）與同事們，調查塞拉多
疏林草原上1165個樣區內的3072個樹種。他們在各個
樣區皆記錄了27個氣候與土壤變因，分析哪些是預測
塞拉多疏林草原樹種分布的最重要變因。他們發現樹
種組成能分為三個類群，每個類群的樹種組成都受到
當地環境的強烈控制。第一個類群是能抵禦火燒的森
林（嚴格定義的塞拉多疏林草原以及過渡森林），第
二個類群是在土壤肥沃度高但水分可得性低的環境生
長的乾旱林，第三個類群則是在土壤水分可得性高的
環境中生長的森林。最後的這個類群同時包含常綠與
半落葉林。總結而言，某一特定地點的樹種組成是由
當地的土壤肥沃度、水分可得性與易燃性所控制。

里約熱內盧

● 塞拉多疏林草原

▲ **塞拉多疏林草原地區**
以巴西為中心的塞拉多疏林
草原植被分布圖。

疏林草原（campo cerrado）
稀疏的灌木叢（3–6公尺高），其上有少
數樹木。

**嚴格定義的塞拉多疏林草原（cerrado
sensu stricto）**
林地（5–8公尺高），其上有濃密的灌木
層以及較多的樹木。

樹木茂盛的疏林

過渡森林（cerradão）
茂密的森林類型（8–15公尺高），其樹冠層
通常完全連結無空隙。

土壤肥沃度增加

疏林草原變化的大尺度研究

在地環境條件支配了塞拉多疏林草原的群落組成，這暗示著塞拉多疏林草原具有在其他生態系中不一定會看到的內聚力（cohesion）。這使得研究者更加好奇疏林草原系統在遇到環境變遷時的穩定性。布耶諾與同事們的研究，仔細探討塞拉多疏林草原植群組成在大範圍尺度的變化與控制因素，也示範了廣尺度研究的重要性。

自末次冰河期結束以來，其他生態系（例如北半球的溫帶落葉林）對氣候變遷均有強烈反應，如今同區域的樹種在過去是生長在不同地點，過去生長在相同地點的樹種如今則分布在不同地區。然而，疏林草原卻擁有所謂的群落恆常性（community constancy），整體的物種組成大致保持不變。生態系或許正依據一套規則運作，如果氣候改變，產生「新」氣候，可能又要遵循「新」規則，而導致意想不到的情況。這樣的可能性適用於所有的生物群系，包括疏林草原。

喀拉哈里樣帶（Kalahari Transect）的研究

布耶諾等人分析超過一千個塞拉多疏林草原調查樣區的植群組成以及相關的氣候及土壤變數，以找出決定植被組成的「規則」。長樣帶的研究則能針對單一變數，盡量放大其變化範圍，讓找出的「規則變化」能補足布耶諾等人的研究。國際地圈生物圈計畫（International Geosphere-Biosphere Programme，簡稱IGBP）訂定了一組全球性的「巨型樣帶」（megatransect），以洲域尺度（continental-scale）探索氣候、生物地質化學以及生態系的結構與功能間的關係，而喀拉哈里樣帶（Kalahari Transect，簡稱KT）正是其中之一。KT的焦點變數（focal variable）是雨──該樣帶具有變化急遽的降水梯度，年降水量向北遞增。而且這個樣帶上的地質狀態相當一致，同樣性質的土壤（喀拉哈里砂質土）廣泛分布於研究區域內。

KT的年總降水量變化極大（季間及年間差異都很大），從北部的1000公釐到極西南的低於200公釐，變化範圍廣泛，並且從東到西以及從北到南遞減。雨季始於南半球的夏季，從大約十月一直持續到四月。其餘時間（南半球的冬季）氣候則非常乾燥，幾乎沒有降雨，整個乾季降水量低於10公釐。在類似的土壤質地與海拔高度下，KT就是一個探討降水量影響的超大型「自然實驗」。

喀拉哈里樣帶的植被變化

喀拉哈里樣帶位於南非、波札那（Botswana）、納米比亞（Namibia）與尚比亞（Zambia）。該樣帶具有變化急遽的降水梯度（從尚比亞境內最潮濕的一端到南非境內最乾燥的一端）與季節性氣候，但同時也具有性質一致的砂質土。這是適於研究異質植被的獨特樣帶，研究地區標示於下圖。樹木、禾草與灌木的混合形成了樹林、疏林草原與灌木叢。其生物量的變化，顯示出植被對水分有複雜的反應。

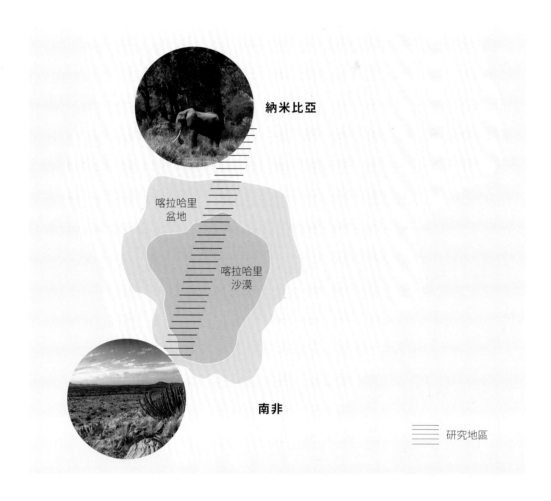

納米比亞

喀拉哈里盆地

喀拉哈里沙漠

南非

研究地區

▼ **喀拉哈里的野生動物**
群織雀（*Philetairus socius*）（下圖）會構築共用的鳥巢（左下圖）。注意這片疏林草原內等距分布的樹木。

▲ 喀拉哈里的暴雨

喀拉哈里樣帶在乾季幾乎無
降雨,降水集中在濕季的大
雷雨。該樣帶內,不同地點
會隨著濕季長短而有不同的
降水量。

非洲的疏林草原

在2005年《自然》(Nature)期刊的一篇文章中,馬赫許・桑卡蘭(Mahesh Sankaran)與其他30位疏林草原生態學家探討非洲疏林草原樹木覆蓋的控制因子。值得注意的是,他們的關注焦點不同於布耶諾等人的塞拉多疏林草原研究(見第255頁)——布耶諾等人觀察的是物種組成,而非木本覆蓋。桑卡蘭等人的研究尺度也不同,涵蓋範圍是塞拉多疏林草原研究的六倍。

桑卡蘭與同事收集非洲的854個樣區資料,發現在年降水量516公釐以上的地區,其木本覆蓋似乎被限制在大約80%。在結合該資料與其他的環境變因後(包括野火的平均間隔時間、每單位面積的草食獸生物量、土壤中的黏土比例、植物的潛在可用氮,以及土壤中的磷含量),他們將非洲疏林草原分為三類。首先是平均年降水量低於516公釐的穩定疏林草原(stable savanna)。這類疏林草原因為低降水量而限制了樹木的生長,但禾草可以持續生存。降水量的年間差異可能會使樹木與禾草的覆蓋比率隨時間變化,但樹木與禾草總是會混合存在。另外一類是年降水量高於788公釐的不穩定疏林草原(unstable savanna)。這裡的樹木會排擠禾草,即使有干擾事件(野火、樹葉啃食等),禾草也無法持續生存。干擾強度如果降低,則會使該疏林轉變為森林。第三類是穩定與不穩定疏林草原之間的過渡帶,其特徵是平均年降水量為561-788公釐。在此一過渡帶中,過去氣候與干擾的歷史有可能對植群組成產生強大的影響。

研究人員發現在上述的所有疏林草原類型,年降水量都是影響力極大的決定因子。對牧牛業以及觀賞野生動物的生態旅遊業,這個研究顯示管理不穩定疏林草原(年降水量>788公釐)相當困難。如果管理失敗,會形成由樹木主宰的森林,使禾草無法生存,進而導致牛隻生產下降、草食獸與明星動物不易生存。

木本植物增生的問題

類似上述研究結果的狀況，正發生在全世界的熱帶與亞熱帶地區。木本植物（灌木與樹木）正逐漸排擠之前在疏林中順利生存的禾草。強度較低但較規律的野火一般會促進禾草生長，也會減少超大型野火的發生機率，降低人類性命的潛在風險。這些較小、較頻繁、「較冷靜」的野火，例如先前所述的馬圖人所施放的傳統人為野火（見第253頁），對生活在疏林的人類與動物都比較安全。好的疏林草原管理就是促進禾草的生長，以增加牲畜或野生草食獸，例如非洲水牛（*Syncerus caffer*）、牛羚（*wildebeest*）或白犀牛（*Ceratotherium simum*）等。

人為效應

人類燃燒化石燃料已提升全世界大氣二氧化碳濃度，十八世紀末開始工業革命時大約是285ppm，一路增加到今日的416ppm，而且沒有停止的跡象。疏林草原在約八百萬年前迅速擴張，一個可能原因就是當時大氣二氧化碳的濃度低，導致熱帶與亞熱帶的C4植物能夠比生產力較低的C3植物更具優勢（見第243頁）。目前由人類所致的二氧化碳增加，是否也會產生類似但方向相反的效應呢？大氣二氧化碳的濃度增加會提升C3木本植物的用水效率（每單位蒸發量會產生更多的光合作用），同時也會抵銷C4禾草的優勢（二氧化碳濃度較低時會進行更多的光合作用），這兩種效應勢必會共同改變疏林草原的組成與分布。目前劃分穩定與不穩定疏林草原的降水量數字，預計未來也會有所改變。

▼ **以樹木為主的疏林草原**

一般而言，降雨較多、野火較少會導致疏林草原的樹木佔有更大的優勢。長頸鹿特別能適應此轉變，因為牠們能吃到樹冠層的葉子。

交織的地景：虎紋灌木叢與樹叢

在第二章中，我們介紹過「冷杉波」的現象，這是一種樹木因強風所造成的孔隙替代，進而在地景上形成的波浪或條紋（見第 72-73 頁）。類似的現象也出現在疏林草原。

老虎的條紋

「虎紋灌木叢」（tiger bush）是一種自然發生的現象，由小型樹木與灌木形成的交替條紋與空隙所構成，出現於澳洲、墨西哥等地的疏林草原中。這種現象在地面無法察覺，但能從飛機或衛星俯瞰時發現，樣子就像是維多利亞時代狩獵小屋中的虎皮地毯，只是大小有數平方公里。此現象發生在最乾燥的疏林草原氣候（年降水量300-650公釐），而且是廣大、平坦但稍微傾斜、黏土含量相對較高的地面上。黏土使土壤的不易透水，以致濕季陣雨的降水容易在地表上流動。

▼ 間距過大的植被
在喀拉哈里地區，不論是禾草或樹木都保持適當距離。表示植物平均間距大於隨機分布的間距，均勻分布。

在此一現象中，每一條虎紋都是自然形成的集水系統。裸地的土壤孔隙在降雨時被雨水壓縮，變乾後則被黏土填滿。雨水降落在相對難以滲透的裸地後，會往低處流動，並進入到其中一條虎紋中。在地勢較高處生長的植物會增加土壤的滲透性，吸收較多的水分，也使植物更容易生長。位於高處邊緣的樹木與灌木有最先獲得雨水的機會，

雨水愈往條紋帶的低處流動，水量就會變得愈少。在較低處的邊緣，水量會減少到樹木與其他植物可能死亡的地步。在這道邊緣線之後的地區因此會轉變為裸露土壤帶，並重新啟動集水過程，將雨水導向下一個低處的條紋帶。

喀拉哈里樣帶的叢聚現象（clumping）

疏林草原的一個整體特徵就是樹木與禾草的空間分布並非隨機，虎紋灌木叢只是其中的一個極端個案。從尚比亞首都芒古（Mongu）的潮濕北端（樹冠覆蓋了65%的地表），到南非瓦斯特拉普（Vastrap）的乾燥南端（4%的樹木覆蓋），KT的疏林草原樹木普遍具有叢聚現象。這背後的意義是，在這一段長達1492公里的距離內，樹苗發展的機會隨著當地樹木密度變高而增加，而死亡率則會隨著樹木周邊的空曠度而增加。這個現象可能是由多種現地作用力形成，然而在喀拉哈里地區，水的可得性似乎是最有可能的驅動因子。

▲ **虎紋灌木叢**
在微有坡度的地表，豪雨帶來的雨水會被帶狀的小型樹木與灌木叢吸收並往低處流動，進而形成自我組織的條紋狀植被。

▲ **公園地（parkland）**
間距寬廣的樹木，位於納米比亞的公園地疏林（parkland savanna）。公園地疏林中的樹木通常會展現出規律的幾何配置；此一現象與土地面積、降水量以及樹冠面積的比率有關。

公園地疏林

公園地疏林的特徵是在一致的草原基質（matrix）上具有間距相對寬廣的樹叢。這些樹叢的大小可能十分多樣，有時只有一棵樹，但是它們在同一地點的大小通常都很規律。同一地點的樹叢間距一般也很規律，不過不同地點間會有所變化。這類地景樣貌看起來似乎太「整齊」了，不像是自然形成的結果，因此才有「公園地」之稱，給人的整體印象是經由管理而創造出來的一片廣大園地。

就樹木叢聚生理機制的生態模型，衍生出一個有趣的問題：「樹苗在這類地景的何處會生長得最好？」在乾燥的氣候條件中，答案可能是樹蔭下，因為樹蔭會減少因直接日照的水分大量流失。而這點也會促使樹木更加叢聚。然而，如果氣候條件夠潮濕，那麼樹苗可能較適合在開放空間中生長，因為高日照會促進光合作用，而水分可得性高也會解決酷熱的問題，形成樹木彼此間距寬廣的疏林草原。這意味著發生重大擾動（例如破壞力極強的火災）後，即使氣候、土壤等環境狀況類似，疏林草原的恢復狀況還是會因連續多年的乾旱或潮濕天氣而有所不同。

白蟻丘

在熱帶與亞熱帶的疏林草原生態系中，另一個造成樹木叢聚的原因是白蟻。白蟻是該生物群系動物相的主要成員。在陸生動物的總生物量中，白蟻的佔比驚人地高（約13.6%），而全球牲畜的佔比約為21.7%，人類則是約16.3%。除了南極洲外，其他大陸都有白蟻的蹤跡。牠們集體地生活在白蟻丘中，某些白蟻丘的存在時間甚至超過一千年。疏林草原生態系中的白蟻會鬆土與加快土壤內的養份分解速度，使植物更容易取得所需的養分。

某些白蟻物種能夠建構十分巨大的白蟻丘，集中養分、抬高土壤，在疏林草原內成為肥沃的小島。有幾種草食獸會特別偏好這些白蟻丘上營養豐富的草料，包括生活於非洲東南部的黑馬羚（*Hippotragus niger*）。掠食者也會把高大的白蟻丘當作是搜尋獵物的瞭望台。

▼ **肥沃的小島**
位於澳洲昆士蘭李治菲特（Litchfield）的白蟻丘。被白蟻進食的植物組織，其纖維素會被白蟻腸道內共生的微生物消化，在白蟻丘內留下高濃度的植物養分。

人類的改變

人類一直都是維持與改變疏林草原系統的重要推手。 八百萬年前人類還沒有出現在地球上， 因此全球疏林草原的暴增並非由我們所造成。 然而， 我們在疏林草原內積極施放野火已有數千年的歷史。

人類在史前時代就會利用火來創造與維持疏林草原——如同澳洲西部的馬圖人（見第253頁）。然而，早在我們駕馭火之前，疏林草原就已經歷過火燒，數百萬年前的海洋沉積物內就有木炭。確實，在大約八百萬年前的海洋沉積物中，木炭的含量明顯增加，而且當時世界各地的C3樹木與C4禾草數量皆大幅提升。這讓我們推測，野火能使C4禾草比樹木更具優勢，進而「創造出」疏林草原這種生物群系。

要探討人類過去對疏林草原所扮演的角色並不容易，因為疏林草原正持續動態改變，很難釐清單一變因。也因此，在疏林草原所進行的少數操作實驗及長樣帶研究十分寶貴。野火頻率與強度、土壤狀態、天氣、氣候狀況等因素，皆能改變疏林草原的物種組成與生產力——馬圖人可能會覺得這聽起來很熟悉。

簡單來說，疏林草原是樹木與禾草的混合，如果沒有野火，該地可能會變成森林。人類對禾草與樹木之間的緊張關係，能產生意想不到的劇烈效應。大量的理論以及田野觀

▶ **放牧中的牛群**
放牧中的博蘭牛（Boran），一個非洲瘤牛（African Zebu）品種。隨著五千年前到一千五百年前班圖人（Bantu）在非洲的大幅擴張，非洲的牛群以及放牧業也隨之擴張。

察指出，在禾草與樹木可能形成的一系列混合體中，會有多種穩定狀態。舉例來說，草原可能會發生野火而阻礙樹苗的生長，作為燃料來源的禾草則會導致野火頻繁發生，而形成「燃燒再燃燒」的循環：野火會產生更多的禾草，更多的禾草又會產生更多的野火——這會形成穩定狀態A。一個變化（例如連續數年沒有野火）就能讓樹木打破這個循環，使樹苗開始建立，形成較少發生野火的樹林。野火頻率降低會促進森林的生成，進而導致禾草變少，而禾草變少又會造成野火變少，導致更多樹木生長而形成穩定狀態B。如果土地經營發生了錯誤，從一種穩定狀態轉變到另一種穩定狀態，要逆轉回來可能會十分困難。疏林草原的經營者常常有一個評論：「北半球」的管理方法在疏林草原不見得有用。這可能是因為疏林草原管理疏失相對不可逆，加上補救措施常常超過預算限制。在比較潮濕的氣候下，疏林草原通常會與樹林接壤；比較乾燥的氣候下，疏林草原則通常會與灌木叢及沙漠接壤。由於影響的因子很多，在整個疏林草原變化梯度上很有可能出現多種穩定狀態。

▲ **放牧**
一個馬賽族（Maasai）的女孩正在坦尚尼亞的恩哥羅恩戈羅國家公園（Ngorongoro National Park）放牧山羊群。Ngorongoro在馬賽語中意思是「牛鈴」，該字是牛鈴聲的擬聲詞。

疏林草原的人為影響

人類的行動會影響自然作用力並相互作用，進而改變疏林草原結構。

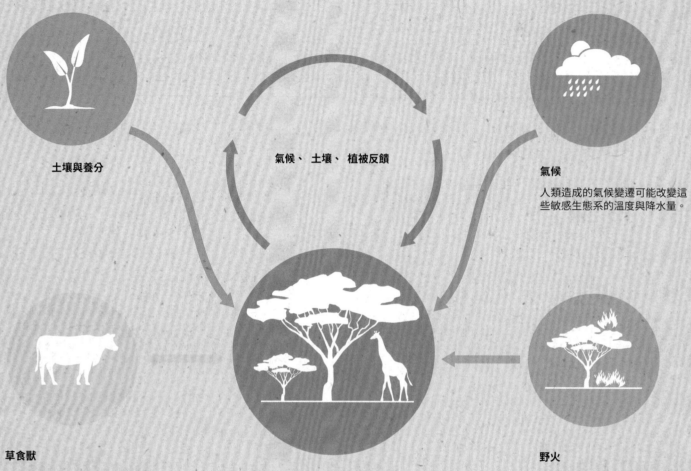

氣候、土壤、植被反饋

土壤與養分

氣候

人類造成的氣候變遷可能改變這些敏感生態系的溫度與降水量。

草食獸

人類會控制牛、綿羊與山羊的放牧數量及放牧地點。在非洲的許多部落，傳統的「牛群等同財富」系統正逐漸被取代，改為利用本土野生動物來經營觀光事業。

疏林草原結構

人類的行動會控制植被結構，包括砍伐疏林草原的樹木做成木炭，以及採收美觀的木材製作觀光商品。這些活動事實上已導致某些樹種的滅絕。

野火

人類會藉由提升野火頻率改變疏林草原植被，以達到他們想要的目標，包括維持禾草的發展、阻礙樹木與灌木的再生，以及促進較嫩新葉的生長以供應給草食獸。

掠食動物

人為效應

人為效應主要會透過野火的變化來運作。野火會改變植被、對植被結構產生直接作用，以及改變大型草食獸的植食效應，同時促進較嫩新葉的生長以供應給草食獸。

當前的挑戰

疏林草原當前在經營管理所面臨的挑戰為何？本章一開始的疏林草原生態系主要作用力圖表，並未將人類涵蓋在內（見第249頁）。左邊是同一個圖表，但加入了人類。人類的影響一般會大於其他影響因子。事實上，由於這個相對「年輕的」疏林草原生態系受人類影響的程度很大，以致其面貌已變得完全不同。

凌駕於這所有作用力之上的是人類的大規模改變，從露天開礦（這對疏林草原的破壞力極強），到全球氣候變遷（可能會改變溫度與降水量），皆包含在內。

▼ **疏林草原的日落**
隨著人類利用逐漸增加，不論對疏林草原的物種或整個地球而言，如何強化決心與知識來永續經營疏林草原是一大挑戰。我們必須要阻止太陽在疏林草原沉落。

9

第九章　溫帶林

Temperate Forests

溫帶林的定義與地點為何？

溫帶與熱帶氣候的差別在溫帶有季節性的霜凍， 不過冬季並不像寒帶氣候那麼長或那麼嚴峻。 在這個氣候帶中的溫帶森林涵蓋了相當多樣的生態系， 從潮濕地區的茂密高大森林， 到較乾燥地區的開放式林地與疏林， 及從落葉闊葉林， 到闊葉樹或針葉樹佔優勢的常綠森林與常綠落葉混合林， 都包含在內。

世界各地的溫帶森林

溫帶森林在北半球覆蓋了廣大地區，這些地區的生長季皆具有充裕的降水。而溫帶森林在南半球的分布則較受侷限，因為南半球的溫帶緯度區較少陸地，加上大面積的海洋對氣候產生了緩衝作用。

● 溫帶闊葉與混合林

● 溫帶針葉林

森林結構與樹葉類型的變化與環境條件有關。就溫帶落葉林（生長季會持續4-9個月，且夏季降水量充裕），其範圍內主要的環境梯度包括：（1）在夏季降水量充裕的地區，愈接近赤道，冬季長度愈短與嚴峻程度愈低，常綠闊葉樹就會隨之增加；（2）當夏季降水量減少時，鬱閉的溫帶落葉林會逐漸轉變為開放式林地與疏林（林火與植食動物是決定其地點的重要因子）；以及（3）在降水量低且多為冬雨而非夏雨的溫暖地區，溫帶落葉林會轉變為硬葉林與灌木叢（見第148-153頁）。

溫帶針葉林

前述的溫帶落葉林是分布最廣泛的溫帶森林。相形之下，溫帶針葉林的分布就無法簡單歸納。針葉樹常常出現在溫帶落葉林的範圍內，從潮濕到乾燥、從溫暖到寒冷的環境都可以有針葉樹（見第272頁）。這些針葉林地的一個共同點就是它們具有酸性且營養貧瘠的土壤，而且通常很容易發生林火；然而，也有針葉樹生長於pH值較高的土壤上，例如某些杜松（juniper）物種與北美香柏（Thuja occidentalis）。溫帶針葉林也存在於落葉林之外的地區，包括遍布於北美洲西部山脈的針葉林（見第292-295頁），這一系列複雜且多樣的針葉林從低海拔的半乾旱林地，一路變化到高海拔的濕冷亞高山森林。當北美洲的太平洋西北地區（Pacific Northwest）出現超高的降水量時，就會形成溫帶針葉雨林（見第292-295頁）。

▲ **溫帶落葉林**
溫帶落葉樹在冬季會掉光樹葉，在春季則會迅速長出茂盛的新葉，而到了秋季那些樹葉又會開始脫落。

地形的影響

地形會創造出普遍存在於溫帶林中的環境梯度與空間異質性。降雨和雲量會隨著海拔高度而增加，溫度則會隨之減少。南面坡（在此與之後提到的南面坡都是針對北半球而言，南半球則是將「南面」與「北面」互換即可）的太陽輻射量最大，北面坡最小。西南面坡在一天中最溫暖的時間面對著太陽，因此最溫暖；東北面坡則情況相反，因此最涼爽。除了海拔高度本身的影響外，由於水氣會從山坡上部與山脊流動到較低的山谷，因此會形成劇烈的溼度梯度。這些地形變化也會促使不同種類的天然干擾發生，包括易發野火的乾燥地區、易發洪水沖刷的山谷、易發洪水氾濫的低窪地區，以及易發土石崩瀉的高海拔陡坡。這些因素共同造成的溫帶林，其實並不是一個同質的實體，而是從小地方到區域尺度都會發生組成與結構上的變化。

美國植物生態學家羅伯特・惠特克（Robert Whittaker，1920-1980年）運用兩種影響力最強的地形梯度來敘述植被分布並且廣為接受。這些「惠特克圖表」（Whittaker diagram）以y軸代表海拔高度，並以x軸代表水分供給。這樣的惠特克圖表被應用在各式各樣的森林，包括美國北卡羅萊納州與田納西州的大煙山脈（惠特克進行博士論文研究的地點），以及洛磯山脈（其學生羅伯特・皮特〔Robert Peet〕的研究地，見第292頁）。這些圖表有效地將森林現象概念化，但它們省略了地質、土壤與干擾的變化——儘管這些因子有時也與海拔高度以及水分供給有關。本章重點將放在北半球的溫帶落葉林以及北美洲西部的多樣針葉林。

▼ **大煙山脈**
大煙山脈以其生物多樣性聞名。其森林生態系會沿著複雜的地形梯度改變。地形梯度對溫度、降水與土壤水分供給都會產生影響。

南半球的溫帶林

南半球較大的海洋與陸地面積比，意味著南半球的冬季比北半球較為溫和，夏季較涼爽，以致溫帶林大多為常綠闊葉林，只有少數落葉林。溫帶雨林存在於南半球陸地板塊的西部海岸線上（見第168-169頁）。南半球有一些特有的生物屬，例如南青岡屬（包括落葉樹與常綠樹），以及羅漢松科與南洋杉科底下獨特的裸子植物屬等。這些廣布於南半球的特殊植物，是南半球各大陸過去曾經共同屬於岡瓦那大陸（Gondwana）的證據；岡瓦那大陸未與北半球大陸連接，因而南半球演化出一些特殊的生物類群。

▲ **阿根廷**

火地島國家公園（Tierra del Fuego National Park）內的一片魔幻森林，位於阿根廷巴塔哥尼亞（Patagonia）附近的比格爾海峽（Beagle Channel）。

南青岡森林

南山毛櫸（南青岡屬）包含約40個物種，其樹葉形態展
現出驚人的多樣性，包括常綠與落葉物種、各種不同的樹
葉大小，以及平滑與鋸齒葉緣。南山毛櫸在過去曾被認為
與北山毛櫸（山毛櫸屬，又稱水青岡屬，北美洲與歐亞大
陸溫帶地區的重要樹木）隸屬於同一科，但如今它們被放
在另一個不同（但有親緣關係）的類群，也就是南青岡
科。它們現今只存在於南半球，包括紐西蘭、澳大拉西亞
與南美洲（圖中是阿根廷冰川國家公園〔Los Glaciares
National Park〕中的南青岡屬樹種）。其目前的分布大
多反映出它們的演化歷史：該類群在南半球各大陸仍屬於
岡瓦那大陸時開始演化，之後因為岡瓦那大陸分裂、大陸
漂移而分散開來。然而，近來研究顯示，在其整體分布範
圍的少數亞區（subregion）內，某些演化譜系有長程傳
播的證據。根據國際植物園保育協會（Botanic Gardens
Conservation International）的近期估計，30%的南青
岡屬物種正面臨滅絕威脅。

溫帶落葉林

溫帶落葉林存在於三個重要的核心地區內：東亞、歐洲北部與北美洲東部。這些相隔甚遠的地區在氣候上具有關鍵的相似點：溫暖的夏季、寒冷的冬季，以及降水量大多在生長季。夏雨比冬雨重要，這點能從北美洲東部與東亞之間的對比中看出。這兩個地區的落葉林在各方面都很類似，兩者在生長季都有豐沛的降雨，但東亞屬於季風型氣候，冬雨較少夏雨較多。

美洲栗的滅亡

「栗疫菌」（*Cryphonectria parasitica*）是一種會導致栗枝枯萎的真菌，而這種真菌已消滅了北美洲東部森林的優勢樹種「美洲栗」（*Castanea dentata*）——下圖是美洲栗的果實。此一樹種經歷功能性滅絕（functional extinction）的故事廣為人知，而造成其滅絕的原因就是因為二十世紀初栗疫菌從東亞意外引進北美。目前，科學家們正努力運用育種

與分子生物技術，以期能將此一具有重要生態意義的優勢物種重新在野外建立。目睹美洲栗消逝的這片土地如今正在見證更多波的死亡事件，肇因包括攻擊冷杉的冷杉球蚜（*Adelges piceae*）、侵襲鐵杉與雲杉的鐵杉球蚜（*Adelges tsugae*）、蛀食梣樹的光蠟瘦吉丁蟲（*Agrilus planipennis*），以及其他具侵略性的害蟲。

共同的植物屬

溫帶落葉林的三個核心地區，皆傳承自過去曾全球廣泛分布的溫帶落葉林；此一生態系源自大約六千六百萬年前的第三紀（Tertiary）。由於現代的森林皆一脈相承，因此這三個溫帶落葉林核心地區具有許多共同的樹木屬，包括楓屬（楓樹）、櫟屬（橡樹）、山毛櫸屬（山毛櫸）、栗屬（栗樹）、樺木屬（樺樹）、梣屬（梣樹）以及榆屬（榆樹）。這三個核心地區已分隔夠久的時間，以致每一個大陸在這些屬中都有自己的一系列物種。雖然這些共同的屬在分隔的狀態下已存在了數百萬年，但有許多屬都展現出驚人的棲位保守性（niche conservatism）。它們在各個核心地區內佔據了類似的環境，且其物種組成有類似的地理梯度，例如在較涼爽的環境中山毛櫸與楓樹的數量會增加，而在較溫暖乾旱的環境中橡樹的數量會增加。

這三個落葉林核心地區有相同的氣候與植物屬，這對環境產生一個重大影響：人類活動所促成的森林害蟲與疾病擴散，在新的環境中有可能會形成毀滅性的破壞。溫帶落葉林有許多這類的例子，包括眾所周知的栗疫菌事件（見方框）——這種真菌源自中國，對歐洲與北美洲的栗樹造成了嚴重的影響。

◀ **日本的楓樹**
溫帶落葉林核心地區（東亞、歐洲北部與北美洲東部）具有許多共同的樹木屬——這三個地區都有楓樹。

▲ 落羽杉

落羽杉 (*Taxodium distichum*) 是北美洲東南部窪地沼澤 (bottomland swamp) 的優勢落葉針葉樹種。腫脹的樹幹基部與直生的根部構造 (「膝狀根」〔cypress knee〕) 是其特色。根據推測,這些膝狀根的作用是提供機械支撐、幫助樹根透氣、儲存碳以及循環養分,不過這些說法尚未獲得證實。

過渡轉變

在這三個落葉林核心地區內,愈是向南移動,常綠闊葉樹種的數量就愈多。這樣的現象在東南亞更是顯著:當地的常綠闊葉林 (又稱桂樹森林,見第154-155頁) 佔據了一大片廣闊的區域,並形成了與亞熱帶森林之間的過渡帶。在北美洲與歐洲,地理環境導致這類趨向亞熱帶的過渡轉變較不明顯。北美洲東部的落葉林緊鄰著一片寬廣的沿海平原,其營養貧瘠的砂質土壤上的原生樹木是依賴野火的長葉松疏林草原與松樹-硬木混合林;該落葉林的南部則是沒有植被的墨西哥灣。落葉樹與常綠闊葉樹的混合林 (例如生長在營養較豐富的土壤上的山毛櫸-木蘭森林以及海岸常綠橡樹林) 也存在於北美洲,但不會形成連續的植被帶。在歐洲,落葉林南邊的過渡帶,其轉變特點是從松樹與橡樹林地,改為冬季降雨的地中海型硬葉林與灌木叢,以及地中海。

在北美洲與亞洲向西移動,以及在歐洲向東移動,逐漸增加的大陸性氣候與逐漸減少的降水量會導致溫帶落葉林轉變為稀疏的樹林、疏林草原,以及最終的中大陸草原 (mid-continent grassland),而植食動物與野火則會決定森林-草原分界的準確位置。大陸性乾旱氣候造成北美的高草原與大平原 (Great Plains) 以及歐亞大陸的乾草原,其影響力幾乎延伸到與北京同緯度的渤海,並且將中國東部的潮濕落葉林分隔成北半部與南半部。

針葉樹

在溫帶落葉林內，各處都有針葉樹存在於各式各樣的環境中，甚至有時會是優勢樹種。這些環境包括較涼爽、較北與較高海拔的地方（轉變為北寒林與亞高山針葉林），較溫暖、較乾燥與較容易發生野火的地方（中海拔山脊的松樹林以及歐洲地中海氣候邊緣的松樹-橡樹林），砂質、酸性且營養貧瘠的土壤（局部分布的冰河砂堆，在北美洲被稱為松林泥炭地），濕地（酸沼與樹沼），以及干擾後的演替初期階段。落羽杉是一種落葉針葉樹，在北美洲東南部沿海平原的死水沼澤（backwater swamp）佔有優勢。這裡的沿海平原庇護著北美洲東部最老的樹木，樹齡約高於2500歲。該沿海平原不僅孕育了獨特且依賴野火的長葉松（*Pinus palustris*）森林，同時也是生物多樣性熱點（biodiversity hotspot）。

▼ **長葉松**
北美洲東南部的沿海平原曾一度被廣闊的長葉松林所佔據。野火使沿海平原維持類似公園的開放式結構，稱為疏林草原。此生態系是重要的生物多樣性熱點。

隨季節而改變

落葉特性並非樹木在面對非生長季的被動反應，而是一種長期的演化策略。 由樹木主導的落葉過程需藉由偵測與運用環境線索，以預測有利與不利條件的季節節奏。 在樹葉脫落與木栓層（離層〔abscission layer〕）形成前， 部分的養分會由樹木再吸收。 樹葉脫落與木栓層形成都會封閉葉基部的莖， 造成樹葉與莖的物理連結變弱， 最後產生葉落。

▶ **秋天的森林**
加拿大安大略的落葉林所形成的秋色拼貼畫。

秋色

老化的樹葉在任何環境中都能展現色彩（例如在北寒林中呈帶狀分布的黃色顫楊無性系），不過溫帶落葉林尤以其色彩的鮮豔度與多樣性聞名。在樹木物種多樣性高的地方，色彩可能會有大幅的變化——從淡黃色、橘色、較淺與較深的紅色，再到紫色。如同落葉特性，秋季的樹葉顏色也不是即將進入冬季時的被動反應，而是一種主動且自我導向的過程。我們看到樹葉呈現綠色，是因為葉綠素反射了大部分綠色波長的光。不過還有另外兩個重要的色素類別與樹葉在秋季的顏色轉變有關。

第一類色素含有類胡蘿蔔素與葉黃素，普遍而言會呈現黃色。這些色素在春季新葉生長時就已存在，但直到秋季來臨前都被反射出綠光的葉綠素所掩蓋。葉綠素持續不停地由樹葉分解與再生。到了秋季，葉綠素的再生速度會落後其退化速度，以致早已存在的黃色色素顯露出來。

▶ **秋天的落葉**
樹種在秋季會創造出不同的色譜。黃色色素從一開始就存在於大多數的樹葉中，只是在秋季來臨前都被綠色色素所掩蓋。而紅色色素就不一樣了，並非所有樹種都會在新葉內產生紅色色素，但到了秋季，當糖分會被困在變老的樹葉裡時，紅色色素就會迅速發展形成。

第二類色素是會形成多種紅色與紫色色度的花青素。這類色素是光合作用的副產品，形成於秋季。隨著夜晚逐漸變冷，某些經光合作用產生的糖類會被轉移到液胞（vacuole）內，並轉化為花青素。在個別樹葉中，此一過程發生得相當迅速，甚至在數小時到數天內完成。

由此可知，樹葉在秋天顯現的黃色為何通常年年維持不變：因為這類色素從一開始就一直存在於細胞的光合作用機制中。相形之下，紅色則必須仰賴光合作用產生糖分，因此會基於環境變異性（environmental variability）而較容易每年都不一樣。形成紅色的花青素會有年間變化、秋季期間的變化、日曬葉及陰蔽葉間的變化，以及從潮溼到乾燥處的變化。

奠定色彩基礎的基因

並非所有的樹種都會產生鮮豔的顏色，有些甚至不太會產生顏色，因此顏色的變化想必是建立在某種遺傳基礎上。某些樹種到了秋季樹葉總是呈現黃色，例如鵝掌楸屬的鬱金香樹。其他樹種則以深紅色樹葉著稱，包括藍果樹屬的紫樹或藍果樹，不過當這些樹生長在陰暗的環境，導致糖分生產量較低時，樹葉可能主要會呈現黃色。某些樹種有辦法混合黃色與紅色，例如形成橘色樹葉的糖楓（Acer saccharum）。其他樹種則能在單一樹木上形成淡黃色到深紫紅色之間的色度，例如楓香屬的美國楓香。秋天的樹葉顏色有演化意義嗎？這個問題的答案仍有待商榷，但有些科學家認為這些色素具有遮光作用，有助於防止細胞在樹葉老化到脫落期間的代謝過程受到陽光損害。

▲ **色彩豐富的森林**
樺樹、顫楊的鮮黃與楓樹的豔橘提亮了整片地景，與針葉樹的蒼綠形成強烈對比。

▲ **較早開花的植物**
木海葵（Wood Anemone）
在春季萌發，在夏初凋零。

▶ **熊蔥（ramp）**
熊蔥在春初長出葉子，在夏初開花。

春季短命植物（spring ephemeral）
與反向植物（backwards plant）

落葉特性會帶動另一個同樣驚人的溫帶落葉林演化故事：溫帶落葉林的冠層落葉會啟動林床野花的季節性生長節奏。當冠層樹木的葉子掉光時，陽光就能照射到地面上。隨著氣溫在春天變暖，充裕的陽光帶來了生長機會。儘管霜凍的風險仍然存在，但樹冠層比林床更容易受到較嚴重的霜害。林床在白天受到陽光照射而變得溫暖，加上大量的潮濕土壤會發揮屏障作用，維持住林床的溫度。因此，林床植物能比上方的冠層樹木率先長出葉子。這種較早轉綠的現象仰賴的資源不只有陽光，因此會在土壤潮濕且富含養分的環境中最為顯著。

真正的「春季短命植物」具有相當極端的生長策略。這類野花會在春初陽光最強的4-6週內，完成它們在地面上的整個生命週期，之後便不復存在——儘管悠長的濕暖夏季即將到來。在少數情況中，長葉與開花並不會同時進行。北美熊蔥（*Allium tricoccum*，一種野生的洋蔥）就是其中一例。熊蔥會在春季長出壽命短暫的繁茂嫩葉（煮湯和製作沙拉的好食材），接著在一或兩個月後葉子全無時開花。

「反向植物」的生長策略又更極端。北美洲與亞洲落葉林中的筒距蘭屬（*Tipularia*）與臙根蘭屬（*Aplectrum*）蘭花會在秋季長出葉子，接著它們的葉子會在春季冠層樹木長葉的期間枯萎，與上方樹葉錯開生長季的生長模式。這兩種蘭花就和熊蔥一樣，會在葉子枯萎後數週內在無葉的梗上開花。這些物種在較溫暖的晚春開花，或許是要利用那時較為多元可靠的授粉昆蟲群。不過，並非所有生長在落葉林中的野花都是短命或反向植物。也有一些物種會在春季萌芽與開花，接著在夏季的多陰環境中持續生存。

▲ **反向生長**
鶴蠅蘭（*Cranefly Orchid*）的葉子在秋季萌發，在春季衰老。

研究自然曆

溫帶地區冬夏季與乾濕季間的環境變化非常劇烈。 這決定了該地的生長季， 也與生態系的能量流動（energy flow）與碳吸存（carbon sequestration）息息相關。 季節性有重要的生態意義， 因為特定的種間關係， 不論是對立（例如毛蟲在植物長葉後湧現）還是合作（例如植物在開花時有授粉媒介）， 都仰賴不同物種的季節配合。

▼ **早春之花**
在春初的落葉林，林床會在樹木長出葉子前變暖，而且有較多的光照。如果水分與養分充足，就會形成春天野花遍布的壯觀畫面。

自然曆

物種的季節反應就是為適應環境所做的改變。舉例來說，不論是樹木還是候鳥，各種生物皆已演化成能夠收集資訊、衡量環境線索，以及預測（實質為風險評估）何時該做出何種反應。某些線索（例如光照長度，或是對候鳥很重要的磁場）會依緯度而固定不變，光週期（photoperiod）也是如此。光週期的地理差異每年都不會改變，生物對光週期的反應時間點也每年完全相同。其他環境線索（特別是天氣）雖然也提供了重要的資訊，但是會逐年變化。

生物事件發生時機的研究，正式名稱為物候學（phenology），不過也可以把這門學問想成是自然曆的研究。在溫帶林中，花的綻放、候鳥的歸返、昆蟲與冬眠動物的出現、促使繁茂新葉生長的萌芽，以及樹葉的變色與脫落——這些全都是生物事件的例子，也是物候學的研究主題。

氣候變遷

氣候變遷如今為物候學研究帶來直接衝擊。在光照時間這線索不變的情況下，暖化氣候及其氣溫與降水時機的改變，是否會影響生物的反應？這些生物是否有足夠的遺傳或表型變異來就地調適？它們是否必須要遷徙，以跟上其物候能配合的環境？互動的物種間是否會出現物候無法配合，導致花缺乏授粉動物，或是鳥類在孵蛋時因為無蟲可捉而繁殖失敗？物候反應的最佳氣候預測指標又是什麼？

生態學家正在解答這些問題，而他們所用的數據資料可分成三類：實際觀測與歷史記錄（包括書面記錄、標註日期的照片及博物館標本）、結合天氣資料的物候觀察網絡，以及衛星與飛機的生態系遙感探測。

研究正逐漸揭露生物物候是如何變化。其中一個溫帶落葉林的例子借助了美國博物學家梭羅在其家鄉（麻薩諸塞州的康科德鎮〔Concord〕）的詳細物候記錄。2012年，植物生態學家理查‧普里馬克（Richard Primack）與其同事的研究指出，梭羅在1850年代觀察的植物中，有43種在2004-2010年提早其春季開花日期，在當中最溫暖的2010年，開花日期甚至比梭羅的觀察提前了三週。梭羅也在他最愛的瓦爾登湖畔（Walden Pond）記錄了1846-1860年的「破冰」（指湖冰的破裂）日期。康科德鎮的志工在記錄了最近數十年來的破冰日期後，發現2009年的發生時間比梭羅的記錄提前了兩週。

▼ **春日甦醒**

動物的活動也充滿著季節性，包括昆蟲的湧現與哺乳類結束冬眠後甦醒。

北半球溫帶落葉林的多樣性

從十六到十九世紀，歐洲人的航海大探索帶回數千個動植物標本。 而在 1700 年代，瑞典植物學家卡爾·林奈（Carl Linnaeus， 1707-1778 年， 現代分類學之父）注意到一件不尋常的事， 那就是來自北美洲東部與遠東的植物， 竟具有驚人的相似度。

斷續分布的屬

五個北半球溫帶林中心蘊含的植物屬皆源自曾廣泛分布的同一植物相。這五個中心從左到右分別為太平洋西北地區、北美洲東部、歐洲、中東以及東亞。某些屬（例如楓屬）存在於所有的中心內。

- 溫帶林
- 鐵杉屬（鐵杉）
- 楓屬（楓樹）
- 金縷梅屬（金縷梅）
- 山毛櫸屬（山毛櫸）
- 鵝掌楸屬（鬱金香樹）

格雷的難題（Gray's puzzle）

隨著標本愈來愈多，我們記錄到許多只分布在東亞與北美洲東部的野生植物，如今有85個高等植物的屬，包括木蘭屬、鵝掌楸屬、檫木屬、藍果樹屬、山核桃屬（山核桃樹）、梓屬、香槐屬（香槐）、紫藤屬、富貴草屬與銀鐘花屬（銀鐘花樹）。東亞與北美洲東部相隔半個地球，而且中間並沒有較大的陸地板塊。當同一分類群存在於分隔遙遠的不同地區時，這樣的分布情形就稱為斷續（disjunct）分布。在1800年代中期，由於傑出的哈佛植物學家亞薩·格雷（Asa Gray，1810-1888年）對這個美洲-亞洲的斷續分布情形深感著迷，以致此一現象逐漸以「格雷的難題」著稱。

然而，令人困惑的還不只這點。那些斷續分布的植物屬，在東亞的物種數大多高於北美洲東部。當溫度環境相似時，東亞森林的總物種多樣性也比北美洲東部森林豐富，而北美洲東部森林又比歐洲森林物種豐富。舉例來說，楓屬在亞洲有超過50個物種，在北美洲東部有10個，在歐洲北部則有3個。只有少數的植物屬在東亞之外的地區有很高的物種多樣性。舉例來說，北美洲東部的溫帶區有13個山胡桃物種，而東亞只有少數幾個，歐洲則完全沒有。溫帶落葉林在北美洲也有較多的橡樹物種（超過40個），在歐洲與亞洲則較少。

▲ **山胡桃樹**
溫帶林多數的植物屬在東亞最為歧異，不過山胡桃屬是少數在北美洲東部達到最高物種多樣性的屬。

多樣性異常（diversity anomaly）

當環境相似卻展現出不同程度的物種多樣性時，這種情況就稱為多樣性異常（欲閱讀有關紅樹林多樣性異常的部分，見第172-173頁）。然而是什麼造成溫帶林多樣性異常呢？答案可分為兩派。

能量-物種理論（energy-diversity theory）認為一個地區的物種數與能量流動有關，能量流動愈高，物種數愈多。此一能量流動通常會以淨初級生產率（net primary productivity）或其他相關的替代指標來表示，例如潛在蒸散量（potential evapotranspiration）。東亞、北美洲東部與歐洲若分別來看，物種多樣性從較溫暖、生產力較高的棲地到北寒林邊緣較陰涼、生產力較低的棲地都有遞減的趨勢，這點符合能量-物種理論。然而，當我們比較這三大洲時，就會發現顯著的差異。這三個地區在高緯度地帶皆具有類似的物種數，但愈往南移動就愈分歧，以致東亞落葉林的植物物種會比北美洲東部豐富，而北美洲東部又比歐洲北部豐富。不過在此也要替能量-物種理論說句公道話，那就是這個問題與尺度依存性（scale dependence）有關。在小的空間範圍內，這三個地區的多樣性較為相似（若用誇張的例子來解釋，那就是在單一樹木的空間範圍內，這三個地區都只會有一個物種！），但隨著範圍增大（例如100×100公里的範圍），這三個落葉林中心的物種數排名順序顯然會是東亞＞北美洲東部＞歐洲北部。

歷史生物地理學（historical biogeography）

相較於能量-物種理論，針對多樣性異常的第二種解釋則是依據歷史生物地理學。其概念是除了能量流動的影響外，物種多樣性會特別受制於演化歷史以及該地的地理框架（geographic template）。

溫帶落葉林的多樣性異常始於約六千萬年前。當時遠北地區的氣候特別溫暖潮濕，這表示溫帶物種處於比現今更北的地區，而且在名為勞亞大陸（Laurasia）的超大陸上（現今北大西洋的位置）有物種與基因的交換。化石記錄證實了一點：如今侷限在北美洲東部與東亞的屬（例如木蘭屬、藍果樹屬與銀鐘花屬），在過去一直到更新世冰河期為止，從阿拉斯加到歐洲都有它們的蹤跡。令人不解的是，某些在今日侷限於亞洲的屬在過去也存在於北半球的溫帶地區。銀杏屬與水杉屬就是典型的例子，這兩個屬的植物被稱為「活化石」。銀杏（*Ginkgo biloba*）在過去分布廣泛，但如今在中國的分布區域卻十分侷限。其起源時間可追溯至大約一億七千萬年前的侏羅紀，也就是恐龍的時代。人們原本只能從化石記錄中得知水杉屬曾經存在，直到1943年，該屬的水杉（*M. glyptostroboides*）才首次被發現原生於中國的某座偏遠山谷中。

▼ **活化石**

水杉（*Metasequoia glyptostroboides*）被稱為活化石，因為在過去人類僅從化石記錄中才得知這種植物的存在，直到1943年，一棵活水杉才在中國的偏遠地區被發現。

隨著這些大陸向目前的位置漂移，以及北大西洋的出現與變寬，氣候逐漸轉涼，而內陸地區也變得乾燥。落葉林物種為了追隨其理想的溫度境況而向南遷移。由於這些物種也需要生長在有夏季降雨的地區，因此便移動到北美洲與亞洲的東側以及歐洲西側。於是原因變得清晰明瞭：曾經分布較為廣泛的溫帶植物群受到大陸漂移與氣候改變的影響，而變得獨立存在東亞、北美洲東部與歐洲北部。

隨著更新世開始，第三紀在大約兩百萬年前告終。更新世的氣候特徵是冰河反覆地前進與後撤，此一循環在大約一萬一千年前結束。每次的冰河前進與後撤，會造成面積為其四倍之多的溫帶森林擴張與收縮，以及隨之而來的物種滅絕。更新世的物種滅絕在歐洲規模最大，因為歐洲溫帶森林在冰河時期大幅縮減。物種滅絕在北美洲規模居中，因為北美洲溫帶森林的變動不

木蘭屬的化石記錄

根據化石記錄所示，如今許多侷限在北美洲與亞洲的屬在過去
都曾分布於歐洲，例如木蘭屬（右下是其果實化石的圖片）。

如歐洲劇烈。物種滅絕在東亞規模最小，因為相較於其他溫帶林中心，此處的冰河覆蓋
並未擴展到那麼南邊，加上森林棲地從溫帶連綿延伸到亞熱帶與熱帶地區。總結而論，
從前廣泛分布的屬在更新世的滅絕率越高，這三個溫帶落葉林中心現今的植物物種多樣
性就越低。

事實證明，滅絕率只能影響一部分的物種多樣性。在最近十年間才取得的分子證據如今
顯示東亞植物的種化率（speciation rate）一直都較高。只要稍微看一下地形圖，就知
道東亞的高山在經緯度上的延伸範圍廣泛，因而創造了環境異質性，並且很可能打斷了
原本會抵制種化的基因流動（gene flow）。由於山區在短距離內就有多個棲地，因此可
能會同時降低滅絕率（只要短距離移動就能適應變化的環境）與提升種化率。

在林奈與格雷分別提出創見的250年與150年後，我們能向各位報告：格雷的難題已經解
開了！能量流動固然重要，但現今的分布情形是由歷史與地理上的演化現象形塑而成。

北美洲西部的溫帶針葉林

北美洲西部有 16 個針葉樹的屬，其下涵蓋了 80 個樹種，數量驚人，包含 25 種松樹、全世界最高的樹木（紅杉與花旗松〔*Pseudotsuga menziesii*〕），以及最龐大古老的樹木（紅杉與巨杉〔*Sequoiadendron giganteum*〕）。此一多樣性反映出洛磯山脈、內華達山脈（Sierra Nevada）、克拉馬斯山脈（Klamath Mountains）與喀斯喀特山脈等北美西部廣大山區的環境變異性。

洛磯山脈從墨西哥到加拿大橫跨了55緯度，其中包含62個高度超過4000公尺的山峰。在太平洋西北地區，海洋氣團帶來的年降水量超過4公尺，形成溫帶雨林（見第166-169頁）。相較於中部洛磯山脈低海拔處的半乾旱矮松-杜松林地（semiarid piñon pine-juniper woodland），太平洋西北地區的年降水量是該林地的十倍。西部的針葉林地景中也穿插落葉闊葉樹，包括楓樹、赤楊、樺樹、橡樹與杏仁桉，但只有少數的森林類型是由落葉樹佔優勢，例如低海拔河畔森林中的三角葉楊（*cottonwood*）與柳樹，以及干擾後在早期演替階段佔優勢的白楊。

海拔分布型態

歸納西部針葉林的型態要從海拔著手。從低海拔到高海拔處，氣溫與蒸發量會逐漸減少，而雲量、風量、降水量、降雪量與太陽輻射量則會逐漸增加。在洛磯山國家公園內，海拔每上升1000公尺，溫度就會降低約9.8ºC，而從最低到最高海拔處，降水量則增加了一倍。洛磯山脈中部的山坡可依這海拔梯度劃分為五個森林帶：最低海拔的矮松-杜松林地、中海拔的西黃松林地與花旗松森林，以及最高海拔的扭葉松（*Pinus contorta*）森林與亞高山雲杉-冷杉林（其物種組成與結構類似北寒林）。那些因為緯度夠高、高度也夠高的山脈，亞高山森林會由高山草原取代。林木線的臨界海拔高度（critical elevation）（見第156-161頁）從南到北會逐漸降低——從35ºN的大約3500公尺降到50ºN的2000公尺。

▶ **山坡的植群分布**

在上攀洛磯山脈時，氣溫會逐漸降低，降水量會逐漸增加，而健行者則會見識到森林的千變萬化。在此展現的是洛磯山脈的三個海拔帶：由低矮的稀疏矮松–杜松林佔優勢的最低海拔帶、由西黃松與花旗松佔優勢的中海拔帶，以及由亞高山雲杉–冷杉林佔優勢的高海拔帶。

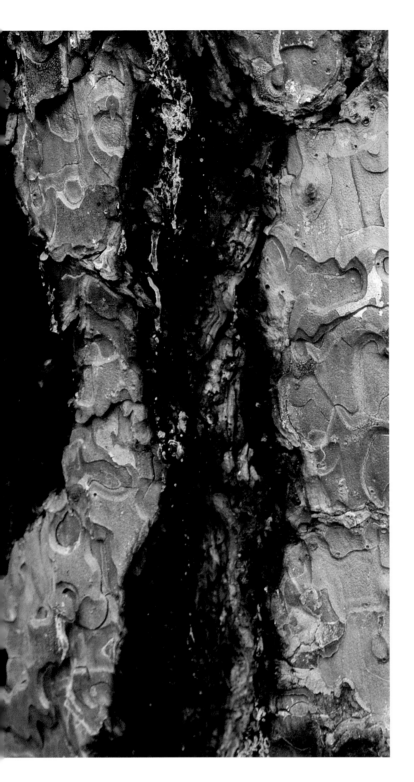

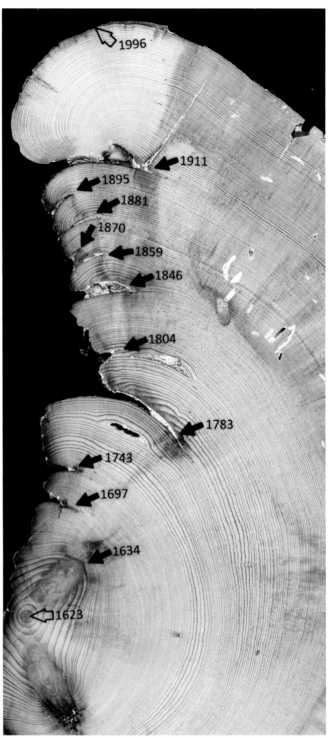

▼ **適應性**

西黃松厚樹皮會降低內部活組織所感受到的溫度，進而發揮保護樹木的作用。

▲ **火痕**

西黃松上的火痕顯示從1693到1996年共發生了11起林火，也就是平均每27.5年發生一次林火。

西部針葉林的林火

海拔與地形為西部針葉林的多樣性提供了環境條件，但是林火常讓這些森林出現在報紙頭條。數千年來，林火一直是這些山區的生態與演化驅動力，這可由生物各式各樣的適應現象看出，例如厚樹皮（具有隔絕作用，使活的內樹皮不會接觸到極高的林火溫度）、某些物種的延遲性毬果（只會在接觸到林火的高溫後開裂），以及最適合在火燒後裸土萌發的種子。巨杉是最具代表性的例子：其毬果只會在接觸到林火後開裂釋放種子，因此會在林火後靠多年積存的種子庫在地面上散落大量的種子。儘管能發展成龐大的三千年老樹，但這些種子的體積很小，而且在林火所形成的苗床上表現最好。

自古以來，林火對這些樹木具有重要意義。然而，即使這片土地上的居民與地產價值已水漲船高，但林火的發生頻率與強度在過去的數十年來仍舊不斷提高。林火加劇的原因有五個：一個世紀以來的滅火行動累積大量的「燃料」（針葉、細枝、枝條、樹幹，以及形成「階梯狀燃料」〔ladder fuel〕的森林下層樹木）；病蟲害造成樹木死亡導致燃料增加；旱雀麥（*Bromus tectorum*）這入侵種提升了林火的規模與強度；來自家畜與野生動物的植食壓力有所改變，進而影響精細燃料（fine fuel，例如森林下層的禾草類）；以及正在發生的氣候變遷所帶來的暖化與其他極端現象，包括嚴重的乾旱。在歐洲人殖民活動前，閃電與美洲原住民的習俗是林火的主要引發原因；而到了較晚近時期，人為的引火（不論是意外、蓄意或由電力線所引起）已成為主因。

為了要了解西部針葉林的林火特性，我們必須先探究林火在歐洲人殖民前所扮演的角色。林火有許多種變化，包括頻繁（5-20年的間隔）但強度低的西黃松林林火，以及不頻繁（200-400年的間隔）但強度高的高海拔扭葉松與亞高山雲杉-冷杉林林火。在西黃松林中，林火通常會迅速橫掃森林下層的「精細燃料」，例如禾草類。這些林火幾乎不會造成樹皮粗厚的冠層樹木死亡，以致森林維持在「開放式」林地的稀疏狀態——在西部牛仔電影中很常看到這類林地，因為騎著馬就能輕鬆橫越。在高海拔處，罕見但強度高的林火會導致冠層樹木大量死亡，造成新一波的小苗生長，而開啟演替恢復的過程。

在較低或中海拔的西黃松林中，燃料的量與結構是關鍵，而這些地方的燃料量與階梯狀燃料都增加了。在高海拔處雖然有大量林木燃料，但高濕環境會限制林火的引燃與擴散。燃料量在人類數十年盡力滅火後可能遠高於歷史常態，但乾旱條件又會提升大型與劇烈林火發生的可能性。在較低海拔的森林中，人為影響同時加劇了由下而上（燃料）以及由上而下（極端乾旱）的引火因素。

溫帶落葉林在歷史上的破碎化現象

溫帶落葉林長久以來一直是人類活動的集中地，也分布在全球經濟最發達的許多國家。這些地方的高人口壓力已導致森林破碎化，使原本的大片森林縮小為分離的森林區塊。

▶ **森林破碎化**
溫帶地區的農業發展導致森林嚴重破碎化。棲地喪失與破碎化是物種瀕絕的主因。

三大溫帶落葉林中心具有氣候溫和與夏季降水量穩定的特色，使農民無須灌溉就能種植作物。溫帶作物與畜產品的生產技術數千年來已達到純熟，而落葉林也形成了肥沃的土壤，儘管多年農作造成土壤侵蝕，也導致某些地區逐漸「地力耗盡」。農民過去開墾土地時會保留部分林地。原本的森林除了提供了建材、柴薪外，也有農民珍視的大量堅果樹（栗樹、橡樹與山毛櫸）。這些堅果樹會讓農民的牲畜分散在放牧地。少數的小型森林也會被保留下來，但不為農用，而是發揮其他用途，例如提供造船原料、作為狩獵保留地或是用來進行宗教習俗與葬禮的神聖樹林。

破碎化現象

1956年，美國威斯康辛大學（University of Wisconsin）的植物學家約翰・柯提斯（John Curtis，1913-1961年）針對威斯康辛州南部的卡迪茲鎮（Cadiz township）發表了四幅森林覆蓋圖。以1831年的單一大型連續森林區塊作為起始點，1882年、1902年與1950年的地圖顯示森林棲地持續流失，整體面積從大約90%一路降到只剩4%。1831年的大片廣闊森林到了1950年變成大約54個小型破碎森林。柯提斯的簡易圖表促成許多類似的地圖，也用來顯現全球各地各類生態系日益加劇的破碎化現象。如今棲地的喪失與破碎化被視為生物多樣性的主要威脅。

森林的破碎化現象也因為人口增長與土地利用改變而逐漸變化。舉例來說，較小的家庭農場通常會被大型農企業（agribusiness）取代，而耕地一般也會轉到有灌溉及施肥的肥沃草原土壤上。有一件事或許會令人訝異，那就是梭羅（見第287頁）所生活的時代正值美國新英格蘭森林皆伐的最高峰，當時新英格蘭只有30%土地覆蓋著森林。到了1800年代中期，農業開始向西移動到更具生產力的美國中西部，導致新英格蘭出現了農地棄耕與森林復生的情況。梭羅於1861年逝世後，新英格蘭的森林在數十年內開始重新生長，而在此同時，約翰・柯提斯的威斯康辛州正在發生森林破碎化的現象。

卡迪茲鎮的森林破碎化現象

威斯康辛州的卡迪茲鎮在1831年尚有大面積的森林，然而農業發展導致森林的總數與個別區塊的大小持續縮減（after Curtis, 1956）。

1831

1882

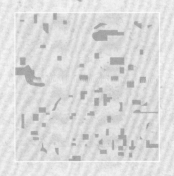

1902

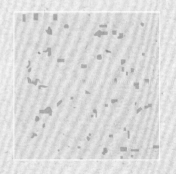

1950

▲ **鹿科族群數量**
森林破碎化可能會導致某些
物種急遽增加。北美洲東部
溫帶落葉林的鹿科族群數量
有所增長，原因是掠食動物
消失、狩獵壓力降低，以及
草原與森林棲地的混合。

棲地喪失

棲地喪失鮮少在棲地未破碎化的情況下發生，但這兩者是不同層面的問題。棲地喪失單
純指棲地面積減少，而棲地破碎化則是描述留存棲地如何分布，也就是其地景結構，包
括棲地的數量、大小、形狀、相隔距離與排列形式。就邊緣與面積比（ratio of edge to
area）而言，最緊密的形狀是圓形。形狀越狹長，邊緣效應越大，而核心棲地的面積就
越小。柯提斯的地圖不僅顯示了棲地喪失的情況，也展現出破碎化的現象：在卡迪茲鎮
上，從原本的森林留存下來的那4%面積並不是一整片土地，而是54個分開的小區塊，每
一塊森林平均只佔原本森林面積的0.07%。

物種喪失

不同物種或棲地對破碎化的反應並不會相同。當掠食動物受其獵物影響的程度不同時，就會形成營養瀑布。其中一個例子是北美落葉林中狼（*Canis lupus*）與美洲獅（*Puma concolor*）消失，加上狩獵活動減少，造成鹿隻數量暴增，植被更新也受到影響。這些營養瀑布有時會對人類造成直接影響。舉例來說，有人認為北美洲中部接觸到蜱媒疾病的機率之所以提升，是因為當地的森林破碎化導致小型哺乳類與鹿科動物的族群數量增加。

2019年的研究顯示出一個值得警惕的趨勢：北美溫帶林的鳥類族群整體數量已減少了25%，意即在過去的50年來喪失了約四億八千兩百萬隻鳥類。許多相互影響的原因都被討論過，但是由人類開發與伐木活動造成的棲地喪失與破碎化，被認為是主要原因。黃褐森鶇（*Hylocichla mustelina*）是一種鳴聲如笛音般美妙的鳥類，同時也是北美洲東部的象徵物種，生活在大塊連續的森林中。黃褐森鶇族群需要有大於0.25-1平方公里的林地區塊，才得以生存與繁殖。相較於美洲獅的需求，這算是很小的生活範圍，因為美洲獅需要有10000平方公里的森林區塊，其族群才得以存續。然而，在北美洲東部的許多地方（特別是低海拔的都市與農業地區），森林區塊並沒有大到足以維持黃褐森鶇的族群數量。另一個雪上加霜的問題是，黃褐森鶇會在冬季遷徙到熱帶地區，但在其遷徙路線以及度冬地都遭遇威脅。

▼ **黃褐森鶇**
北美洲東部的黃褐森鶇需要生活在林地深處，也因此族群數量會隨著森林破碎化而減少。

永續林業的發展

在 1850 年工業革命到來之初， 整個世界是靠大型野獸的蠻力與人類的汗水來推動。 在工業革命前的數個世紀， 用來溫暖住家、 熔製玻璃、 熔煉礦石與驅動其他工業活動的能源則多半是靠燃燒木柴（見第 320-321 頁）。 林木資源決定了國家的興衰， 而對於那些倚重海軍艦隊的強權國家而言， 用來建造船艦的木材更是一項重要的軍事資源。

▼ **軍艦**
一般英國軍艦所裝載的主桅基部直徑為1公尺，全長為36公尺。此外，軍艦上還會有其他較短的桅杆。在海上，這些桅杆因為乾燥而脆化，也會因為承受風力而斷裂。

威尼斯軍械庫（Venetian Arsenal）

威尼斯共和國是一個令人讚嘆的海上強權，這國家將打造海軍擴展海上勢力的目標，與永續林業的發展結合在一起。當其國力在十六世紀初達到巔峰時，威尼斯軍械庫（該城市的兵工廠兼造船廠）共有一萬六千名工人在活動式駁船上的生產線工作，他們在一天內就能建造一艘船艦。該軍械庫所使用的木材是來自現今所謂的「永續林業」森林，其中包含數種不同樹木：作為肋材的橡樹與栗樹、用來製作槳的山毛櫸，以及用來製作桅杆與額外配件的其他木材。橡樹以永續輪作的方式在蒙特洛（Montello，義大利北部特拉維索省〔Treviso〕的大型山丘）種植與採伐，每砍一棵樹就會另外種植一棵作為替補。雲杉則是種植於山區的冠層孔隙內，以產出高大通直且木節（knot）較少的木材做為桅杆，同樣也須遵守每砍一棵就補種一棵的永續原則。威尼斯軍械庫很早就是數個現代關注議題的好例子：工業化、生產線以及森林的永續經營。

英國與法國的林業實務

1662年，英格蘭皇家海軍為了與荷蘭以及其他國家爭奪海上控制權，而處於一場全球鬥爭之中。當時，英格蘭海軍部委員所關切的，正好就是威尼斯人曾設法解決的議題：他們需要高大的橡樹與其他種類的木材，用以整修老船與建造新船。對英國人來說，不幸的是，隨著英國內戰（1642-1651年）結束而制定的克倫威爾條款（Cromwellian rule）廢除了保護森林的封建法。此外，一個半世紀以來的柴薪與建屋需求，加上木炭在玻璃廠與鐵製品上的工業用途，也耗盡了英國的木材庫存。海軍部委員要求皇家學會（Royal Society）提出報告，而最後呈交這份報告書的人是園藝家約翰・伊夫林（John Evelyn，1620-1706年）。伊夫林的著作《育林：林木論與國王

領土內的木材增殖》（*Sylva, or a Discourse of Forest-Trees and the Propagation of Timber in His Majesties Dominions*，1664年）除了描述不同商業價值的樹種外，也說明了種植、移植、修剪與砍伐這些樹木的方法與時機，以達到「增進森林之美與木材價值」的目的。儘管這本書賣得很好，但英國人並未採用當中的建議，而是選擇結合兩種策略：從全球各地進口自然資源，以及用別的材料代替逐漸變得稀少的材料。他們從英屬挪威與美洲殖民地的森林中取得木材，用來取代在1666年倫敦大火（the 1666 Great Fire of London）中被燒掉的林木，而木柴的不足則以燒煤炭為替代方案。

法國也遭遇了類似的林木供應問題。由於和英國人有相同的擔憂，法王路易十四於1661年終止販賣皇家森林的木材。身兼法王顧問、財政大臣與海軍部長的尚-巴蒂斯特·柯爾貝（Jean-Baptiste Colbert，1619-1683年）接著提出了大規模的改革計畫，以改善森林經營，繼而提升木材銷售與皇室稅收。在其改革後，政治貪腐加上人民普遍欠缺經營能力，導致法國的森林又重回過度開發的狀態。

永續的來源

種植於蒙特洛的橡樹（上圖）為威尼斯軍械庫（下圖）提供了建造戰艦與商船的木材——此一林木管理方式就是現今所謂的永續林業。

▼ 山中森林

位於德國–捷克邊境的厄爾士山脈（Ertzgebirge Mountains）。來自這些山上的木材會以木筏運送到河的下游，為熔煉廠提供礦坑坑木與燃料。

永續性（Nachhaltigkeit）

森林永續經營的概念源自歐洲溫帶落葉林過去的利用與濫用。我們已從威尼斯、英國與法國的林業發展看到了永續林業的起源，不過傳承這段歷史的是漢斯・卡爾・馮・卡洛維茲（Hans Carl von Carlowitz，1645-1714年）的著作。卡洛維茲出生於德國薩克森自由邦（Saxony）的肯尼茲市（Chemnitz）。他的家族長久以來管理森林地景，而他的父親則曾由薩克森選帝侯（Prince of Saxony）任命，負責為礦坑與熔煉廠供應厄爾士山脈森林所生產的木材。1665年，已經長大成為德國年輕紳士的卡洛維茲展開了為期五年的歐洲巡遊（Grand Tour of Europe）。當柯爾貝正在進行法國林業的改革計畫時，他人正在法國，而當倫敦大瘟疫（Great Plague，1665-1666年）與倫敦大火發生時，他也剛好待在倫敦。從他後來的書信中可以得知，他似乎已閱讀過《育林》，而且還可能見過其作者約翰・伊夫林。

回到薩克森自由邦後，卡洛維茲任職於弗萊貝格（Freiberg）的薩克森礦務局（Saxon Mining Administration），負責控管數百處礦坑與熔煉廠。建造船艦以及維護礦坑與熔煉廠之間有一個共同點：兩者所耗費的木材數量都大得驚人。礦坑極需木材以作為坑材，而熔煉廠也極需木柴與木炭作為燃料。1713年，卡洛維茲出版了一本400頁的著作，書名為《論野生樹木與森林的撫育》（*Sylvicultura Oeconomica, Anweisung zur wilden Baum-Zucht*）。他意識到全歐洲的森林正持續被破壞，並認為此一情況所引發的木材短缺會造成嚴重的經濟崩潰，而薩克森自由邦的銀礦與熔煉廠勢必也會關閉。卡洛維茲認為是短視近利的態度促成了這場可預見的災難：森林遭到皆伐是因為發展農業似乎更有利可圖，而且也沒有理由去種植那些在人死前都無法採收的樹木。儘管卡洛維茲的著作寫於300年前，但書中的建言卻與現代議題有關：Holtzsparkünste（節約木材的藝術）——即做到更有效的住家隔熱，以及在房舍與熔煉廠中使用能源效率佳的火爐；Surrogata（替代品）——即發展替代能源；以及Säen und Plantzen der wilden Bäume（播種與栽植野生樹木）——即更有效地實行森林復育與管理。

卡洛維茲將他所提出的整套系統與其背後的哲學意涵統稱為Nachhaltigkeit，也就是「永久持續下去」的意思。sustainability（永續性）是後來創造出來的英文詞彙，也具有相同意義。

▲ **橡樹**

海軍森林保留區（naval forest reserve）是美國前總統約翰·昆西·亞當斯（John Quincy Adams）在其任期內於1828年啟動的計畫，而橡樹保留區（Live Oak Reserve）則是其中的一部分。橡樹木材強度極大，很適合用來建造木製戰艦的內部艦體，以及具有弧度的結構支撐架。

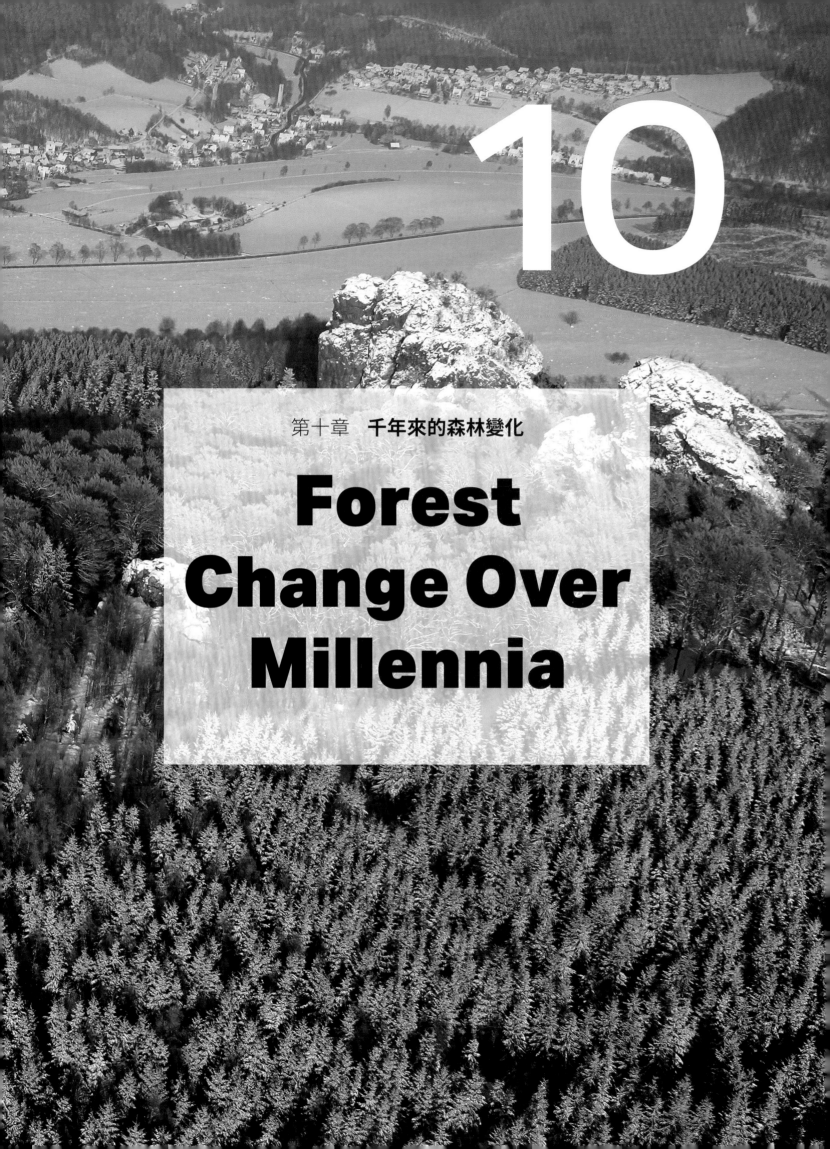

第十章 千年來的森林變化

Forest Change Over Millennia

透過樹木發掘歷史

在大約一萬年前， 地球一半以上可成為森林的土地都覆蓋著森林， 這大約是美國的六倍面積。 然而在二十世紀期間， 全球的森林覆蓋面積僅佔其適合存在土地的 38%。 人類自遠古以來就懂得利用森林， 但我們也會有意或無意地將森林變更為耕地與牧地。

▶ 年代記載
在這塊梣木木板中，每一圈年輪都代表樹木的某一個生長年份。心材所顯現的顏色是化學過程所產生的結果。年輪上的疤痕則見證了這棵樹的苦難歷史。

年輪學（dendrochronology）

對森林遊客來說，除了跳過地上的一根根圓木外，數年輪也是一件充滿樂趣的事。跟著年輪從樹皮前進到髓心，我們會踏上一段時空之旅，從現代一路來到數十年或甚至數世紀以前。這令人不禁感到好奇：這棵樹在它的一生中究竟見證過哪些事件。事實上，科學家確實已將年輪當成時空膠囊來運用，藉以了解過去的氣候狀況。相較於寒冷乾燥的年份，樹木在潮濕溫暖的那幾年會長得比較快。因此，藉由測量樹木的年輪寬度，能得知許多有關其生長環境的資訊。

年輪定年（tree-ring dating）的科學稱為年輪學。根據某些學者的說法，博學家達文西是最先提出年輪能用來推斷從前氣候的人。然而，一直要到十九世紀，年輪學才演變成為一門嚴謹的學科，能將已知發生過異常天氣的年份，用來交叉比對數棵樹木的年輪時間序列。舉例來說，早期的年輪科學家曾以1709年的大冰霜（Great Frost）作為歐洲的參照點。當年的冬季太過寒冷，以致威尼斯潟湖（Venice Lagoon）與法國西南部的屋內用水都凍結成冰。這起事件在當時歐洲的所有樹木上都留下了清楚的成長印記。

然而，在研究年輪學時會面臨數種複雜的情況。首先，相較於老化時，樹木通常在年輕時按比例生長的速度較快，因此需要將樹齡納入考量，以進行審慎的數據分析。其次，某些樹種（例如白楊）會產生不規律的年輪，因此只有經過挑選的樹種才能用來定年，包括北美洲的刺果松（*Pinus longaeva*）、歐洲的橡樹、日本的針葉樹（例如日本扁柏〔*Chamaecyparis obtusa*〕），以及中國的麥吊雲杉（*Picea brachytyla*）。熱帶地區所帶來的挑戰比較特殊，因為當地的許多樹木都會連續生長，導致年輪學的研究變得困難許多。儘管如此，在2014年時，還是有重要的研究以祕魯的西班牙柏樹（*Cedrela odorata*）當作題材。

從年輪解讀氣候歷史

年輪揭露了數十年或甚至數世紀以來的當地氣候條件。

乾旱時期

林火所造成的火痕

第一年的生長

強降雨

春季／夏初的生長

夏末／秋季的生長

古老的年表

最直接的年輪定年方法是找出一棵相當古老的樹,而且這棵樹要能夠提供數世紀或甚至數千年來始終一致的單一年輪記錄。美國研究學者艾德蒙・舒爾曼(Edmund Schulman)曾做過這樣的研究:他在1950年代針對加州(靠近內華達州邊界)林木線上半部的刺果松,展開了一連串的年輪研究。在長時間的尋找後,他發現了樹齡超過四千歲的樹木,可惜的是在有機會發表研究結果前,他就去世了。結果他的共同研究人衛斯理・弗格森(Wesley Ferguson)率先發表了根據18棵刺果松所測定的年表,共歷時七千一百年。這些刺果松每一棵都有數百歲,其中一棵甚至活了將近三千年。眾所皆知,此一年輪重建法被用來校準一個相當著名的考古學定年法:放射性碳定年法(見下方方框)。

重建過去的環境

所有的生物都會吸收元素,其中最值得注意的元素是碳、氧與氮。這些元素會以同位素的形式存在,只是質量稍微不同。碳主要是以穩定同位素碳–12(12C)的形式存在。碳–13(13C)也是一種穩定同位素,但較稀少且質量稍重。相對於大氣中的碳–13濃度,植物組織所含的碳–13濃度較低。林木的碳同位素濃度比值〔13C〕/〔12C〕是以δ13C

表示。林木的δ13C標準值大約落在−24‰(千分比),不過氣候變化會造成偏差(較乾燥:數值偏正;較潮溼:數值偏負)。氧則具有兩種主要的穩定同位素:最主要的氧–16(O16),以及質量較重的氧–18(O18)。氧會隨水分通過植物根系時進入植物內,而葉子中的水分在經過蒸散作用後,較重的同位素氧–18濃度會變得比較高。氧同位素的濃度比值寫作δ18O,單位以千分比表示。如同δ13C,δ18O也會受到氣候變化的影響。穩定同位素分析在過去數十年有驚人的進展。極為重要的是,δ13C與δ18O比值如今能利用重量小於1毫克的樣品來測量,包括單一樹木的年輪,以致能更詳細地推斷過去的植被與氣候。

相較於同位素分析,碳定年法或許較為人所知。碳的同位素碳–14(14C)在活組織中的濃度是固定的,而在該生物死後,碳–14的濃度會衰減,其半衰期約為5730。碳定年法的原理是測量生物殘骸中碳–14相對於碳–12的含量:生物死亡時間越久,比值就越低。刺果松年輪的分析(如對頁圖所示)對校準碳–14衰變模型相當重要。

林木同位素分析

刺果松的研究也提供了從樹芯中提取其他資訊的重要機會，包括穩定同位素的資訊。植物組織中的碳同位素比值（寫作 δ13C，見對頁方框）與氧同位素比值（寫作 δ18O）會受到植物行光合作用與吸水效率的影響，因此有助於量化過去的環境變化。

2021年，科學家運用 δ13C與 δ18O的林木同位素分析，重建了過去2100年來歐洲中部的水文氣候（hydroclimate）。這項研究辨識出西元紀年之初及十至十一世紀的夏季較乾旱時期、中世紀大規模伐林時期，以及十五與十六世紀文藝復興期間的大規模伐林。長久以來大家都知道歐洲的文化發展與其氣候息息相關，而這也影響了歐洲的林木。因此，氣候有利於發展農業的時期（因此也有利於人口擴張）必然會造成森林變更為耕地，特別是在中世紀期間（見第322-323頁）。針對氣候在過去的兩千年來為何出現轉變，相關研究已揭露其原因，包括太陽輻射能的改變、大型火山的爆發，以及人類引起的氣候變遷，儘管後者的影響在近50年才得以清楚察覺。

◀ **歷史數據資料**
一棵被砍斷的紅杉所留下的巨大樹幹，地點在加州的紅杉國家公園（Redwoods National Park）。年輪提供了大量古氣候資訊。

年輪與過去的乾旱現象

下面的六月–七月–八月乾旱指數是根據歐洲中部橡樹年輪的碳與氧同位素測量重建而來。科學家利用此一數據資料辨識出夏季乾旱較頻繁的時期。（資料來源：Büntgen et al. *Nature Geosciences*, 2021.）

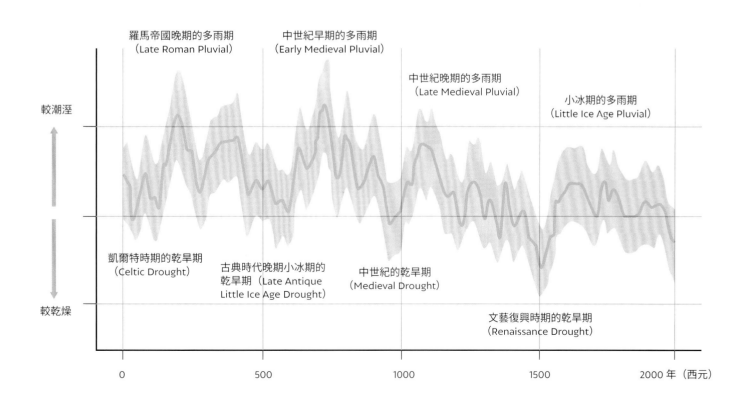

羅馬帝國晚期的多雨期（Late Roman Pluvial）

中世紀早期的多雨期（Early Medieval Pluvial）

中世紀晚期的多雨期（Late Medieval Pluvial）

小冰期的多雨期（Little Ice Age Pluvial）

較潮溼

凱爾特時期的乾旱期（Celtic Drought）

古典時代晚期小冰期的乾旱期（Late Antique Little Ice Age Drought）

中世紀的乾旱期（Medieval Drought）

文藝復興時期的乾旱期（Renaissance Drought）

較乾燥

0　　　　500　　　　1000　　　　1500　　　　2000 年（西元）

千年來的森林趨勢

年輪調查主要是用來研究區域氣候，不過很顯而易見的是，森林本身已受到環境變化的衝擊。回顧過去的數千年或甚至數百萬年，覆蓋在這個星球上的森林有哪些種類？理解這歷史對我們至關重要，使我們能了解森林結構與物種組成，已發生與正在發生的改變有多迅速。而從過去學取教訓，也能幫助我們客觀看待最近數十年來的重大森林變化。

▶ **花粉**
某些植物會釋放大量的花粉由風力進行傳播。花粉粒是過去植被組成的重要線索，湖泊岩芯中的花粉就是其中一例。

花粉偵測器

花粉記錄可以用來了解植被分布隨時間的改變。植物會產生大量的花粉粒，其中有許多從未抵達目的地，而是沉積在環境之中。花粉外壁（exine）有各式各樣的形態，是用來分辨不同植物種類的最佳代用指標（proxy）。而花粉結構在沉積物中也相當耐久，能持續存在數百萬年。石油探勘人員會利用花粉殘留物探查地質層的年齡，藉以推斷該地品質，這也導致孢粉學（palynology，由花粉重建環境歷史的應用科學）備受矚目。

孢粉學一般而言是以湖底的沉積物岩芯作為依據。一旦經收集後，這些岩芯會需要大量的前置作業——依據所屬時期切割開來，接著放在顯微鏡底下檢查與辨識是否有任何花粉粒。這些辛苦所換來的結果可能相當驚人。舉例來說，目前針對末次冰盛期結束時的植被變化，我們所知道的資訊大多建立在孢粉學上。在北美洲，瑪格麗特・戴維斯（Margaret Davis）與其同事的研究揭露了樹木在末次冰期結束後，冰蓋向北退卻，樹木隨即再度入侵北美洲。這飛快的速度令人意外，顯示出林木有辦法長距離傳播與迅速建立。這項研究也展現出雲杉與橡樹對冰河退卻的反應截然不同：雲杉比橡樹還要更向北延伸，橡樹則是勉強跨越了美國與加拿大的邊境。

雲杉與橡樹的遷徙

自末次冰盛期以來橡樹（上排）與雲杉（下排）的花粉記錄。
綠色陰影表示該植物的分布範圍，藍色陰影代表的是冰蓋。雲
杉向北遷徙的速度比橡樹快（after Davis et al., 2001）。

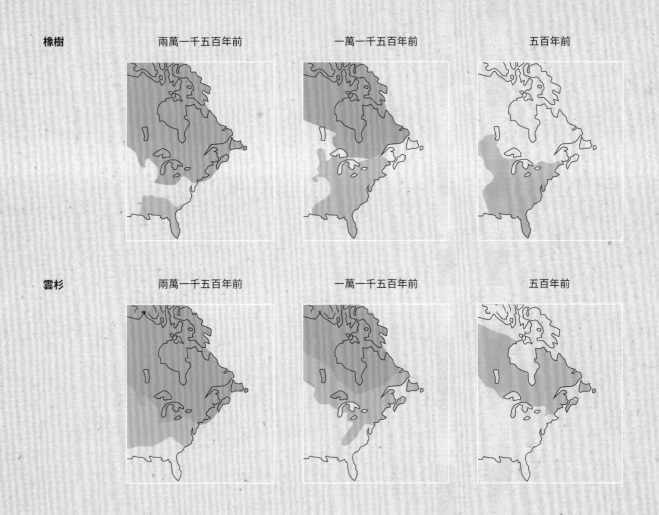

橡樹	兩萬一千五百年前	一萬一千五百年前	五百年前

雲杉	兩萬一千五百年前	一萬一千五百年前	五百年前

歐洲的遷徙活動

森林是堅忍與不朽的象徵。然而根據花粉研究所示，森林在一萬多年前並不存在於北美洲大部分地區以及歐洲，但它們在短短數百年內就能重新拓殖到廣大土地上。在歐洲，隨著冰蓋在末次冰盛期結束時消退，森林樹種（尤其是橡樹與針葉樹）也向北遷徙。根據估計，後冰期（post-glacial）的溫帶林遷徙速率高達每年500公尺，儘管某些研究人員對這些數字提出質疑，認為有些樹木族群在冰河時期仍持續存留於北方部分地區，但因為過於稀疏而未被察覺。然而，此一冰河時期北方留有樹木適宜生存地點的避難所假說並未獲得太多支持，普遍的看法仍舊是以植物向北擴展的模型為基礎。

這段向北遷徙的歷史也被記錄在樹木的基因體中。在冰河時期，持續存在的歐洲橡樹分為三個類群，分別位於西班牙、義大利南部與巴爾幹半島。後來這三個橡樹類群帶著明顯不同的基因庫向北遷徙，直到今日仍舊能觀察到它們的差異。歐洲西部的橡樹是從西班牙遷徙而來，在前往英格蘭的途中曾經過法國。這意味著現今歐洲與北美洲森林大多數都很年輕，起源可追溯至末次冰期的尾聲，而且這些森林的遺傳多樣性也很低。

▼ **植物的遷徙**

在末次冰期，海平面比現在還要低100公尺以上。爪哇島、婆羅洲與蘇門答臘島當時皆與東南亞大陸相連，以致動植物能在這一整個區域內自由遷徙。蘇拉威西島（Sulawesi）與新幾內亞一直都以海與亞洲大陸相隔，因而形成了大不相同的動植物群。婆羅洲與蘇拉威西之間的生物地理分界線稱為華萊士線。

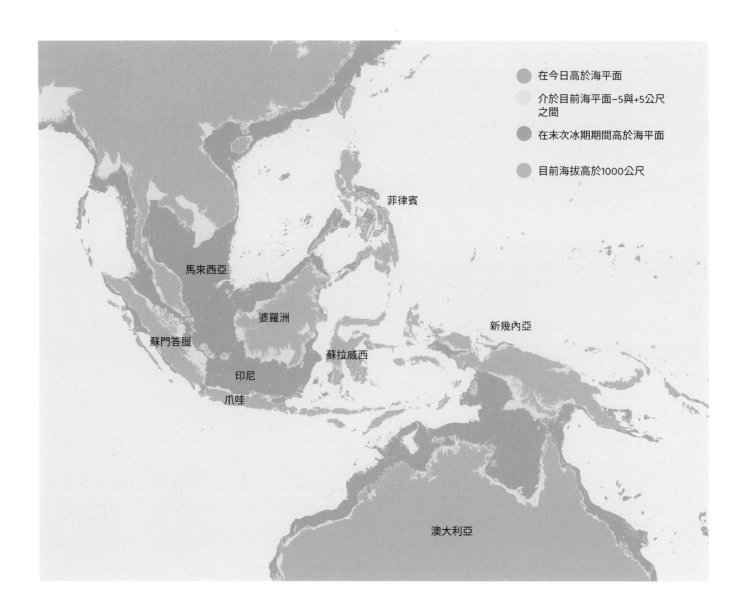

在今日高於海平面

介於目前海平面−5與+5公尺之間

在末次冰期期間高於海平面

目前海拔高於1000公尺

菲律賓

馬來西亞

婆羅洲

蘇門答臘

印尼

爪哇

蘇拉威西

新幾內亞

澳大利亞

南半球

北半球溫帶林自末次冰期後的歷史頗為人熟知，但其他地方又發生了哪些現象？有諸多揣測認為在更新世冰河期，亞馬遜雨林曾退縮到數個避難所內。事實上，此一過程在過去兩百六十萬年間的每個冰河階段都有可能會發生，甚至有推測指出生物反覆退縮到避難所可能會「促進種化」，所以亞馬遜雨林才有高度的物種多樣性。此一避難所理論從孢粉學獲得的支持十分有限：在亞馬遜河口所採集到的岩芯顯示，在末次冰盛期，亞馬遜盆地並未廣泛地被疏林草原所覆蓋。帕萊索洞穴（Paraíso Cave）位於亞馬遜雨林中的塔帕若斯河（Tapajós River）附近，這石灰岩洞也提供了關於避難所理論的重要發現。研究人員利用從該洞穴的石筍中測量到的 $\delta 18O$ 數值，重建了亞馬遜雨林在過去四萬三千年來的氣候，發現降水量與溫度似乎較低，其蒸發散量與末次冰期後持續存在的雨林植被相符。

東南亞

在末次冰盛期，最劇烈的變化發生在東南亞。這次的情況是大量的海水冰凍為極地冰蓋，全球海平面比現今低了120公尺。正因如此，印尼與菲律賓群島的島嶼在當時是與中南半島相連。很難想像東南亞的森林在一片被稱為巽他陸棚（Sunda Shelf）的古大陸上，從柬埔寨毫無間斷地一路延伸到爪哇島，但證據所揭露的事實就是如此。南海南部大陸棚沉積物岩芯的花粉與植矽體（植物細胞表面上的矽質固體）起源於末次冰期，當中有很高的比例是來自低地雨林與淺山雨林的物種。這表示露出海面的大陸棚上覆蓋著潮濕的植被。從植被可推斷末次冰期的氣候比現今涼爽，但並不足以阻止雨林在巽他陸棚上發展形成。

揭露遙遠的過去

保存在化石記錄中的花粉揭露了植被的長期變化，橫跨時間最早可追溯至末次冰期前。現代闊葉林的故事很可能是在大約六千六百萬年前，在熱帶地區的某處揭開序幕。

▶ 安地斯山脈

安地斯山脈在四千萬年前並不存在，在那裡發現的花粉化石與低地森林植被吻合。

▼ 化石樹

這棵石化的樹是來自希臘的列斯伏斯島（Lesbos Island），在大約兩千萬年前的一次火山爆發後被保存了下來。

新生代（Cenozoic era）的開場十分慘烈，許多災難更同時發生，包括大型的隕石撞擊事件，以及印度板塊（當時為島嶼）的大規模火山活動，所有的非鳥類恐龍（non-avian dinosaur）也都滅絕。劇變後的地球經歷了哺乳類與開花植物的大規模多樣化發展。巨大的闊葉樹樹幹化石暗示現代森林在早於五千五百萬年前（也就是新生代初期）就已存在。

哥倫比亞的孢粉學家卡洛斯·賈拉米洛（Carlos Jaramillo）與同事在現今的安地斯山脈（在新生代初期還是低地）進行了研究，他們發現了當時植物形態的驚人多樣性。在大約五千五百萬-五千萬年前，地球經歷了一場大規模的暖化事件，稱為古新世-始新世極熱事件（Paleocene-Eocene Thermal Maximum）。在這段期間，植物多樣性不斷累積，而熱帶植物分類群（尤其是雨林植物）則經歷了一場重大的多樣化發展。現今的熱帶植物群在那段時期成形的說法可是一點也不誇大——當時地球溫暖到（溫度比今日高了約12°C）沒有任何極地冰蓋存在。

在這段很長的暖化時期後，地球逐漸冷卻下來，接著在大約三千四百萬年前發生了另一個重大的氣候轉變。重要新興山脈（安地斯山脈、喜馬拉雅山脈與洛磯山脈）的崛起所促成的大氣環流變化導致南極冰蓋形成，進而引發了這次的轉變。這造成了全球花粉種類的多樣性驟降（由大範圍的森林退縮所引起），並加速了植物為適應較乾冷環境而產生的改變。在這類適應性變化中，最引人注目的是禾草生物群系的出現與崛起。對開放式草原以及與這類棲地有關的動物（植食動物）而言，從三千四百萬到兩千三百萬年前的這段期間特別有利於發展，不過對森林來說條件就不是那麼合宜了。

冰河時期

在過去兩百六十萬年以來的森林歷史中，冰河時期只佔了一個較短且較晚近的片段，但其影響力不可小覷。在這段期間，森林覆蓋在大約50個連續的冰河週期內不斷大幅變動。更新世冰河期（從三萬三千年前持續到一萬六千年前）是我們最了解的一段時期。從最後一次冰消期（last deglaciation）開始的這段時期發生了最後一次的大規模森林擴張，不過現代人類也在同一時間崛起。

物種的多樣性

此一圖表展現了新生代（地球歷史上最晚近的地質時代）期間南美洲北部植物的多樣性——橫跨時間從六千六百萬年前一直到始於兩千三百萬年前的中新世時期（Miocene epoch）為止。圖中的曲線顯示出花粉型（植物多樣性的代用指標）的數量，也突顯出古新世–始新世極熱事件期間的重大多樣化發展。（資料來源：Jaramillo et al., Science (2006).）

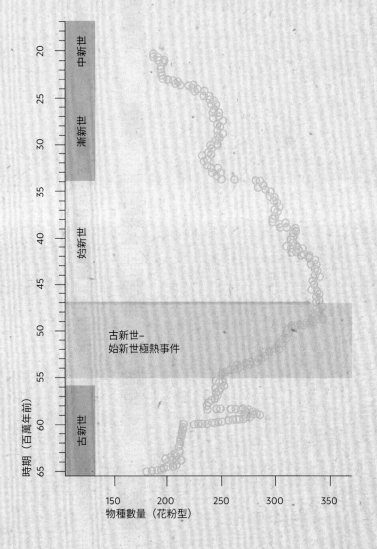

火與新石器時代的聚落

目前針對原始人類的歷史仍所知甚少， 以致在探討他們與森林間的交互作用時， 頂多只能依據推測。一個存在已久的理論認爲， 疏林草原的興起使人類開始雙足行走， 但生物力學的證據否定了這個理論。原始人類「始祖地猿」（*Ardipithecus ramidus*）起源於 440 萬年前， 雖然以雙足步行， 但他們的手經演化而變得適合攀爬， 這表示他們主要生活在森林中。

火

在人類的早期發展中，最具意義的事就是學會用火。這不僅對人類物種之後的成功而言相當重要，對森林來說也是如此。即便是小規模的人類族群，只要精通用火的方法，就能對植被造成不成比例的巨大影響。遺憾的是，發生在遠古的環境衝擊很難區分是人為火災還是自然事件所致，甚至也無法確定人類學會控制火的時間點，人類150萬年前可能學會用火， 40萬年前則有明確證據已知用火。我們很容易對古代產生扭曲的時間觀：一世紀相較於人類壽命是很長的一段時間，而由於森林在干擾後的恢復時間超過一世紀，因此我們會覺得森林的動態變化既緩慢又漸進。然而，在過去長達百萬年的古環境記錄中，歷時一世紀的森林干擾其實難以察覺。

▼ **澳洲原住民**
澳洲原住民長久以來會利用火來避免電擊引發的灌木野火，但也會藉由火使耕地肥沃與狩獵野禽。

考古證據

瑪傑貝貝（Madjedbebe）是一座岩棚，位於澳洲北領地的卡卡杜國家公園（Kakadu National Park）內。從那裡挖掘出來的工藝品是人類抵達澳洲的最古老證據，其中包括爐床、手斧與磨石。

現今的大陸

冰河時期的大陸

澳洲的案例

澳洲是人類如何用火形塑森林的一個例子。近年在北領地瑪傑貝貝岩棚的考古挖掘顯示，人類大約六萬五千年前拓殖到澳洲大陸（嚴格來說應稱之為莎湖陸棚〔Sahul〕）。根據古基因組學（paleogenomic）研究的估計，在大約一萬年前原住民在澳洲曾大範圍擴張，不過考古學證據顯示人類在早於三萬年前就已遍布於莎湖陸棚上。原住民會藉由焚燒疏林與草原以改變土地，然而在原住民族群擴張前，澳洲植物群就已產生對火的適應性。花粉記錄與土壤中的木炭皆顯示在末次冰期，草原、灌木叢與疏林在澳洲的覆蓋面積遠大於今日。在冰河期結束後，殘餘的森林才開始擴張，在大約五千年前才確立如今的森林覆蓋。這暗示原住民的焚燒活動並未阻止森林的發展，草原也早就存在。

澳洲的案例研究顯示人為與自然事件所致的毀林很難區分，尤其是野火所造成的情況。此一案例也說明了在批評原住民文化活動前，必須要審慎檢視已知的證據。簡而言之，在此改述美國記者H・L・門肯（H. L. Mencken）的名言：「每一個問題都有一個簡單、俐落——而且錯誤的解答。」

新石器革命

歐洲與溫帶亞洲讓我們得以從另一個角度去了解末次冰期結束後人類與森林的交互作用。這兩個地區在大約一萬年前都經歷了新石器時代，而該時期的特色就是人類的生活型態轉變為農業、畜牧業的定居生活方式。農業勢必加劇了伐林活動，但考慮到以石器時代的技術清整土地所需耗費的代價，當時的伐林幅度可能十分有限。

為了解新石器時代可能對溫帶森林地區造成了多大的衝擊，研究人員估算當時人類生活的代謝需求。這研究方法認為人類有進食、保暖與建造居所的最低需求。根據估計，每一個人在新石器時代的基本「消費籃」（basket of goods）包含農產品（小麥、牲口、綿羊或山羊）與木產品（柴薪與營建木材），平均每人所需的農地面積為1-2公頃。因此，一個30人的聚落需要的農地面積不高於60公頃，他們也需要在十倍大面積（即6平方公里）的土地上採集森林產物。估算結果暗示，到新石器時代結束為止，歐洲與溫帶亞洲不至於徹底毀林：除了少數人口密集處（每平方公里超過5人），多數區域皆杳無人跡。在新石器時代中期，陶器僅零星散布於中北歐與地中海盆地附近，間接支持這推測。雖然木材不如陶器耐用，但極有可能是新石器時代人類生活中的要素——重要到相較於磨製的石器，木工技術上的創新更有可能是引發新石器革命的關鍵。

▶ **歐洲山毛櫸**

歐洲山毛櫸（*Fagus sylvatica*）有許多用途，例如作為柴薪、木材，以及用來製作櫥櫃。山毛櫸堅果可用來生產食用油，而山毛櫸木刻寫板在紙發明前亦普遍受到使用。在英語、德語、俄語和瑞典語中，山毛櫸和書的古文是同一字。

農業的擴展

自大約一萬年前開始，農業是如何及何時從西亞的肥沃月彎（Fertile Crescent Asia）擴展到西歐，目前仍無法確定。此一過程可能與人類及技術的遷徙有關。以農業為主的生活型態轉變，開始了歐洲的伐林活動。

新石器時代的花粉記錄

某些植物類群花粉密度的時間變化，透露出人類對環境的衝擊。這點從歐洲花粉數據庫（European Pollen Database）所收集的禾草類（禾本科植物）花粉密度資料最能清楚看到。在森林地景中，我們可以預期只有稀疏的禾草存在。禾草的花粉數量確實在末次冰期結束時下降（與森林的向北遷徙同時發生），且一直到四千年前都保持低密度的狀態。人為環境衝擊的另一個指標是，角樹（*Carpinus betulus*）與歐洲山毛櫸（*Fagus sylvatica*）的數量於六千年前（即新石器時代晚期）開始緩慢增加。這兩個樹種都很適合作為柴薪，也具有木工與營建價值，果實與樹葉都能供人類與動物食用。這兩種樹木也都和受干擾的森林有關，而且再生速度快，能適應森林經營。總而言之，花粉記錄透露了人類自新石器時代結束後對森林的漸進影響。

▲ **新石器時代的工具**
「石器時代」晚期的大多數工具肯定是以木頭製作而成，儘管它們在考古證據中很難被完整保存。

自古典時代以來的森林變化

曾經一度強大的文明為何會崩塌?文明的資源濫用與其衰敗有多大的關聯?這些一直是環境歷史學家熱衷探討的主題,而在他們當中,大多數人都同意文明的殞落通常牽涉數個起因,其中之一是環境的不當經營。

建基於林木的文化

某些歷史學家一再暗示印度河谷(Indus Valley)的哈拉潘文明(Harappan civilization)、美索不達米亞、邁錫尼文明(Mycenaean civilization)與羅馬帝國的文化衰敗,全都可能與伐林活動有關。他們主張背後的運作機制牽涉資源的濫用,而這可能是隨著戰時建造船艦的木材需求增加而產生的情況。這些說法之所以一再被提出,是因為上述這些文化的發展皆奠基於林木,但卻鮮少有直接證據能證明這些說法。過去四千年來,人類文化的共同特徵就是極度仰賴森林產物:森林提供了食物、柴薪與營建木材。然而,此特徵並未導致資源的濫用,反而促成了森林經營與木材技術上的重大革新——包括萌芽更新(coppicing)與去梢(pollarding)等技術,這些很可能是人類漫長歷史上最重要的發展。

▼ **美索不達米亞**
古文明的崩塌據稱與木材資源的濫用有關。其他因素也可能牽涉其中。

理論指出，建立制度是小型社群合理經營其環境資源的必要手段，這包括該社群參與者之間所締結的長期契約，以及強制執行該契約的手段。當這理論被應用在現代社會時，結果顯示資源的永續經營是可以達成的長期目標，但是要滿足數個前提，也無法保證一定會成功。共有資源的經營很可能失敗，過去就常發生這樣的案例。

卡霍基亞（Cahokia）

有關共有木材資源的非永續利用，一個經常被報導的例子是卡霍基亞（如下圖所示）——在十八世紀中期被費城超越之前，它是北美洲最大的一座城市。卡霍基亞位於密西西比河沿岸，地點靠近現今的聖路易斯市，從西元800年到1350年都很活躍。這座城市的原住民人口高達數萬人，且相當仰賴以玉蜀黍為主的農業。根據考古學家威廉‧I‧伍德斯（William I. Woods）所述，該城市的居民也大量利用林木：他們在城市中心的周圍建立了一座大型木柵欄，而且還重建了三次。這座著名的卡霍基亞巨木陣（Cahokia Woodhenge）是由雪松木柱排列而成的圓環所構成，且每根直立木柱的高度為6公尺，這意味著森林資源不只是常備

日用品，還具有象徵價值。然而，並無直接證據顯示卡霍基亞曾發生森林的非永續利用。針對該城市的衰落，一個更可能的原因是對灌溉用水的高度仰賴。事實上，密西西比河流域的水資源也不容易管理。根據年輪氣候重建，1276–1297年間一場旱災曾襲擊卡霍基亞地區，為水資源帶來了更多壓力。其他證據也顯示，美國西南部的阿納薩齊人（Anasazi people）與猶他州的弗里蒙特人（Fremont people）也曾受到這起乾旱事件的嚴重衝擊。

▲ 古代的森林活動
在中世紀，餵豬是在森林中進行的工作。養豬人會把樹上的橡實敲下來給豬吃，這種做法稱為「林地牧豬」（pannage）。

歐洲的森林資源經營

儘管卡霍基亞很可能採取了謹慎的森林資源經營，然而幾乎沒有留下相關歷史。相較之下，歐洲的林木經營倒是有許多直接證據。森林產物的利用在歐洲相當多樣化，而且許多歐洲文化的木工技術都很先進。在鄉村地區，森林被當成公共資源來使用，村民會在森林中放牧牲畜與收集木柴。其中一項活動是養豬人會用棍棒敲打橡樹樹枝，然後用掉下來的橡實餵豬。此外，蜂蜜、蜂蠟與山毛櫸堅果油也是重要的產物，畢竟在當時的世界，糖和人造光源都很稀有。科技歷史學家約阿希姆·拉德考（Joachim Radkau）研究指出，一名十九世紀住在德國森林的貧農，家裡有27個樹種，這些樹種全都有某種特殊用途。歐洲大教堂的高聳中殿（nave）與其他雄偉的木造建築，都是展現出驚人木工技藝的實例。這些木作有一個值得注意的特色：它們全都是用一根格外筆直的樹幹組建而成，而且擁有這類樹幹的樹木也因此用途而被栽種。

在歐洲的中世紀期間人口增長，為土地的最佳利用帶來了挑戰——放牧動物、栽種作物與收集柴薪的土地都必須達到平衡。到了西元1000年情況變得更加嚴峻，隨之而來的是進展迅速的森林皆伐活動。根據估計，歐洲中西部的森林覆蓋從西元1000年的40%，一路降到1350年黑死病（Black Death）爆發時期的20%。德國有一種「林地村莊」（Waldhufendörfer），形成方式是先清整一片狹長的森林，再將這些空地劃分成每一塊面積大約為24公頃的農地。而在英格蘭，土地利用的情況甚至更為極端。

環境歷史學家奧利佛·萊坎（Oliver Rackham）在分析了西元1086年的《末日審判書》（*Domesday Book*）後，指出英格蘭的森林在當時已相當稀疏，林木覆蓋約為15%。而根據《百戶區卷檔》（*Hundred Rolls*，在1279年進行的英格蘭土地所有權普查）的記錄，林木覆蓋度低於10%。

頗令人驚訝的是，這些伐林活動都沒有使用鋸子。鋸子是伐木技術漫長變革的典型例子。根據拉德考所言，即便使用鋸子能減少20%之多的木材浪費，德國的伐木工還是持續使用他們所偏好的斧頭。一直要到十八世紀中期，鋸木才開始變得普遍。伐木工不願改用鋸子的理由包括鋸子的維護比較複雜、維持跪地鋸木的姿勢令人難受，以及採用這項技術會增加成本。下一個重大的技術革新一直到1950年代才出現，那就是電鋸的廣泛使用。

▲ **去梢**

已去梢的山毛櫸，位於英格蘭艾塞克斯郡（Essex）的埃平森林（Epping forest）。去梢是一種有利於木柴與牲畜飼料生產的修剪技術。自中世紀起，這種作法在歐洲一直都很普遍。

有趣的紐西蘭案例

大約八千五百萬年前，紐西蘭隨著塔斯曼海（Tasman Sea）的展開而與澳洲分隔開來，並且形成了當地特有的動植物相。紐西蘭最初是由溫帶林所覆蓋，且全國的森林資源（根據超過一萬四千五百個森林樣區的調查）共包含112個樹種。在紐西蘭的森林中，佔有生態優勢的是南青岡屬植物（南山毛櫸）以及羅漢松科的針葉樹。

紐西蘭是板塊與火山活動的熱點，歷史最劇烈的幾次火山爆發都要歸咎於北島的陶波火山（Taupō Volcano），包括兩萬六千五百年前的奧魯阿努伊爆發（Oruanui eruption），以及大約發生在西元232年的哈特佩爆發（Hatepe eruption）。此區域的大規模爆發活動次數雖少，但肯定大幅衝擊地景與森林。一個問題是這些火山爆發是否會使對面的島嶼也發生林火。雖然火山爆發帶來巨大衝擊（尤其是火山灰沉落的影響），紐西蘭普遍偏高的降水量與水氣可能會阻止野火的廣泛散播。陶波（Taupō）北部的卡普阿泰沼澤（Kopuatai Bog）的湖土，其內的木炭經過碳定年後，顯示出林火在哈特佩爆發前的一萬年間持續發生，但次數偏少。

▼ **森林之神**
（Tāne Mahuta）
紐西蘭最大的考里松
（*Agathis australis*），
位於北島的懷波瓦森林
（Waipoua Forest）。

紐西蘭樹種與澳洲植物相不同，它們完全沒有展現出典型的火燒適存特性。紐西蘭的樹皮比一般的厚，尤其是針葉樹，但紐西蘭樹種的根系並不具備再萌蘗的能力。這表示紐西蘭的森林很容易受到林火的影響：當罕見的野火發生時，樹木會因此而死亡，而森林則要花上好幾十年的時間才能回復。

花粉的故事

野火並不是改變紐西蘭植被的唯一近因。紐西蘭的冰河歷史與歐洲類似，南島的冰河在大約一萬四千年前開始消退。孢粉學透露了過去一萬年來的植被變動。直到七千年前為止，研究記錄到的大量樹蕨類孢粉意味著那時氣候溫和潮濕。在那之後，不耐凍物種的退縮與南山毛櫸的擴張則代表南島氣候變得較為寒冷。在此同時，北島較乾燥的夏季與較多變的氣候可能促進紐西蘭特有針葉樹種考里松（*Agathis australis*）的擴張。馬拉托托

湖（Lake Maratoto）位於北島中部的懷卡托低地
（Waikato lowlands），而該湖泊的花粉記錄顯示
從一萬兩千年到兩千年前，該地區的植被與氣候相
對穩定。

紐西蘭的古環境研究有一個令人意外的特色，那就
是較缺乏年輪學的調查，最遠只到西元1200年，並
未涵蓋史前時代。因此紐西蘭的年輪研究還有很大
的空間，來探討因應過去氣候變遷與火山活動的樹
木生長微細變化。

▲ **南山毛櫸**
南山毛櫸（南青岡屬）是紐
西蘭森林中的優勢樹種。

◀ **陶波火山**
是世界上極為活躍的火山之
一，平均每千年就會爆發。
在北島，森林必須要適應高
強度的火山活動與地震。

南島庫力歐灣（Curio Bay）的石化森林（petrified forest）具有一億八千萬年的歷史，其化石針葉樹與現代的考里松有親緣關係。這座森林是保存得最好的侏羅紀森林遺跡。

毛利（Māori）移民所帶來的衝擊

考古證據強烈暗示紐西蘭的第一波移民潮大約發生在西元1280年，當時毛利人從西玻里尼西亞搭船過來。在這之後，所有早期毛利人的居住點都已藉由碳定年法測定其年代。這些地點沉積了大量的恐鳥骨骼，意味著這些無法飛行的大型鳥類是早期毛利人的重要食物。

紐西蘭動物相在缺乏掠食者的情況下大幅演化，而不會飛的陸鳥亦蓬勃發展，其中最壯觀的就是恐鳥，一種長相類似鴕鳥、現已滅絕的鳥類，最大可長到200公斤以上。在西元1280到1840年間，所有的恐鳥都被完全獵殺而滅絕，而森林覆蓋則從總土地面積的82%降到55%。毛利人的存在為何會造成如此劇烈的毀林情況，至今仍是個謎。有假說認為原因是毛利人大規模種植番薯，但這個說法令人存疑，因為毛利人主要以狩獵採集維生。受到最嚴重衝擊的區域是南島的低地，尤其是此處的羅漢松林。古生態學家麥特・麥格隆（Matt McGlone）提出的理論是這些森林很容易發生野火，而毛利人意外引燃了林火。微木炭（micro-charcoal）記錄顯示，在毛利人移民到紐西蘭後，林火的發生頻率隨即急遽增加。在南島東部各地（即紐西蘭最乾旱的地區），地面上燒成炭的霍氏羅漢松（*Podocarpus hallii*）與桃柘羅漢松（*P. totara*）圓木經測定起源年代為大約西元1100-1400年。

歐洲拓殖者自西元1840年起開始成群結隊地抵達紐西蘭。他們在多山的區域砍伐森林，將大範圍的地區變更為農地、牧羊場與製酪場。據估計，1850年代中期的綿羊總數為一百萬隻，到了1870年代早期已增加到一千萬隻。這樣的土地利用變化，直接造成森林覆蓋從55%縮減到大約24%。

有爭議的年代測定結果

在1990年代，有關毛利人早在西元300年就已航行到紐西蘭的說法，引起了激烈爭論。此一理論是根據玻里尼西亞鼠（*Rattus exulans*）骨頭的碳定年結果。玻里尼西亞鼠被認為只有依靠人類船隻才能越過太平洋。早期以碳定年法測出的骨頭起源年代都特別早，以致有人認為毛利人早就抵達紐西蘭，或是這些測定結果有誤。2008年，紐西蘭古生態學家珍妮特・威爾姆斯赫斯特（Janet Wilmshurst）與同事重新檢視那些老鼠骨頭最初被採集的考古遺址，發現沒有一個碳測定年代早於西元1280年。而根據他們的報告，被老鼠啃過的種子起源年代也晚於1280年。

紐西蘭的森林覆蓋喪失

紐西蘭森林從西元1000年至今的逐步喪失情形。（資料來源：Ogden et al., 1998.）

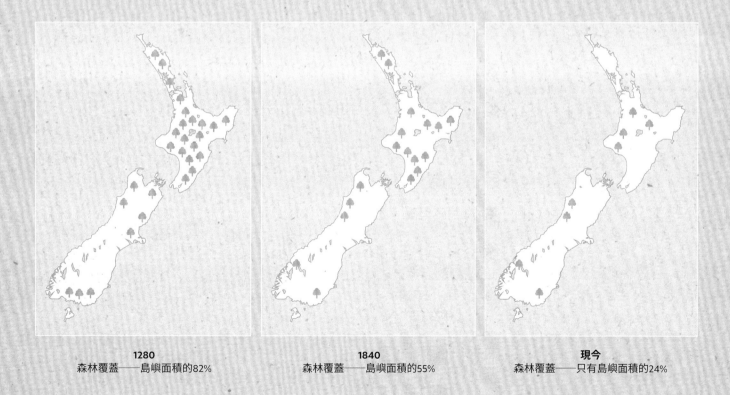

1280
森林覆蓋——島嶼面積的82%

1840
森林覆蓋——島嶼面積的55%

現今
森林覆蓋——只有島嶼面積的24%

向過去學習

森林蘊含了過去氣候變遷與土地利用變化的有用資訊。 年輪學、 孢粉學與穩定同位素研究， 皆提供了有關過去環境狀況與植被轉變的獨到見解。

▶ **伊甸園般的森林**
覆以地衣的南山毛櫸森林，位置靠近阿根廷的烏斯懷亞（Ushuaia）。

過去研究的重要發現是，在末次冰期結束，環境變得更加有利後，森林能迅速應對這些變化。另一項發現是熱帶森林比較不受冰河期的影響，因此保存了高度的物種與遺傳多樣性。不過，這些研究結果對我們理解森林將如何反應未來的氣候變遷，有多大的幫助呢？這樣回顧過去以了解未來的做法有一個問題，那就是我們目前正經歷的人為氣候變遷與過去數千年大不相同。隨著人類對森林的影響加劇，環境變化背後的解釋也變得錯綜複雜、難以釐清。

在近三個世紀，人類對森林的觀念有著急遽改變。在前化石燃料時代（pre-fossil fuel era），森林是重要能源，如今卻轉變為如伊甸園般的神話森林。大量證據皆顯示前工業化文明極度仰賴森林資源，不過某些文明因耗盡森林資源而崩塌的說法，如今已被認為是過時的謬論。1532年，德國神學家馬丁·路德（Martin Luther，1483-1546年）曾寫道：「誰能細數林木的所有用途？林木是世界上最重要也最必要的事物，一直以來都為人類所需，無法從生活中捨棄。」森林在悉心的萌芽更新及去梢作業下，可以充分發揮其用途。自十六世紀起，擔心木材短缺在歐洲一直是很普遍的心態，而光是這點，就足以顯示森林經營是不可或缺的經濟與社會活動。

▶ **伐木**
在靠近華盛頓州西雅圖的喀斯喀特山脈上，伐木工正在裝運長度36.5公尺、兩端削尖的圓木。這些圓木將用來架設捕魚陷阱。

從區域到全球資源

木材貿易最初僅是滿足區域性的需求，然而到了十七世紀初，熱帶林木在歐洲已變得相當高價。荷蘭進口了大量的模里西斯烏木（*Diospyros tessellaria*，一種黑檀木），用於製作畫框與其他的裝飾物品，以致模里西斯島上這種珍貴的烏木森林，到了1645年多已消失殆盡。高獲利商品（包括森林產物）的全球市場，激起了人們想更了解自然資源的慾望，進而促進了十七與十八世紀大航海時代的探索。

環境歷史學家理查・格羅夫（Richard Grove）認為：除了征服殖民地外，殖民者很早就有環境經營管理的觀念，這部分較鮮為人知。殖民者很清楚他們的行動會改變環境，尤其是森林資源。許多殖民政府都制定相關法規，以避免過度濫用森林資源。然而，地方總督所制定的保護政策可能人亡政息，卸任後政策遭到廢棄，充其量只能延緩森林破壞。這早期殖民歷史衍生出的另一個關鍵是，因為森林破壞而產生將熱帶森林視為伊甸園的想法，進而發展出需要保護「原始」森林的美學與道德訴求。這樣的敘述方式影響力極大，法國植物學家貝爾納丹・德・聖皮耶（Bernardin de Saint-Pierre，1737-1814年），即《保羅與維珍妮》（Paul et Virginie，1788年）的作者，就是最重要的推手。這樣的想法，促成了十九世紀浪漫環境主義（Romantic environmentalism）的興起。

過去的森林破壞，很難歸咎於單一原因，這麼做也會引發政治問題。如同本章所示，從孢粉與年輪這樣的古環境間接指標來推論森林覆蓋變化，不僅很容易出錯，也幾乎不可能得到可靠結論。大眾現在普遍認為，森林一向是人類貪婪行為的受害者，人類不尊重傳統文化而傷害森林。這樣的看法有助於消弭所謂的「高貴野蠻人」（noble savage）概念，也將敘事觀點從殖民主義國家轉移到原住民族。然而，森林的人為破壞是近代的現象，是全球人類社會所造成的後果。農地與牧地侵占了林地，人類任意掠奪森林資源以供給全球市場。全球的森林破壞在1920年代到1980年代間達到高峰，所產生的環境衝擊也數倍於以往。

◀ **森林小徑**
過去數千年的森林歷史給了我們上了一課，一堂耐心與回復力的課。

全球的森林流失

在一萬前年（西元前8000年），全球的森林覆蓋了57%可生長的土地。此一比例在1800年降到了50%，也就是在一萬年內減少了7%。而在二十世紀期間，全球森林覆蓋又下降到可生長土地的38%。

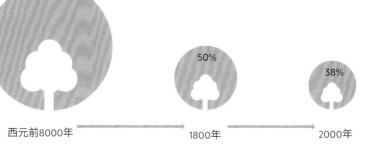

西元前8000年 　　　　　1800年 50%　　　　　2000年 38%

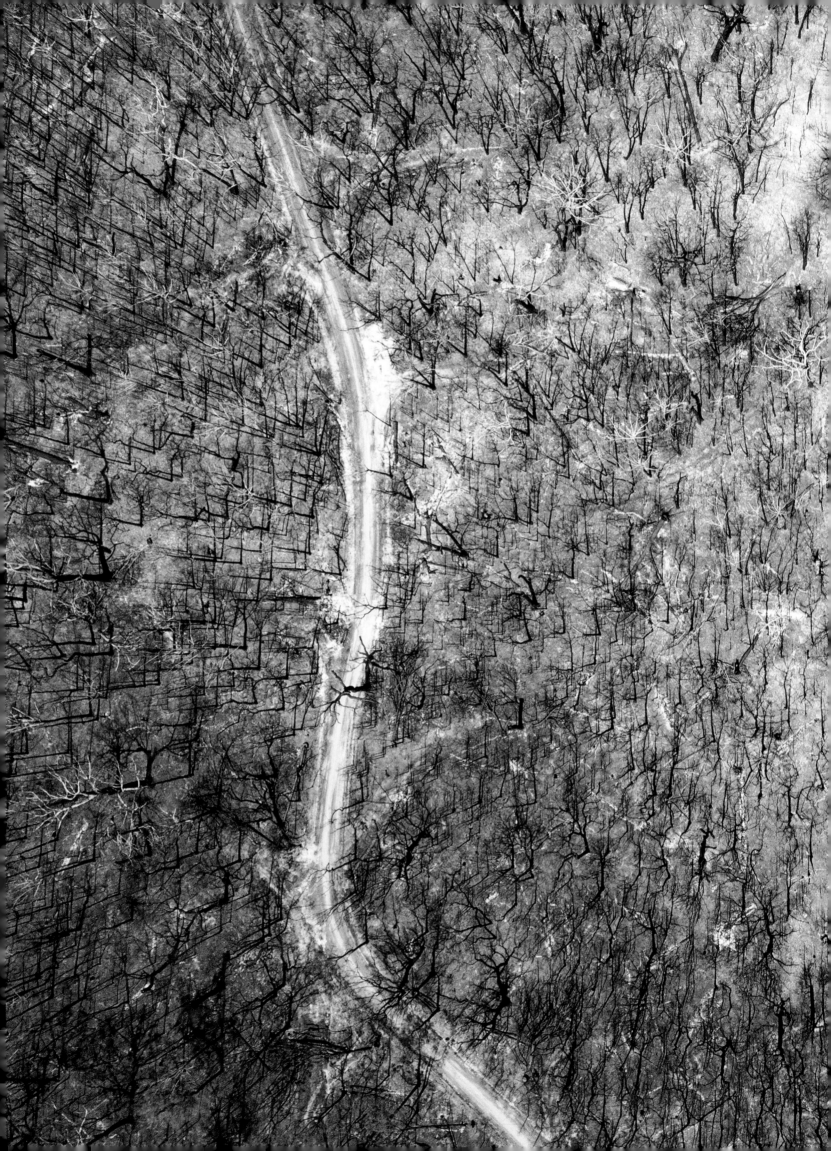

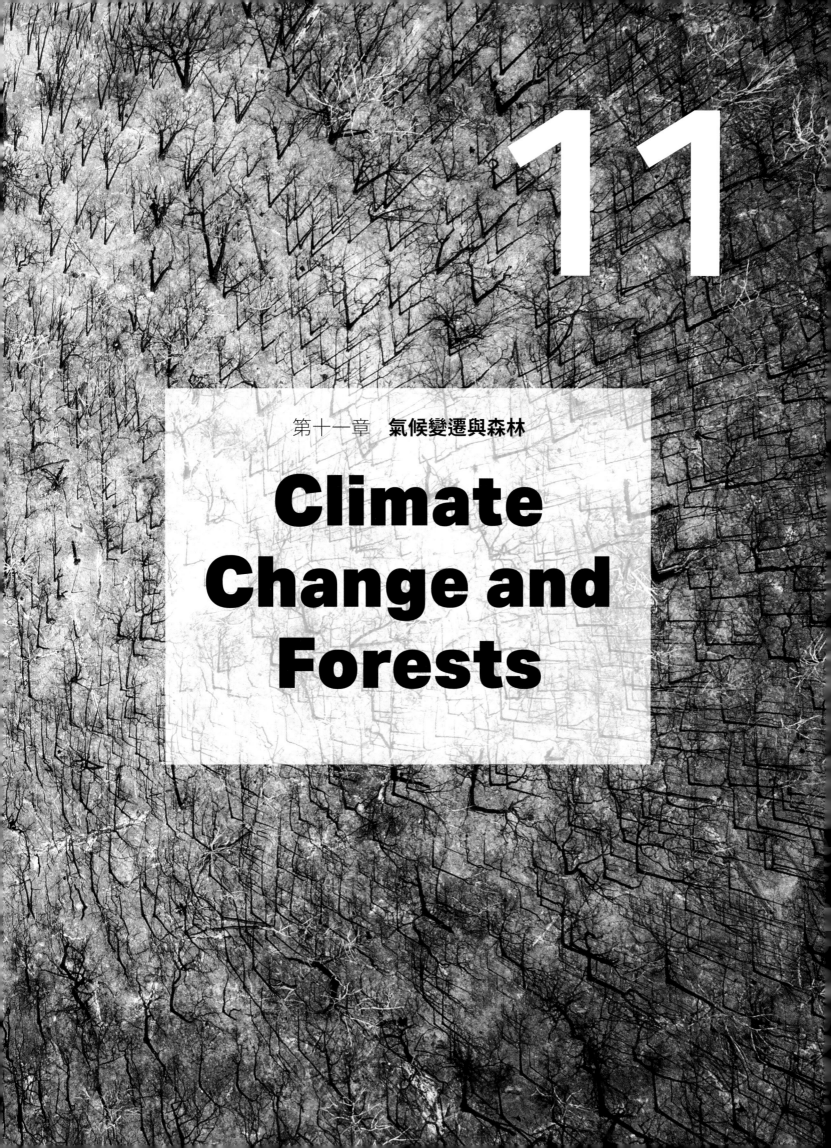

11

第十一章　氣候變遷與森林

Climate Change and Forests

氣候變遷：生態學的大哉問

生態科學努力解釋生態系的結構、功能以及回復力。這是由觀察生態系如何隨著不同水分、養分等影響因子而變化，還有生態系如何回應變動所得到的歸納。生態學源自生物學，卻又有所不同。生物學幾乎都在嚴格控管的環境下，以「白老鼠」這樣的生物進行實驗，但生態系卻很難用操控實驗來測試生態理論，而且我們的生態系也不應是白老鼠。

▼ **刀耕火種**
這種耕作方式會使土地從森林轉換為輪作耕地，然後再恢復成森林。

森林生態學有點像天文學——宇宙中可供觀察的事物精密複雜且豐富，但我們無法改變星體，於是天文學的進展是依賴觀察這些天文現象來了解背後的推動力。對森林生態學家而言，氣候變遷是兩面刃。一方面，我們難以對森林生態系進行氣候變遷實驗，即使能做到，實驗時間也都相對短暫，無法觀察到長期的作用與機制，例如長達數百年的樹

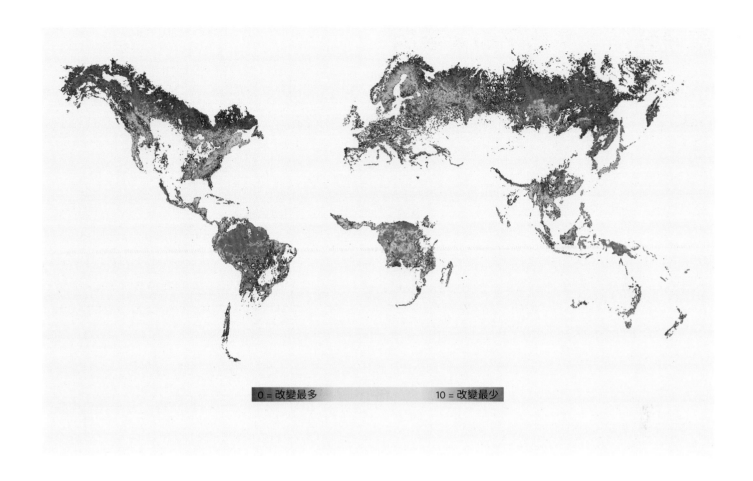

0 = 改變最多　　　　　　　　　　　10 = 改變最少

木世代循環，或是可能需要數千年的物種遷徙與拓殖。但另一方面，地球的深遠歷史提供人類很好的觀察基準，例如在氣候改變、缺乏關鍵物種，或是大氣二氧化碳濃度不同的情況下，森林過去有怎樣的變化。這些歷史觀察就像是大自然所進行的準實驗（quasi-experiment），能讓我們瞭解森林的運作方式。如今人類正使地球產生全新的氣候型態，現今的生態學大哉問就是：生態系將如何改變以因應氣候變遷？

人類行為所致的氣候變遷

人類行為所致的地球氣候變遷很容易觀察到。若從飛機上的窗戶向外看，就能看出現代土地變更活動所產生的影響——而且往往非常清楚。較難捉摸但較不普遍的，或許是化合物釋放對大氣層造成的變化。現代「文明」正在改變這個星球，許多長久的難解問題，都與地球環境如何反過來影響「文明」有關。其中一個大問題就是燃燒化石燃料（起初是煤，接著是石油與天然氣）所增加的大氣二氧化碳。

▲　**人類行為**

人類改變世界森林的程度。空白部分為非森林地區。工業化區域的森林大多遭到破壞；發展中國家的森林皆伐與人口增長有關；在北寒林與熱帶潮濕森林中，改變最少的森林範圍最大。

早期的氣候變遷觀察

在1896年濕冷、陰鬱的斯德哥爾摩冬天，瑞典物理學家斯萬特・阿瑞尼斯（Svante Arrhenius，1859-1927年）為了從痛苦的離婚手續中轉移注意力，於是讓自己沉浸於解方程式的過程中。他運用那時最新的地球地表熱傳導理論，導出了數萬個相關的物理方程式。他專注在問題的數學解法上，而那些問題呼應了第十章的內容——地球在一萬年前的暖化速度怎麼能快到如此迅速地融化北美洲與歐亞大陸的冰層？而之前氣候又怎麼能冷到足以形成這些冰蓋與冰河？如同其他高緯度地區，瑞典不僅在過去處於「冰期後反彈」（glacial rebound）的狀態，現今也仍是如此。這是在更新世冰河融化後，北方地殼因上方重量減輕而持續減壓所致。隨著地殼上抬，巨石從波羅的海（Baltic Sea）中隆起，形成了斯德哥爾摩周邊的群島，並改變了瑞典的海岸線。對生長於此的地球物理學家而言，上述問題想必會激起阿瑞尼斯一探究竟的好奇心。

阿瑞尼斯延續法國數學家讓-巴普蒂斯・約瑟夫・傅立葉（Jean-Baptiste Joseph Fourier，1768-1830年）在1824年的觀察，即大氣層就像一個溫室，會讓陽光輻射通過，但會留住地面所散發、屬於不可見光的紅外線輻射。這位瑞典物理學家計算不同大氣二氧化碳濃度下的氣候反應，同時也製作了圖表，展示從60°N到60°S之間，每隔10°緯度會產生的預期溫度變化。阿瑞尼斯以1896年的大氣二氧化碳平均濃度作為基準，預測在濃度從基準值的三分之二到三倍的變化範圍內，每一個10°區帶在一年四季的平均溫度變化會是如何。他的計算結果，很接近目前評估溫室氣體如何影響氣候的大氣環流模型（general circulation model，簡稱GCM）。

阿瑞尼斯預測高緯度區與冬季的暖化效應會最大，並估計在大氣二氧化碳濃度加倍的情況下，全球長期增溫5-6 ℃。他的估計值雖然偏高，但還是落在現代GCM的預測範圍內，不過這樣的結果當然有可能只是巧合。阿瑞尼斯並未考慮雲霧形成及植被改變化的影響，而現行的模型都有將這些納入考量。此外，當他在計算時，二氧化碳排放源主要是人為的林業與土地變更，而不是燃燒化石燃料。

二氧化碳釋放量

化石來源（石油、天然氣與水泥製造）以及林業與土地利用，釋放到大氣層中的二氧化碳量。阿瑞尼斯於1886年計算溫室氣體所造成的全球暖化效應時，那時大氣層中的二氧化碳大多來自林業及土地利用變更。1 Gt或等重的Pg（Petagram，拍克）就是十億噸或1015公克的意思。（資料來源：IPCC, 2014.）

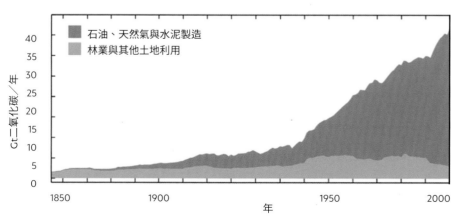

驅動氣候變遷的森林變化

森林變化與氣候變遷之間的交互作用會朝著多個方向運作：氣候能改變森林，森林能改變氣候，而我們能改變這兩者。面對具有反饋迴路（feedback loop）的動態系統，釐清當中的因果關係是一大挑戰，特別是當這些交互作用是在不同時空尺度上運作時，更是困難重重。

針對森林皆伐的早期觀察

儘管如此，在檢視此一論題時，會先面對一個直接的老問題：清伐森林的後果是什麼？1785年，美國政治家湯瑪斯・傑佛遜（Thomas Jefferson，1743-1826年）在他的《維吉尼亞州筆記》（*Notes on the State of Virginia*）中寫道：「然而，正在發生的氣候變化令人感受非常明顯。記憶中，熱與冷都變得比以前要溫和中庸許多，即便是對中年人而言也是如此。」15年後，也就是在1799年時，政治作家暨辭典編纂家諾亞・韋伯斯特（Noah Webster，1758-1843年）在康乃狄克科學學院（Connecticut Academy of Sciences）演說時，也提及同一話題：「森林皆伐與農耕為一個國家帶來的所有影響，似乎只會改變炎熱與寒冷、潮濕與乾燥天氣的季節分配。」韋伯斯特的評論是根據他對新英格蘭的土地變更所做的觀察，他觀察到那裡的森林變更為農地後，季節氣候因而產生了變化，其中特別顯著的是冬季變得更冷。在當時，韋伯斯特是聯邦黨中重要的智識之士，而傑佛遜則是民主共和黨的美國副總統，兩年後就會參選第三任總統。這場科學討論的語氣與兩位政治對手的政見非常爭鋒相對，現在看來也充滿了歷史嘲諷。二百多年後，美國又回到將氣候議題政治化的時代。不過從科學家的角度來看，難解的問題通常都是好問題。

1853年，法國科學家安東尼・西薩・貝克勒（Antoine César Becquerel，1788-1878年）提出了一個好問題：森林是如何改變溫度？有鑑於當時森林正大幅被砍伐，因此思考森林皆伐會造成哪些改變，在那時（如同現在）是合乎時宜的明智舉動。認識森林皆伐對氣候的影響雖然是個舊議題，我們現在更加理解其可能的影響機制，但還有很多我們仍無法確定。1999年，美國國家大氣研究中心（National Center for Atmospheric Research）的戈登・博南（Gordon Bonan）透過氣候模擬模型，重新檢視了韋伯斯特與傑佛遜的爭論，認為前殖民時期（pre-colonial）北美洲森林砍伐的影響，應該會符合韋伯斯特的推測，即在遭清伐的大陸中央地區，秋季會較早到來且較寒冷。

◀ **1700**

前歐洲移民時期（pre-European settlement）的麻薩諸塞州森林，同時也是尼普穆克族（Nipmuc people）玉米農、獵人與漁夫的家。在歐洲拓殖前的地景應該會呈現出自然的生態變異，並同時存在著自然與人為干擾，因而形成了不同年齡、密度、大小與樹種的多樣地景。

◀ **1740**

歐洲移民者透過森林皆伐、狩獵與設陷阱捕捉動物，大幅改變了這裡的土地。許多物種的豐度皆迅速產生變化，且大多是朝負面的方向改變。老熟林亦轉變為農村地景。

◀ **1830**

新英格蘭地區在1830年與1880年間進行了廣泛的伐林活動。六成至八成的森林因建立牧場、耕地、果園與建築而遭到清整。許多剩餘的林地仍經常砍伐，以獲取木材與燃料。

加勒比地區的氣候變遷觀察

關於人類對氣候的改變，探險家哥倫布（1451-1502年）在1494年寫信給他的兒子斐迪南（Ferdinand）時提到，相較於森林遭破壞的亞速爾群島，西印度群島的森林為當地帶來了較多的降水量。在大約500年後的1984年，美國氣象學家理查・安西斯（Richard Anthes）分析氣象資料，顯示哥倫布的觀察是正確的。多米尼克（Dominica）是小安地斯群島（Lesser Antilles）中最多森林的島嶼，森林覆蓋約達80%。多米尼克的降水量，是森林遭破壞的鄰近島嶼的大約三倍，包括聖基茨島（Saint Kitts）、尼維斯島（Nevis）、安地卡島（Antigua）與巴貝多島（Barbados）。

在殖民時代（約西元1650年開始）的加勒比地區，甘蔗被引進安地斯群島後森林快速遭到破壞，在該群島許多地方皆造成遺禍。哥倫布所假設的植被-氣候交互作用，促使人們開始重視森林的造雨功用。多巴哥島上的多巴哥主嶺森林保護區（Tobago Main Ridge Forest Reserve）是西半球最早受法律保護的森林保護區，在1776年4月13日設立，其創建目的是「引來頻繁降雨，因為這些氣候區內的土地肥沃度完全仰賴降雨」。這項條例是英國國會議員索姆・詹寧斯（Soame Jenyns，1704-1787年）努力了11年的成果。詹寧斯在國會中主要關注的是貿易與墾殖事務，而他又是受到了史蒂芬・黑爾斯（Stephen Hales，1677-1761年）的觀念所影響。黑爾斯是一名神職人員，同時也是皇家學會的成員。他研究過許多主題，包括水從根部通過植物再移動到空氣中（即蒸散作用）的研究。他認為這種水的流動能為空氣補充水分，並且形成雲和雨。

在今日，美國植物生物學會（American Society of Plant Biologists）每年都會頒發史蒂芬・黑爾斯獎（Stephen Hales Prize）給植物生物學方面成就卓越的科學家。根據黑爾斯的睿智見解所設立的多巴哥保護區如今是重要的觀光景點，並且自2003年起連續四年被世界旅遊大獎（World Travel Awards）票選為世界首要生態旅遊景點（World's Leading Ecotourism Destination）。其覆蓋面積為3958公頃，高度則從海平面到604公尺。加勒比地區有許多物種皆已滅絕，而當地島嶼如今是在保護區網絡的優先考量地點。多巴哥保護區被視為落實生態保護措施的典範，而其歷史重要性在1992年也受到《科學人》（Scientific American）雜誌的表彰，肯定該保護區身為第一座護雨森林的重要意義。

西半球第二個同類型的森林保護區在15年後創立，地點在聖文森島（Saint Vincent），距離多巴哥保護區只有179公里。該保護區是根據1791年的國王山丘圈地第五號條例（Kingshill Enclosure Ordinance No. 5）所設置的小型森林保留地，而其「保留與佔用的目的是要引來雲量和雨量」。此處與多巴哥保護區皆在韋伯斯特／傑佛遜辯論的十年或更久前就已設立，在森林皆伐對氣候的影響上是先見之明。這些是早期小範圍的生態保護行動，如今被稱為生物或生態工程，即利用氣候與植被交互作用的科學理論作為政府措施的架構，以期改善當地的氣候條件。

▲ 多巴哥主嶺
森林保護區
這座西半球最古老的森林保
護區於1776年在多巴哥島成
立,目的是要利用森林來增
加這加勒比島嶼的雲量與降
水量。

◀ 復育物種
照片中的白尾刀翅蜂鳥
(*Campylopterus ensipennis*)
是瀕絕物種,在1963年颶風
芙蘿拉造成嚴重災害後,多
巴哥島上的白尾刀翅蜂鳥曾
一度被認為已經滅絕。然而
在1974年被重新發現後,如
今在這森林保護區內的族群
已經回復。

將規模提升到全球尺度

那較大尺度的問題是什麼呢?全球的總森林消失面積及其他改變,對地球的生態運作會
產生什麼影響?當人類是這森林-氣候反饋作用的重要一環時,是很難去釐清我們正對這
共享的地球家園造成什麼影響。更挑戰的是,森林並不是理想的實驗單位:它們彼此互
異、在不同的時間尺度上做出反應、採樣調查非常困難,過去的歷史又會影響森林的反
應。儘管如此,我們也不能放棄,而不去努力增進我們對森林這個地球系統的理解。

我們擁有一些好用的新工具,包括衛星遙測、先進的實驗儀器、能整合變因及預測後果
的生態模型,以及分析巨大資料集的強大電腦運算能力。在此套用一句莎士比亞的劇作
台詞:「狩獵就要開始了(the game's afoot)。」

運用植群模型

生態模型是一種工具， 能用於了解環境改變可能如何影響森林與其它植群。 然而， 所探討現象的時空尺度會大幅限制模型的應用。 此外， 這些模型的解答能力也取決於問題本身。

建模的限制

試想一下兩種賽馬模型：一種會根據先前與當時的天氣預測抵達終點的時間，另一種則會利用各隻馬匹的過去出賽記錄，針對賽道狀況及其他可能有利條件，預測賽馬的速度。這兩種模型的精確度、資料需求、預測性質與用途都不相同。預測賽馬會跑2分15秒雖然準確度與精密度極高，但這預測無法指出哪匹馬會勝出。氣候變遷下的森林生態模

型也是類似的狀況。這些模型特別強調森林的時空尺度，而且模型目的可能都不一樣。在規劃模型時，最大的挑戰是應該納入（或省略）哪些變因，以及模型的預測用途。

全球的氣候與植被密切相關，這是由來已久的生態概念。古希臘哲學家泰奧弗拉斯托斯（Theophrastus，約西元前371-287年）觀察到，海拔高度與緯度對氣候與植被的關係是類似的。依據此一古老知識，早期全球與地區的氣候圖便是觀察植被分布來繪製（見第四章，第112頁）。而全球植被圖（僅依據氣候來繪製），則是近期為評估全球氣候變遷而發展的。

◀ **遞減率（lapse rate）**
温度隨著緯度與高度上升而遞減的幅度稱為遞減率。

▲ **泰奧弗拉斯托斯**
被譽為「生態學之父」（Father of Ecology）的希臘哲學家。他的諸多成就之一，是他最早觀察到高度與緯度對氣候與植被的影響是類似的。

以氣候預測的全球植被圖

上圖是在目前的氣候下預計會形成的植被分布；下面的兩幅也是植被圖，但處於不同的溫室暖化氣候下。不論是哪一種氣候變遷情境，目前地球的潛在植被有超過40%會產生變化。（資料來源：Smith, Shugart, 1993.）

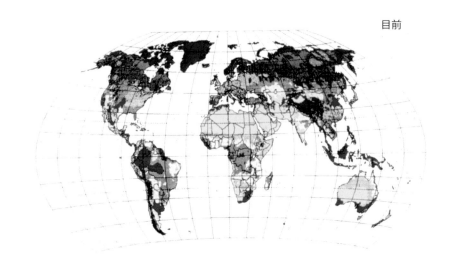

目前

- 雨林
- 亞熱帶潮濕森林
- 乾旱森林
- 暖溫帶森林
- 半乾旱
- 炎熱沙漠
- 灌木叢
- 乾草原
- 涼爽沙漠
- 涼溫帶森林
- 北寒林
- 凍原
- 寒帶疏林
- 極地沙漠／冰層

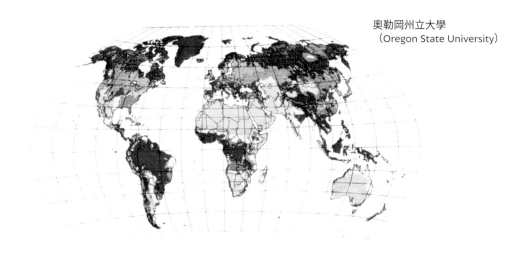

奧勒岡州立大學
（Oregon State University）

英國氣象局
（UK Meteorological Office）

描繪大局

伊曼紐等人的全球植被圖（第134頁）是依據世界各地約八千個氣象站的每月溫度與降水量所繪製而成。電腦插值技術（computer-based interpolation）能依據周遭地形，將各氣象站之間的地區插入氣候估計之中。我們可以將這樣的氣候圖解析成像素——在這例子每個像素皆為½°緯度乘以½°經度，接著「描繪出」整個地球，之後加上各像素中該氣候預期會形成的植被類型。這作法是運用萊斯利・霍爾德里奇的生命帶分類系統（見第133頁），也就是將植被類型連結到溫度、乾燥度與年降水量這三個氣候指標上。結果所產生的植被圖就是第一幅依據氣候的全球潛在植被圖，描繪在目前的氣候條件下預期會形成的全球陸地植被。此一作法立即被用來評估氣候變遷的潛在效應。

舉例來說，1980年代奧勒岡大學與英國氣象局的模型預測大氣二氧化碳濃度加倍時，植被會產生什麼變化。這兩種模型使用世界各地超過八千個氣象站的資料，結果預測的植被變化與今日所見到的情況相當不同。在二氧化碳濃度加倍的情境中，有超過40%的全球陸地面積轉變為不同的植被類型。相較於目前的情況，這兩種模型預測的全球氣候較暖和，降水量也較高。比起奧勒岡大學的模型，英國氣象局的模型較多降雨也較暖和，但奧勒岡大學的模型實際上比英國氣象局的「潮濕」，因為英國氣象局模型預測的較高溫度會增加水分蒸發量，進而抵銷了預測的較高降水量。

上述的這些預測與其他類似研究，有幾個共同點。氣候變遷所造成的植被變化規模，模型預測結果都很龐大。即使使用比較粗略的植被類型，我們也很可能正在改變40-50%面積的全球植被。將這些預測結果套用在全球保護區網絡，意味著將近一半的生物群系會產生變化，例如森林轉變為草原、疏林轉變為沙漠等等。如果這些預測成真，那結果會是大規模的生態滅絕。

林鼠與生態變化

林鼠（*Neotoma* spp.，右上圖）會在巢穴約30公尺的範圍內收集材料以築巢（左上圖）。在美國的乾旱地區，這些林鼠巢穴可被保存了四萬年之久，並且能以碳定年法測定其時間（見第308頁）。這些巢穴主要是由莖、葉與其他植物部位所構成，而這些材料則是取自築巢期間生長於附近的植物物種。1982年，美國古生態學家肯尼斯·柯爾（Kenneth Cole）在亞利桑那州的大峽谷附近，檢視不同海拔高度的木本植物分布變化。他的發現挑戰了傳統的看法，即美國西部的植群會分成帶狀單元沿著海拔梯度上下移動。柯爾記錄不同年代與地點的林鼠巢塚（packrat midden）內容物，以探討在過去兩萬四千年的植被海拔分布。他發現現今植群在過去有些並不存在，有些歷史植群現在也消失了。舉例來說（見對頁的圖表，修改自柯爾的原圖，1985年），矮松–杜松林地在一萬一千年前並不存在於這區域，一萬年前在海拔約1500公尺的地區有窄幅分布，之後向上擴張，如今廣泛佔據了1500公尺到2000公尺之間的地帶。各植物物種的豐度是獨立變化的（參見第136頁的植群個體論）。既然過去氣候所形成的植被有著複雜的差異，評估未來氣候變遷對森林的效應，顯然會有重重挑戰。

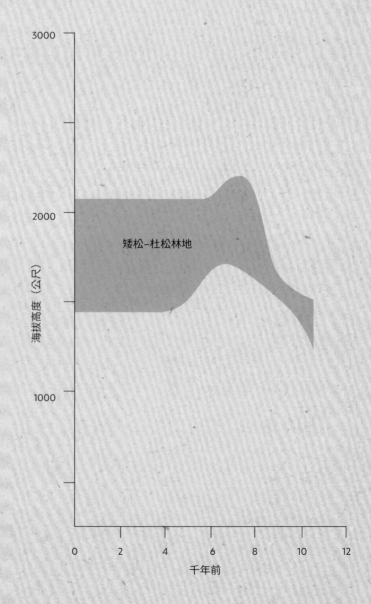

矮松–杜松林地

海拔高度（公尺）

千年前

碳釋放

氣候暖化下的陸地淨碳排（net carbon source，從陸地表面到大氣層中的碳淨釋放）。這是假設二氧化碳濃度加倍，兩種大氣環流模型所預估的植被與土壤碳通量變化。1 Gt（十億噸）就等於10^{15}公克。

GFDL = 普林斯頓大學地球物理流體動力學實驗室（Geophysical Fluid Dynamics Laboratory）氣候模型

GISS = 美國太空總署的戈達德太空研究所（Goddard Institute of Space Science）

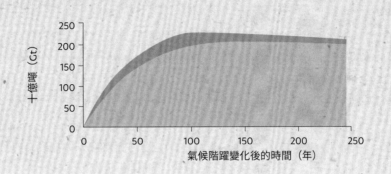

就某些特定地點，還是有一些潛在的好消息。由於½°緯度乘以½°經度的像素範圍夠大，以致這像素內的較小區域（亞像素）能藏有先前提過的植被物種避難所。舉例來說，若以此一像素覆蓋某一山區，那麼山區的避難所仍舊能支持海拔較高、氣候較涼爽的森林。然而，以化石與其他資訊為依據的古生態學研究（見第310-312頁），顯示這減緩作用可能相當複雜（見對頁方框）。

在全球尺度的氣候與植被關係，還有其他議題牽涉到植物的基本作用（如光合作用、植物的水分運用等等），以及森林與其土壤如何改變大氣溫室氣體。地球陸地可能超過40%面積的植被會迫改變，這樣的轉變有什麼影響？一個有可能的正反饋，即氣候暖化導致更多溫室氣體釋放到大氣，進而加劇暖化。舉例來說，氣候暖化若使落葉林轉變為草原，很可能會提升野火頻率與強度。儲存在樹木中的碳會迅速被釋放到大氣，接著被草原所取代。禾草會吸收大氣中的碳，但比起先前存在的森林，草原能儲存的碳則大幅較少。森林土壤轉變為草原土壤，也會排放二氧化碳到大氣。要經過一段較長的時間後，大氣層中的二氧化碳才會被吸收並固定於草原土壤內。

檢視上述及其他氣候變遷所引起的植被轉變，就會發現植被轉變時，碳的釋放通常動作迅速，但碳的吸存則很緩慢。這類正反饋機制，就如同西伯利亞的落葉松林轉變為「暗」針葉林的案例（見第236-237頁）。

全球植被動態模型

先前所介紹的生物地理模型， 關注的問題是氣候變遷如何改變全球植被。 另外同樣重要的問題則是關切氣候變化可能會如何改變植群冠層的水通量、 冠層的二氧化碳吸收與釋放、 入射陽光的吸收， 與地球長波紅外線輻射。

▼ **通量塔**
（**flux tower**）

自2004年起，法屬圭亞那
（French Guiana）帕拉庫
（Paracou）的古亞通量塔
（GuyaFlux tower）持續測
量熱通量、水汽通量、二氧
化碳通量與其他溫室氣體通
量。這些氣象塔觀測系統提
供數據來校準與測試，全球
森林與其他植群的生物物理
模型。

「大葉」（big leaf）模型

探究這些問題的模型，最初是將森林冠層想像為一片大樹葉，並模擬這大樹葉如何平衡熱量、水分與光合作用之間的複雜動態變化。控制這平衡作用的關係都很單純，關係式都是物理公式，雖然看起來可能很複雜。我們可以測量不同條件下的樹葉反應，看看結果是否符合模型預測值，藉以檢討模型所使用的參數值是否適當。某些觀測能由森林中的氣象塔進行，其他的觀測結果則由飛機或衛星來收集。

全球植被模型的進展

同性質但較先進的全球植被動態模型（dynamic global vegetation model，簡稱DGVM），則將森林冠層想像成互相遮蔭的葉叢。在過去的數十年來，這些以物理學為基礎的簡單模型有許多創意性發展。其中一項優勢是直接融入大氣模型的潛力，能更貼切地表現出地球表面與其動態變化。綜合生物圈模擬模型（Integrated Biosphere

Simulator model，簡稱IBIS模型）是一個很好的例子。該模型是由美國氣候科學家強納森・弗利（Jonathan Foley）與其同事於1996年建立，最初是用來模擬亞馬遜河集水區的地表物理變化、碳平衡以及植被動態變化。其計算方式是將亞馬遜盆地轉換為½°緯度乘以½°經度的像素網格。

此一模型分別考量各個像素的高度層次。最初只考慮兩種植物類型：最先接收陽光的樹木，以及最先接近土壤水分的禾草。亞馬遜盆地六種不同植被覆蓋（雨林、林地、疏林等等），則用這二種植物類型的不同參數組合來呈現。這表示此模型必須要有數位化的亞馬遜盆地植被圖才能執行。此外，各個像素皆包含十種不同的土壤類型與多個土壤層，這意味著土壤圖也是必備的圖資。如果土壤所含水分超過其容納極限，所有多餘的水分都會排進地下水或流到鄰近的像素內。為了將水分流到正確的地方，該模型也需要地形圖，以判定逕流路徑。由此可清楚得知，即便是一個只包含兩種植物類型的簡單生物物理模型，應用時也會需要相當多的數據資料。

▲ **森林冠層**
所謂的「大葉」模型是以數學來計算植被的代謝，也就是將森林冠層視為一片巨大的樹葉，以計算其熱量、水分與二氧化碳的傳輸。

以河川流量測試全球植被模型

IBIS模型應用的巧妙之處，在於強納森・弗利與其同事利用創意發展出一項獨立的模型測試。從IBIS模型預測亞馬遜盆地所有的逕流，並且從地形圖得知哪些河川會接收逕流水後，就能預測流入亞馬遜河與其支流及次支流的水量。要如何測試流入河川的水量能符合模型的預測呢？那就是檢測在亞馬遜河主河道以及大、中、小支流上的56個流量測站。結果顯示此一模型在預測大流量河川每年總流量時相當精準，但在預測較小河川的每月流量時表現較差。

在大多數這類生物物理模型中，時間解析度相對精細（日以下〔sub-daily〕或每小時）的天氣資料也是必備資訊。DGVM會與大氣模型耦合，從大氣模型中獲得氣象資訊，並向大氣模型提供其所需資訊（例如二氧化碳的吸收或排放、蒸發散量等等）。在小範圍收集這類資料相對簡單，但要收集全球的資料卻是後勤與財務上的噩夢。

綜合研究法

破解這道難題的一個方法是比較DGVM耦合大氣模型的結果與個別的推估結果。2006年，英國艾希特大學（University of Exeter）的氣候建模學者皮耶‧弗里德林斯坦（Pierre Friedlingstein）與其同事比對了11個氣候-DGVM耦合模型，以探究正反饋的核心問題。這些模型全都同意未來的氣候變遷將減少地球表面的二氧化碳吸收，並提升大氣二氧化碳的濃度。這就是正反饋作用，大氣二氧化碳濃度增加會促使其濃度額外再增加。然而，這些模型並無法確定海洋與陸地何者對這正反饋作用較為重要。我們已經相當擔憂人為的二氧化碳增加，對大氣層可能會有怎樣的潛在效應。這些模型讓我們更加了解整個地球系統的自然運作方式，但其推估結果意味著正反饋作用可能會雪上加霜，擴大我們對地球環境所造成的改變，這將是一個棘手問題。目前，我們對這正反饋作用的細節還不確定。

◄ **預測河川流量**

IBIS模型預測亞馬遜河與其支流的流量。研究者用56個測站的資料來驗證亞馬遜河年流量與月流量的模型預測值。

孔隙模型

到目前為止， 針對全球氣候變遷與森林間的複雜交互作用， 我們已探討了三種預測方法。 不過還有第四種方法，強調的是現象與作用力（見第二章，第 54-77 頁）以及將森林視為鑲嵌體的概念（見第三章，第 98-109 頁）， 並根據這些概念建立模型， 以模擬全球小型樣區的冠層孔隙中個別樹木的生長、 誕生與死亡。 這些模型稱為「孔隙模型」， 當中包含了數百萬個冠層孔隙與數兆棵樹木的資料， 其模擬運算皆以高速電腦進行。

模擬森林孔隙

孔隙模型中的許多機制都具有隨機性，例如某棵樹木的死亡、哪些種子在某一年成功萌芽等等。每一次的孔隙模型模擬都是針對某一獨立土地區塊，其大小就是一棵大樹的樹冠。每一模擬區塊的年度輸出結果類似森林樣區的調查結果，有該區塊每棵樹木的樹種與胸高直徑。數百個這類區塊的模擬結果會平均起來，產生一片由預期平均生物量與物種組成，隨時間變化的森林地景。

模擬森林的生物量與物種組成，取決於個別樹木之間的光照、水分與養分競爭。種子庫與個別樹木過程（生長、再生與生物量累積）每年隨時間的改變，則依據光譜分布、溫度、水分與養分的變化來計算。研究者會給定每個樹種的最大年直徑增量，也就是樹木依其大小在最理想狀況下的每年生長量。實際的年直徑增量會依據當年的環境狀況（光照、溫度與資源可用性等）而調整。不同樹種對這些環境狀況的反應都不一樣。

孔隙模型所產生的每年在地環境變化很多，包括樹木生長與死亡引起的多層枝葉遮光、林冠水分蒸散所造成的土壤變乾、土壤碳氮比（枯落物分解速率的重要因子）的改變，以及養分的總利用率。孔隙模型已經有50年的歷史，應用於世界各地的數百座不同森林。為應用於全球樹種多樣的熱帶森林，孔隙模型會將生態屬性類似的樹種合併為同一功能群，而不是用實際物種，這樣可以簡化實際運算。2017年，美國科學家傑奎琳・舒曼（Jacquelyn Shuman）與其同事以孔隙模型探討俄羅斯北寒林對氣候變遷的反應，她的模型包含超過一兆棵樹木的生長、死亡與再生情形。

模擬的森林樣區

孔隙模型會模擬森林樣區內,每棵樹木每年的死亡、生長與建立等等變化。每棵樹木每年都有死亡的可能性,而生長不良的樹木(即「被壓木」〔suppressed tree〕)更容易死亡。幼苗的建立取決於生物與環境條件。樹木的生長情況則是由其大小、物種與環境因素決定。對每棵樹而言,最佳生長情況是以樹木每年的樹幹直徑增量來計算。此一最佳直徑增量會隨著樹木長大而降低,也會依據該樹種特有的環境反應而改變。

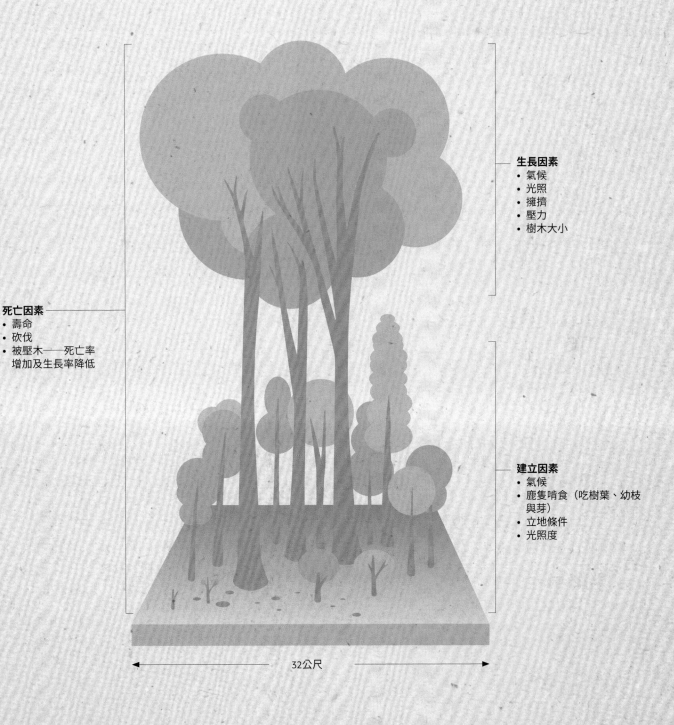

死亡因素
- 壽命
- 砍伐
- 被壓木——死亡率增加及生長率降低

生長因素
- 氣候
- 光照
- 擁擠
- 壓力
- 樹木大小

建立因素
- 氣候
- 鹿隻啃食(吃樹葉、幼枝與芽)
- 立地條件
- 光照度

32公尺

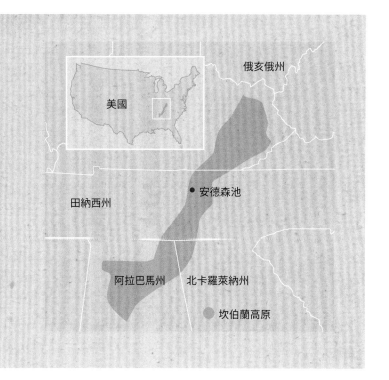

田納西州坎伯蘭高原（CUMBERLAND PLATEAU）內的安德森池（ANDERSON POND）

在這座小型湖泊下方的沉積物保存了花粉粒與木炭化石，這些化石是超過2萬三千年前的野火所致。艾倫‧索羅門（Allen Solomon）與同事利用他們所發展的孔隙模型，探討此一悠久記錄中的樹木組成變化。在大約2萬三千年前，此區域主要是現今北寒林的典型樹種（雲杉與冷杉）。隨著時間推移，該區域逐漸轉變為如今我們所看到樹種多樣的溫帶林。根據此孔隙模型的評估，雲杉與冷杉的的子遺族群（relict population），直到五千年前都持續生存於該地多蔭、陰涼的北面坡。

美國

俄亥俄州

田納西州

安德森池

阿拉巴馬州 北卡羅萊納州

坎伯蘭高原

模擬過去的森林與預測未來的變化

孔隙模型最初在氣候變遷的應用是重建過去的森林變化，作用就如同湖泊沉積物岩芯中的花粉化石（見第310-311頁）。1981年，美國橡樹嶺國家實驗室的艾倫‧索羅門與其同事應用孔隙模型及花粉化石記錄，重建了田納西州坎伯蘭高原內的森林歷史變化。後來他們也利用該模型預測北美東部因應氣候變遷的植被變化。孔隙模型能預測不同樹種隨時間的改變，然而沉積物岩芯中的花粉通常只能解析到植物的屬。沉積物中的花粉或許能「看見」橡樹（櫟屬）存在於過去的某一個時刻，但這些資料卻「看不見」存在的究竟是哪個橡樹物種。此外，這些資料也無法「看見」靠昆蟲授粉的樹木存在與否，因為它們的花粉不會沉積在湖泊中。

上述這兩個問題能靠孔隙模型的預測來彌補，因為這些模型能預測遙遠過去的植群。以此方式預測過去某一特定地點的植物屬，與花粉化石紀錄的組成是否一致，就能協助重建氣候歷史。在某些情況下，湖泊沉積物會出現史前花粉屬的「怪異」組合，但現代並沒有這樣的組合。孔隙模型可以辨識過去的哪一種氣候或其他條件，可能導致這類花粉組合出現在湖泊沉積物中。

◀ **坎伯蘭高原**
橫跨於田納西州坎伯蘭高原之上的奧貝德河（Obed River）。

為森林的「生態系代謝」建模

在一份2017年的研究報告中，氣候建模學者馬建永（譯名，Jianyong Ma）與其同事發展出第一個應用於全球的孔隙模型，稱為FORCCHN模型，用途是計算全世界森林的「生態系代謝」。此模型預測1982年到2011年間每年的總初級生產量（gross primary production，指某一地點的森林所吸收的年碳總量）、生態系呼吸量（ecosystem respiration，指該森林所排放的年固碳量），以及生態系淨初級生產量（net ecosystem production，即總初級生產量減掉生態系呼吸量）。孔隙模型能產出DVGM模型所需用的植群參數，包括某地某森林的葉面積、植物組織量，以及樹葉、樹枝與樹幹的垂直分布。FORCCHN模型可以預測一座森林每小時的水分、熱量與二氧化碳的吸收／排放量，並計算出每月總量。這些推估的森林生態系生產量與呼吸量，與全世界不同森林中的37個氣象塔觀測資料比對後，發現彼此間有統計上的顯著正相關。

辨識北寒林的褐變（browning）

FORCCHN模型另一個驗證是在完全不同的時空尺度上。FORCCHN模型能產出數種重要的森林生態系測量值，其中一種是淨初級生產量，對頁下面第三幅圖所描繪的即是1982-2011年間全球的淨初級生產量。衛星觀測已看到全球的北寒林中有數個廣闊區域已出現「褐變」——也就是葉子大量脫落的現象。這些區域與FORCCHN模型獨立計算所預測的地區相符，這表示該模型具有預測褐變區域的能力。造成北寒林褐變的原因很複雜，包括害蟲爆發與水分壓力，不過在這些條件形成前，淨初級生產量都會先下降。預測生產量的變化可能是很有用的警訊，預示森林可能會發生轉變，因為淨初級生產量開始變低通常都與樹木死亡以及害蟲爆發有關。枯死的樹木會成為野火的燃料，因此野火很容易在這兩種事件後發生。

FORCCHN模型

以下是FORCCHN模型預測的1982–2011年間全球森林反應，網格解析度為0.5°×0.5°。總初級生產量（GPP）是指經光合作用轉變為糖類的二氧化碳量；生態系呼吸量（ER）是指該生態系所排放的二氧化碳量；淨初級生產量（NPP）則是指GPP減掉ER。如果NPP是正數，那麼該森林就是碳匯，正在移除空氣中的二氧化碳。負數的NPP表示該森林是排放二氧化碳的碳源，在圖中顯示為橘色與黃色，這些地區與衛星影像中的北寒林「褐變」地帶相符。（資料來源：Shugart, Foster, Wang et al., 2020.）

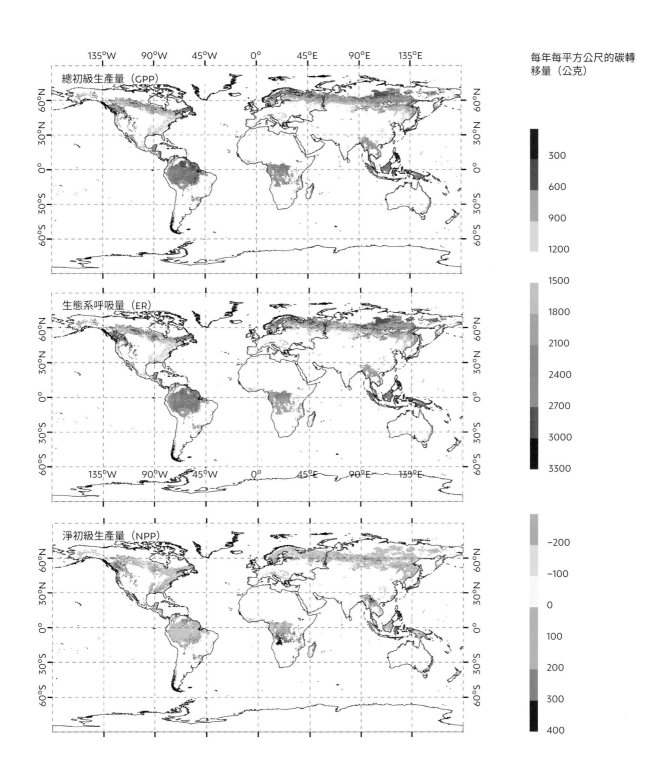

森林與地球工程（geoengineering）

人類行動能控制天氣的概念由來已久，且深植於早期的農業社會中。在舊大陸中，《利未記》（Book of Leviticus）的第二十六章第三-四節提到：「如果你們遵從我的律令、謹守我的誡命，並且如實執行，我將會按時節降雨，使土地長出作物、田野的樹結出果實。」而在新大陸中，許多原住民文化亦存在著大量的雨神雕像與祈雨舞。

現代造雨人

人類近數百年的造雨歷史充滿波折，最成功的是較為科學的現代種雲造雨研究。這最初是由俄羅斯的列寧格勒造雨研究所（Leningrad Institute of Rainmaking）於1930年代發起，到了1940年代，美國紐約州斯克內克塔迪（Schenectady）的通用電氣研究觀測實驗室（General Electric Research Observatory Laboratories）亦投入相關研究。結果，造雨在越戰被美國用來作為一種「武器」。美軍在大力水手行動（Operation Popeye）中實施了種雲作業（從飛機施放化學物質到雲內以促進降雨）。從1967年到1972年為止，共在越南上空進行2602次種雲任務，企圖延長當地的季風雨季，以拖延越共重建與再補給的速度。這項行動後來被揭露，導致國際社會一致反對利用天氣作為軍事武器。

氣候修改已成為眾多學術研討會的探討主題，英國皇家學會與美國國家科學院（United States National Academy of Sciences），過去數十年皆針對此一主題持續召開研討會與出版科學期刊和特刊。之所以會有這些討論，是因為人類對其行動可能會造成潛在與無法挽回的地球氣候變化深感憂慮。在歷史上也有國家思忖著如何改變氣候以改善環境的例子。早在1948年，史達林就已發展在極大（甚至是全球）尺度控制氣候以擴張蘇聯經濟的計畫。其中一項計畫是在地球周圍設置繞行的「環圈」（有點類似土星環），以反射更多陽光到蘇聯北部與其他高緯度地區。其他的提案還包括在非洲的剛果河築壩並改變其方向以灌溉撒哈拉沙漠，以及在美國與古巴之間築壩以阻擋墨西哥灣流（Gulf Stream）。根據俄羅斯氣候學家米開爾・布迪科（Mikhail Budyko）的估算，以煤塵覆蓋北極海使海冰變黑，將會導致冰層溶化，進而使俄羅斯北部變得較溫暖潮溼。後面這項計畫最令人害怕的一點是執行成本相對低廉。當然，我們目前所看到的北極海冰層消退是人類行動無意間造成的後果。

▶ **種雲**
（cloud seeding）
在印度利用飛機進行的種雲作業，目的是催化降雨。

▼ **歷史悠久的地球工程**
刻劃阿茲特克雨神特拉洛克（Tlaloc）的容器。從古至今人類一直致力於控制天氣。

生物工程是氣候變遷的「解藥」？

過去的地球生物工程問題如今又再度浮現，只不過是為了因應我們目前的全球氣候情勢而重新架構。我們是否能夠或是否「應該」修改氣候，以「解決」全球暖化的問題？不論未來有何行動，地球的森林都可能扮演著重要的角色。每年陸地所移除的大氣二氧化碳量（約200 Pg）比海洋所吸收的量（約90 Pg）多了超過一倍，即便陸地大約只佔了地球表面積的30%。在緯度最北的地區清伐森林（即北寒林的清伐）能使地球大幅冷卻。因此，人們可能會積極考慮將北寒林的清伐（也許是放火焚燒北寒林）視為減緩氣候暖化的一種可行辦法。

我們在思考這一切時必須意識到，儘管「我們能否修復人類所造成的氣候變遷？」可能是很重要的提問，但一旦回答了，接下來就得面對二個攸關生存的問題。第一，如果我們失敗了，修復的結果不如預期，我們可以回到過去，把氣候精靈塞回神燈嗎？第二，如果我們「修正了」氣候，那麼要由誰來決定溫度？

 氣候工程
位於剛果河下游的利文斯頓瀑布（Livingstone Falls）。在1960年代期間，當時的蘇聯提出了一項氣候工程計畫，那就是將剛果盆地的河水引入撒哈拉沙漠，以灌溉當地的土壤。

12

第十二章　展望未來：以嶄新的視野關注森林

The Future: Seeing Forests with New Eyes

遙望森林

「假如一棵樹在森林裡倒下時四下無人，那麼它會發出聲音嗎?」這道哲學難題提及的是我們對物理現象的覺察，而物理現象除了靠我們自己的感官觀察與估量外，也可以運用儀器觀測與測量。

在十八世紀時，英裔愛爾蘭哲學家喬治·柏克萊（George Berkeley，1685-1753年）用這句話回答了上述問題：存在即是被感知（Esse est percipi）——意思就是一個物體或事件是由其感官特性所定義。如果聲音是由空氣波的振動所定義，那麼不管有沒有人在森林中，一棵倒下的樹都會發出能被聽見或是被錄音裝置偵測到的聲音。

在未直接接觸的情況下，從遠處取得有關某一現象、物體或地區的資訊，這就是遙感探測的科學與藝術。普遍的遙感探測形式是藉由感測器記錄地球表面、植被與地景特色的影像，而感測器則是架設在大氣層或太空中的遙感平台上。大多數的遙感探測歷史都認同世界上第一個從空中拍攝地表的人，是化名為「納達爾」（Nadar）的法國攝影師暨熱氣球駕駛員賈斯帕-菲利克斯·圖納雄（Gaspard-Félix Tournachon，1820-1910年）。1858年，他在一個用繩子拴住的熱氣球上，從260公尺高的巴黎上空拍攝了地表照片。納達爾的原始照片後來並沒有被保存下來。現存最古老的空拍照片是美國攝影師詹姆斯·華勒斯·布萊克（James Wallace Black，1825-1896年）的作品，他在1860年時搭乘類似的熱氣球，在大約600公尺高的波士頓上空進行拍攝。

空中攝影的發展

透過鳥瞰視野觀察地景，能使我們對植被現象及其作用力產生新的見解。最早以真正的無人載具空拍的人是德國攝影師尤里烏斯·諾伊布隆納（Julius Neubronner，1852-1932年），他在1903年時利用裝在信鴿胸前的照相機，沿著其飛行路線以30秒間隔自動拍攝照片。

▶ **偵察**
圖中是第一次世界大戰期間的偵察機。飛行員正試著使飛機保持水平，這樣才能向下垂直拍攝地面位置。

美國攝影師喬治·勞倫斯（George Lawrence，1868-1938年）後來改良了無人載具空拍的方法。他將裝有彎曲感光板（curved film plate）的大畫幅相機，綁在17個飄翔於舊金山上空約600公尺高的風箏上，藉以記錄1906年舊金山大地震與大火的全景影像。

在一戰期間，偵察機上的觀測員為了拍到垂直照片，會拿著相機靠在飛機的側邊拍攝，並且以手動的方式過片。到了1930年代早期與二戰期間，空中攝影技術才與飛機結合，收集在世界各地的大範圍地表資訊。1946年10月24日，一支被捕獲的戰時德國火箭從新墨西哥州發射。這支火箭提供了目前已知最早從太空拍攝的照片，使我們得以一窺地球的樣貌。1950年代的冷戰與1960年代的太空競賽，推動空中攝影的進一步發展。隨著底片攝影被數位彩色攝影以及可見光（visible，簡稱VIS）與近紅外光（near infrared，簡稱NIR）波長範圍的相機所取代、大範圍與全季節資料收集的機會增加，加上影像判釋變得容易，從空中與太空的攝影成為了地區性林業與野火管理的主要工具。

遙感探測

地面、空中與太空的現代遙感探測平台

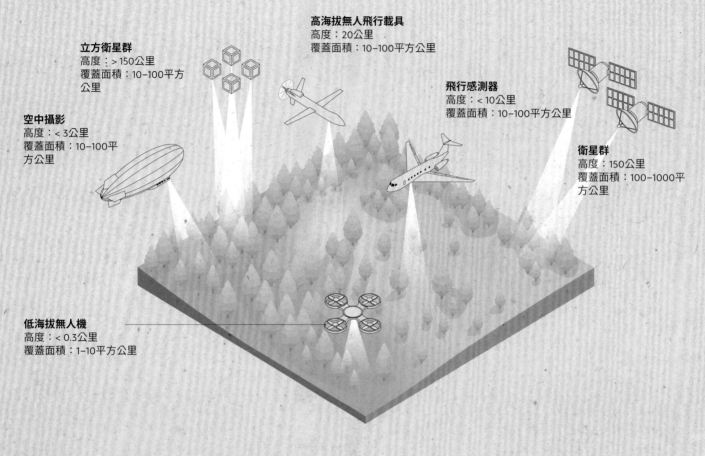

高海拔無人飛行載具
高度：20公里
覆蓋面積：10–100平方公里

立方衛星群
高度：> 150公里
覆蓋面積：10–100平方
公里

飛行感測器
高度：< 10公里
覆蓋面積：10–100平方公里

空中攝影
高度：< 3公里
覆蓋面積：10–100平
方公里

衛星群
高度：150公里
覆蓋面積：100–1000平
方公里

低海拔無人機
高度：< 0.3公里
覆蓋面積：1–10平方公里

波長

遙感探測的光譜（上圖）與大氣傳輸率（下圖），地表樹木與

植物在光譜的不同波長區域的傳輸率並不相同。

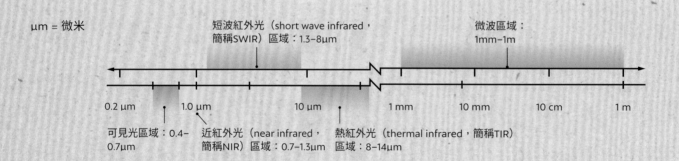

μm = 微米

短波紅外光（short wave infrared，
簡稱SWIR）區域：1.3–8μm

微波區域：
1mm–1m

0.2 μm　　1.0 μm　　10 μm　　1 mm　　10 mm　　10 cm　　1 m

可見光區域：0.4–
0.7μm

近紅外光（near infrared，
簡稱NIR）區域：0.7–1.3μm

熱紅外光（thermal infrared，簡稱TIR）
區域：8–14μm

用於繪製植被覆蓋的
較短與中波長間距

可穿透雲層、林冠與土壤表面的
較長波長間距

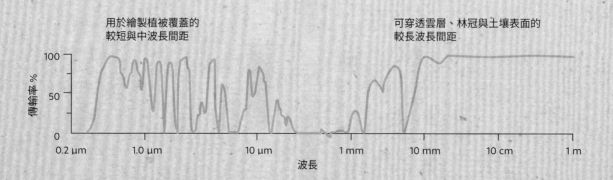

傳輸率 %

100

50

0

0.2 μm　　1.0 μm　　10 μm　　1 mm　　10 mm　　10 cm　　1 m

波長

遙感探測的發展

遙感探測（remote sensing）一詞最早是在1950年代的美國，由美國海軍研究辦公室（US Office of Naval Research）的地理學家伊芙琳・普魯特（Evelyn Pruitt）所創，表示遙遠物體所反射或發射之不同電磁輻射波長的偵測。遙感探測使我們能夠「感覺到」一個地表物體的狀況（例如健康）、形態（例如結構）與作用（例如生長）。這些資訊被用來描述生態系的物理、化學與生物狀態，以及自然作用力（包括水、植被與土壤）與人為作用力（例如土地利用）。

遙感探測儀器建立在電磁波譜的不同波長區域上。可見光波長區域（0.4-0.7μm）與人類眼睛能感覺到的電磁波譜範圍一致，被廣泛運用在繪製植被覆蓋圖所需的空中攝影與衛星影像上。近紅外光區域的範圍為0.7-1.3μm，屬於人類眼睛無法察覺的波長，能提供葉子結構與形態的高靈敏度觀測。短波紅外區域的範圍為1.3-8μm，能提供反射太陽輻射與植被含水量的相關資訊。熱紅外光區域的範圍為8-14μm，能記錄地表所發射的能量，並偵查植被逆境（vegetation stress）與土壤水分。較長的波長間距，如範圍為1mm-1m的微波區域，能穿透雲蔽，也能進入林冠與土壤表面到各種深度，藉以提供土壤與植物含水量、結構以及地上部生物量的相關資訊。

遙感探測的過程通常會包含一個輻射能來源、一個用來偵查與記錄輻射量的感測器平台，以及一連串資料處理、解讀與視覺化的活動。遙感探測儀器分為兩類：被動式與主動式。被動式儀器偵測觀察範圍所反射或放射的自然能量（例如太陽能）。主動式儀器則會提供自己的能量（電磁輻射），照射在受觀察的物體或範圍上，接著再接收從該物體反射或背向散射的輻射。在研究植被特徵與現象時，最常用的遙感探測儀器是成像光譜儀（imaging spectrometer）。這是一種類似相機的被動式感測器，作用是偵測與記錄可見光與紅外光波長的表面輻射。在主動式感測器當中，分別在光譜的微波與可見光到近紅外光區域內作用的雷達（無線電偵察與測距）與光達（lidar，光線偵察與測距），能提供有關植被結構的資訊。

森林覆蓋：干擾與復育所造成的變化

影響地球表面最重要的一個因素或許就是人類的林地清整活動。 正如同威爾斯（Welsh）地理學家麥可‧威廉斯（Michael Williams）在其重要著作《地球森林破壞》（*Deforesting the Earth*， 2002年）中所提到的：「森林的疏伐、 改變與根除——也就是真真切切的毀林， 並非近期才有的現象， 而是和人類佔據地球的歷史一樣古老。」

沒有木材，就沒有王國

如同第十章所探討的，自從冰河時期於一萬多年前結束後，人類產熱、冶煉、烹煮所需的木材燃料，以及建築、造船等其他用途，已改變了地球的森林覆蓋與現代森林結構。在多數的西方國家，隨著工業革命展開，這些大規模利用木材的壓力在1750年後更為加劇。全球的樣貌在百年內大幅轉變。因為更有效的工具與機器問世、更快速的運輸與通訊系統形成，以及大量貨物與材料在世界各地移動，人類取得了自然與資源的掌控權。

▼ 木材生產
十九世紀結束之際，範圍龐大的美國林地已因木材生產而遭到開發。

到了十九世紀中期，美國顯然已成為全世界最主要的木材生產國與消費國。在30年間（1869-1899年），超過四千萬公頃的美國森林因為農業擴張而遭到清伐。到了1906年，美國的木材生產量已達到約一億零八百萬立方公尺，也就是將近三分之二的全球輸出量。威廉‧格里利（William Greeley，1879-1955年）在1920-1928年擔任美國國家林務署（US Forest Service）的署長，他佔計美國超過80%的林地在1620到1920年間遭到清伐。在1920年代，美國通過新的森林經營與保育法令，使得森林開發轉移到熱帶地區。在1920年代早期，全世界每年大約有一千一百萬公頃的森林遭到清伐，其中至少有70%位於熱帶地區。而在1950與1980年間，超過三億兩千萬公頃的熱帶森林為了提供放牧（養牛業）與農耕土地而消失。

美國在1620–1920年間的毀林情況

在根據威廉‧格里利（1920–1928年的美國國家林務署署長）
的原作所繪製的這些地圖，幾乎所有的美國原始森林土地到了
二十世紀初都已消失。

1620

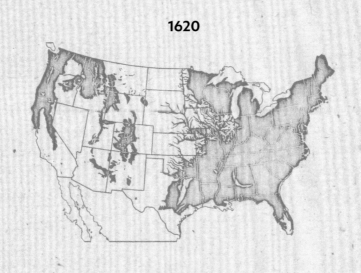

1850

1920

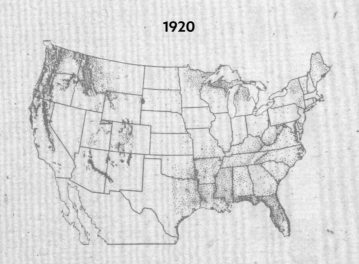

陸地衛星（LANDSAT）資料

美國太空總署陸地衛星資料顯示2000到2020年全球森林覆蓋改變程度。

高
中
低

測量毀林

1970年代前，衛星遙測技術尚未成熟，森林清伐相關資料來源主要都是以伐木量、木材生產量與市場交易量作為估計的依據。從1972年美國太空總署的地球資源技術衛星（Earth Resources Technology Satellite）發射開始，陸地衛星（Landsat）提供了繪製全球森林覆蓋變化圖的新方法。陸地衛星（最近期的是在2021年9月發射的陸地衛星9號〔Landsat 9〕）已取得數百萬張影像，經數位化後保存於美國以及全球數個接收站，並且免費提供給民眾使用。這些影像來自不同的光譜帶，每16天會以15-60公尺的空間解析度顯示全球植被的覆蓋、類型、物候以及冠層的結構。由陸地衛星與其他遙感探測儀器所取得的龐大典藏資料，能建立大範圍植被圖，以進行資源經營與各科學領域之應用。隨著雲端運算的發展（例如谷歌地球引擎〔Google Earth Engine〕的推出），繪

製森林覆蓋變化圖變得很容易。這些地圖提供人類陸地活動的即時與準確證據，可以用來規劃森林保育、制定政策以減少土地利用的碳排放，以及發展自然氣候解決方案（natural climate solution）。

▶ 三維空間

　　上圖是美國加州帕薩迪納（Pasadena）部分地區的三維影像。此一三維影像是利用地貌量渲圖（shaded relief map）與可見光影像（visible imagery）製作而成──前者是依據太空梭雷達地形測量任務（Shuttle Radar Topography Mission，簡稱SRTM）的高程資料所繪製的地貌圖，後者則是由陸地衛星7號（Landsat 7）所收集到的影像。

解讀數據資料

土地利用變化圖的繪製需要社會科學家、經濟學家與人類學家的合作，以期能理解人類與自然互動的現象與作用力。運用遙感探測與地理資訊系統（GIS）將人類與衛星圖像素連結在一起，這樣的發展開創了一個新的多學科研究領域。對社會科學家而言，遙感探測資料可提供如地景、森林區塊以及行政單元等社會周遭環境的時空基本資料，而這些資料會形塑社會中個人及家庭的行為。

可見光與近紅外光光譜帶的中、細尺度光學影像可以提供森林類型與干擾事件（例如毀林、火痕、地景破碎化與森林再生）可靠的數據。舉例來說，陸地衛星影像所提供的森林覆蓋變化資料，使我們更加了解亞馬遜盆地的森林破碎化是由哪些國家與全球經濟驅動力所造成（見對頁圖像）。

▶ **隨著時間而形成
的毀林現象**

這系列照片顯示大範圍毀林
現象的時間變化。這發生在
亞馬遜流域的偏遠地方，巴
西欣古河畔聖費利斯鎮（Sao
Felix de Xingu）西郊的帕拉
（Para）。當地人清伐森林
後，會讓大型灌木叢因失水
枯死。衛星捕捉到了2017年
的數場森林大火，這些土地
在2018年成為畜牧地。

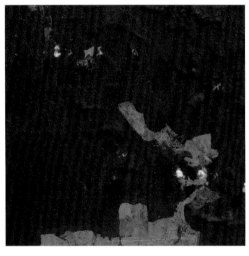

2013

2015

2017

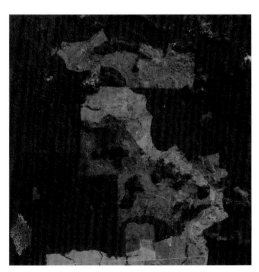

2018

亞馬遜的森林破碎化型態

在美國太空總署在亞馬遜雨林的大尺度生物圈–大氣層實驗（2000–2010年），美國地理學家尤金尼歐‧阿利馬（Eugenio Arima）與其同事解讀陸地衛星影像，進而了解主要的土地清整形式及其背後的社會作用力。阿利馬與其團隊將森林破碎化型態分類如下：

魚骨狀破碎化
巴西朗多尼亞州（Rondônia）的主要型態。此一現象是由國家層級的森林拓殖計畫所衍生的小農聚落（smallholder settlement）所致。

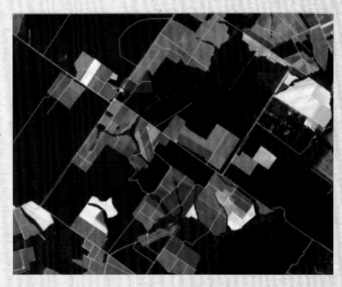

矩形破碎化
大多見於巴西的馬托格羅索州（Mato Grosso），與大地主以及房地產公司的土地開發有關。

樹枝狀破碎化
見於巴西帕拉州欣古河（Xingu River）與塔帕洛斯河（Tapajos River）之間的區域，反映出伐木工避開困難地形來開發道路網的較無規律行為。

放射狀破碎化
此一型態就像是一個從某一城鎮或村落向外放射的森林清伐巨輪，通常反映出小農族群在缺乏政府管制之下自然的人口成長。

型態：森林結構與動態變化

樹木與維管束植物是平衡陸地生態系能量與物質的重要角色。 生物為了在多元的環境中成長、 生存與繁殖， 在不同生態系演化出各式各樣的型態與功能， 這也就是達爾文的天擇。

▶ **結構**

森林冠層被認為是地球生物最多樣的地方。一層層葉、枝與莖的水平與垂直分布都是細緻的獨特結構，影響著森林生態系整體功能及與環境的交互作用，例如將光線散布到森林內、使氣溫變得和緩、防風與攔截降雨，以及形成各種微氣候與植物、動物、鳥類、昆蟲的特化棲位（specialized niche）。

生態系結構與其功能之間的因果關係，是生物科學的傳統內容之一。要理解植物生長的生理控制機制，就必須認識植物的型態與結構差異。例如樹冠特徵會影響植物的生長速率，如樹幹直徑、高度，及果實與種子生產量等面向。葉片結構是理解環境逆境或人類干擾如何影響光合作用與蒸散作用的必要關鍵。認識樹幹結構有助於了解樹液上升與碳水化合物的移動，而認識根部結構則使我們理解植物液壓系統以及水與養分的流動。

測量型態以理解功能

樹木的生長與其對應的型態和結構有著密不可分的關聯。想像一下，現在你要構建一個盡量高大的木結構建築，而且要以中空的水管向上輸水，這就是樹木必須同時「解決」的兩項難題。一般而言，受限於幾何構形，樹木有著驚人的結構規律性。由樹木測量資料所發展出的異速生長模型（allometric model），可以預測樹木的生長，做法是由樹木的樹幹直徑來預測其生物量與葉面積。然而，大多數的樹木終其一生都不會對稱生長，且相較於較大型的樹木，小型樹木的樹葉數量不成比例地多，其木質組織則不成比例地少。此外，樹木與林分的結構大幅受到生長、死亡、競爭與自我疏伐等等作用力的共同影響，而這些作用力又受現地環境（例如土壤條件與氣候）的影響。因此，為了瞭解森林的功能，生態學家必須探討個別樹木型態與林分結構在不同環境梯度上的差異。

近年來，遙感探測技術（特別是地面、空中與太空平台上的主動式光達與雷達感測器）所測量的森林結構都具有空前的精確度，能提供植被的三維結構。這些葉、枝與莖的三維空間排列資訊，從單一樹木（例如莖部高度與直徑、樹冠大小以及樹木體積）到林分（例如地上部體積與生物量、樹木密度與孔隙的水平與垂直變化），都可以由主動式光達來精確測量。

擷取個別樹木

森林中單一樹木的枝葉三維結構，可以透過樹木影像分割（tree segmentation）從陸地光達點雲（terrestrial lidar point cloud）中擷取出來。此圖是陸地雷射掃描在法屬圭亞那的努里格自然保護區（Nouragues Nature Reserve）熱帶森林中，從大面積的森林點雲（綠色）中擷取的單一樹木點雲（棕色）。

光達

光達會以其典型的雷射波長，朝底點（nadir）或近底點的方向發射同調光（coherent light）的奈秒脈衝。接著這些脈衝會被地表與其植被結構散射回去，由光達感測器記錄下來。每一次脈衝發射與儀器接收之間的經過時間，代表這些散射事件與下方地形表面之間的距離。接收到的信號（或光達波形）代表此一光達雷射在不同時間的能量回傳歷史，也是冠層高度內不同層級的葉簇、樹幹、細枝、枝條的光達足跡垂直分布。

光達感測器也會測量回傳能量的地理位置，以計算精細複雜的森林垂直結構以及地面起伏。在對頁中，森林結構以及相對於「高度」的「回波強度」能用來推算森林生物量。所有的光達波形都包含這項資訊。圖表中的每個波形皆以垂直條形來表示。在近20年，陸地與空載光達掃描所獲得的資料，已徹底改革了森林生態學研究。這些儀器以更細緻的空間解析度，精確地測量樹木結構、體積、生物量、林分結構、樹木密度與孔隙。在地球表面繞行的衛星，正針對全球各地的森林，提供數十億筆光達測量數值。其中包括2003-2008年的冰雲和地面高度衛星（ICESat）感測器、2018年至今的冰雲和地面高度衛星2號（ICESat-2）感測器，以及近期在國際太空站（International Space Station）發射的全球生態系動態調查（Global Ecosystem Dynamics Investigation，簡稱GEDI）感測器。

雷達

雷達能以傾斜的觀測角度收集全時段、全天候資料，可從空中與太空中頻繁提供陸地的影像。成像雷達掃描地被時，其無線電波會穿過林冠層，並從大型的木質組成物（莖與枝）表面散射出去。這些木質組成物就是森林生態系中大部分的生物量與碳庫，因此雷達是有效估計生物量與碳庫的工具。近年雷達科技的創新是三維雷達斷層掃描技術的發展，使雷達感測器能夠測量全球各式各樣森林的生物量垂直結構。隨著美國太空總署-印度太空研究組織（ISRO）的合成孔徑雷達（Synthetic Aperture Radar）以及歐洲太空總署（ESA）預計在2024年發射的BIOMASS衛星，提供科學家與林業經營者空間解析度更加精細的全球森林動態三維圖。

在結合光達與雷達遙感探測資料以及地面測量後，生態學家如今能從個別樹木到生態系再到全球尺度等不同層級，擴充他們對森林型態與結構的認識。

亞馬遜森林的枝葉垂直結構

當光達衛星飛過陸地時，它們會沿著運行軌道細緻地記錄森林的林冠層垂直結構。如橫越亞馬遜闊葉林的GEDI軌道所示，平均30–40公尺高的高大樹木會遮蔽住底下10–20公尺高的稠密樹冠層。

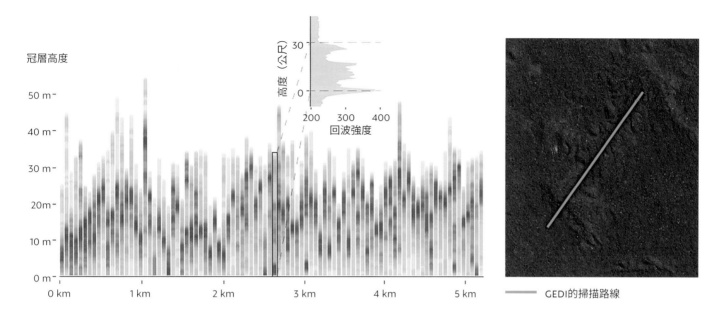

GEDI的掃描路線

太平洋西北地區的枝葉垂直結構

如橫越太平洋西北地區針葉林的GEDI軌道所示，當地的樹木高度達到60公尺以上，但林下的枝葉相當稀疏。

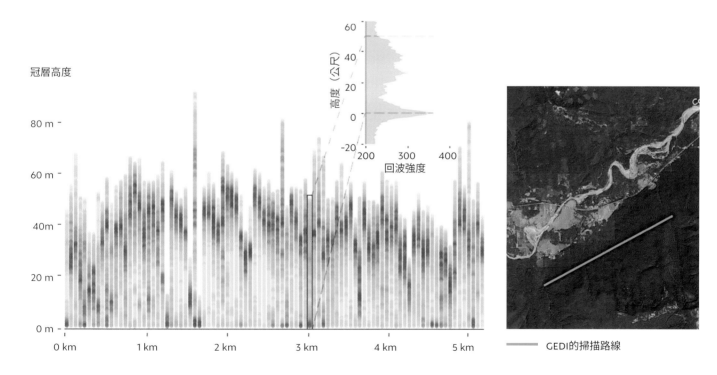

GEDI的掃描路線

植被功能與動態變化

美國森林科學家史蒂芬‧帕拉迪（Stephen Pallardy）說：「對植物生理學家來說，樹木是從種子生長的複雜生物化學工廠，而且還會自我建造。」共同促進植物生長的作用力取決於樹木結構，包括葉、枝、莖到根系。

一個森林區塊每年可以增加數公噸的生物量，但其原料只是簡單的水、二氧化碳和氮。由此，可以看出生理作用在控制植物生長的重要性。樹木和其他種子植物一樣遵循相同的生理作用，但其龐大體積、緩慢生長與較長壽命使它們有別於壽命較短的草本植物。兩者之間最明顯的生理差異，就是樹木從根部到樹葉的距離很長，為了產生充足的水流液壓，因此很多是不行光合作用的組織。而樹木較長的壽命，也會使它們遇到極端氣候、土壤條件與干擾事件的較大變動。要瞭解這些生理作用，包括光合作用、蒸散作用、生產力、生長與其他的代謝活動，需要能適用於不同樹種、生態系與環境條件的測量方法。而遙感探測能滿足這個需求，藉由測量植被特性，遙感探測能幫助量化或模擬重要且複雜的植物生理作用。此章節聚焦於植被物候與光合作用的觀測，因為這兩者是控制森林與大氣層之間碳與水交換的主要作用力。

測量植被物候

當陽光照在物體，其光譜中的某些波長會被吸收，其他波長則會被反射。在植物葉片，葉綠素會強力吸收可見紅光以進行光合作用。另一方面，葉片的細胞結構則會強力反射近紅外光。葉片的光學特性會隨著季節產生顯著變化。植物物候學就是研究這些與植物生命週期有關的季節性事件發生時間。當葉片老化時，其葉綠素含量會減少，但其他棕色色素仍持續存留，造成可見光的紅色反射率增加，使葉片呈現黃色。另一方面，在生長季結束、葉片老化後，近紅外光反射率會下降。這些反射率變化與葉片的化學結構改變有關，會反映在各種光譜功能與植生指標（vegetation index）。其中用來反映植群綠葉狀態的一個常用指標是常態化差異植生指標（Normalized Difference Vegetation Index，簡稱NDVI；見對頁圖表）。NDVI是由美國太空總署科學家康普頓‧塔克（Compton Tucker）於1979年提出，被廣泛應用在各式各樣的植被遙感探測。

常態化差異植生指標（NDVI）

NDVI用於測量綠葉狀態，以受觀測植被所反射的可見紅光（VIS）與近紅外光（NIR）來計算，與光合作用活動強度有密切關係。

公式：$\dfrac{(NIR - VIS)}{(NIR + VIS)} = NDVI$

NDVI數值會介於–1到+1之間：接近0或負數的數值代表沒有植被的表面（雪、冰、水、岩石、土壤），而接近+1（0.8–0.9）則代表綠葉密度達到最大。下圖是植物從綠葉期到枯黃期的NDVI變化，葉綠素會強力吸收可見紅光，而葉片細胞結構會強力反射近紅外光。最下方的圖，則是顯示落葉樹森林NDVI的季節性改變。

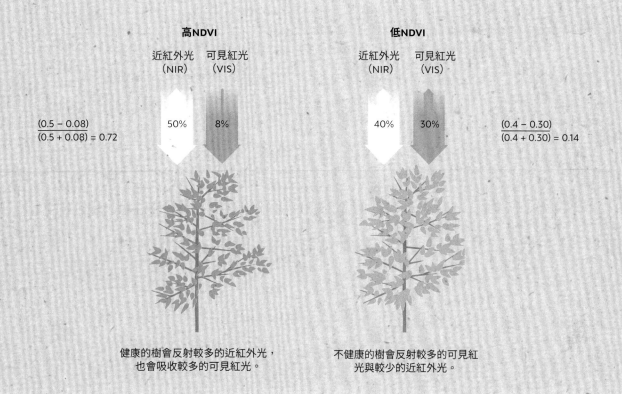

高NDVI

近紅外光（NIR）　可見紅光（VIS）

50%　8%

$\dfrac{(0.5 - 0.08)}{(0.5 + 0.08)} = 0.72$

低NDVI

近紅外光（NIR）　可見紅光（VIS）

40%　30%

$\dfrac{(0.4 - 0.30)}{(0.4 + 0.30)} = 0.14$

健康的樹會反射較多的近紅外光，也會吸收較多的可見紅光。

不健康的樹會反射較多的可見紅光與較少的近紅外光。

季節性的葉量變化

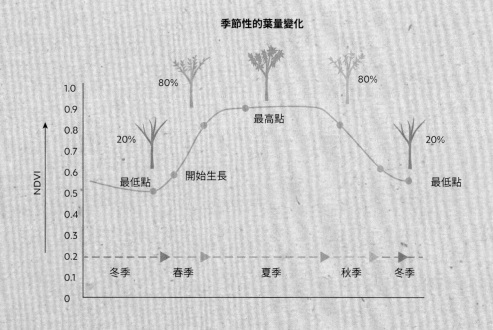

80%　80%

20%　20%

最高點

最低點　開始生長　最低點

NDVI

1.0　0.9　0.8　0.7　0.6　0.5　0.4　0.3　0.2　0.1　0

冬季　春季　夏季　秋季　冬季

美國植被轉綠週期

生長季何時開始？是深具氣候敏感性，且對溫帶地區極為重要
的植被測量指標。下圖顯示美國各地天然植群的平均轉綠日
期。這些日期是計算2000年到2013年的中解析度成像光譜儀
衛星（MODIS）資料而來。春季轉綠時間除了影響生長季的
長度與生產力外，也是氣候暖化的重要指標。

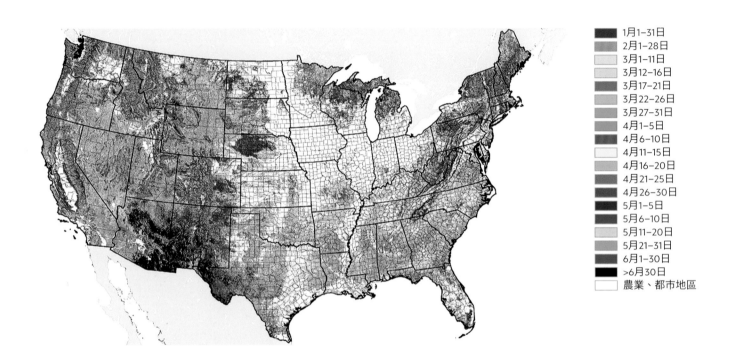

利用NDVI監測植群物候並檢驗生長季是否有變，不僅使我們更加了解植物與環境間的
交互作用，也是全球氣候變遷的有力生物指標。經分析衛星資料後，科學家首度發現，
亞馬遜盆地這片看似沒有季節變化的廣大「常綠」森林，其實有顯著的季節性變化。美
國太空總署MODIS衛星所觀測到的植被總葉面積大幅波動（從長出新葉到開花再到結
果），與乾季期間的光照度增加以及雨季來臨息息相關。不過，植被總葉面積的空間分
布，會隨著不同氣候帶而有所變化。

測量光合作用

光合作用從多變的光子流中汲取光能，再利用這能量來合成碳水化合物，提供植物所有
生理作用的燃料。光合作用與固碳過程的效率高度受控於氣候條件。所有植物必須面對
的挑戰是，依據其所在的時刻、季節與生長地點，調整生理作用來應對自然環境中溫
度、光照與濕度的巨大差異與變動。利用遙感探測來關注植群物候與生命週期，可以幫
助科學家理解光合作用的季節界線。

監測物候事件

非洲在春夏秋冬四季的NDVI圖，展現出非洲各地植被的季
節性（請注意這是北半球的四季區分）。剛果盆地中部熱
帶雨林地區的季節性很低，北部的薩赫爾（Sahel）與南部
的米翁波（Miombo）疏林草原則有著很高的季節性。

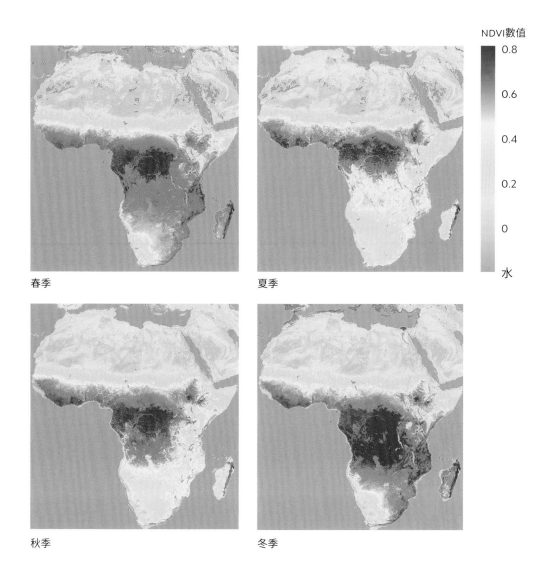

NDVI數值

春季

夏季

秋季

冬季

光合作用或許是地球上最重要的作用，不僅生產食物、纖維、木材、穀物與燃料，也為
地球的生產量設下極限。陸地植物據估每年會生產約一千兩百五十億公噸的乾物質（假
設有45%的碳含量），其中有四分之三歸功於森林與疏林中的木本植物。地球生產限度
的一個指標是淨初級生產量（NPP），其定義是植物的總初級生產量（碳的吸收量）
減掉它們的呼吸量（碳的排放量）。此一計算需要仰賴全球光合作用的精確測量。現在
估算全球植被光合作用與NPP的最常用工具，就是NDVI及其他依賴遙感探測的植生指
標，以及跨尺度的生態模型。

組成：植物功能型與多樣性

生態學家與植物地理學家長久以來都好奇於植物與環境間的關係，並將植物物種依據其功能劃分為不同的功能群。如第四章以及本章所述，植物功能群能表現出植被的結構、生理與物候特性，並且預測特定功能群會如何反應人為影響。自然或人為干擾所造成的植物特性改變，會在不同尺度影響生態系功能，包括生產力與生物地理化學循環。

生態學稱這些功能群為植物功能型（plant functional type，簡稱PFT），與植物的生活型、植群與生存策略等單位一樣，都是分類地位不一定相同的物種集合。決定植物功能型的關鍵特徵並沒有共識，目前大多是依據其應用目的與研究規模而定。儘管如此，還是有一些常用的特徵被用來定義植物功能類型，包括物候（常綠相對於落葉）、生活史（一年生相對於多年生）以及形態特色（葉面積相對於葉質量），或是其他較不明顯的生理特徵，例如是否能固氮及不同光合作用途徑（C3相對於C4植物；見第242-243頁）。遙感探測可以在不同空間尺度取得植被特徵的詳細資訊，提供定義與劃分植物功能型的新方法。

傳統的遙感探測資料，例如利用可見光的陸地衛星與利用微波的雷達，分析後能辨別不同植被類型，以公尺到公里的空間解析度，表現出大範圍的植被分類及變動。遙感探測在不同波長的影像資訊是以像素的方式來呈現，並以監督式（統計分類）或非監督式（分群）方法合併像素。繪製植被圖並不需要深入了解這些不同波長的物理特性，反而是要仰賴測量值與現地植群在空間與時間上的相似處。因此，加入更多資訊可以精進植被分類，分辨出較獨特的植被類型。

現在，監督式與非監督式的分類法，已經利用地形、土壤、地質甚至氣候等額外輔助資料，來精進植被地圖的準確度或植被類別。這麼做是因為陸地衛星資料雖然能辨識水平的植被結構，但卻無法確實區分植物功能型與物種組成。

繪製植被特徵

上圖中的萊格恩山（Lägern mountain）是位於瑞士蘇黎世附近的溫帶混合林生態系。其葉綠素、類胡蘿蔔素（植物色素）與水含量等三種植物生理特徵的空間組成顯示如下圖。此一色彩組合以每一像素為6 x 6公尺的解析度，展現出這三種特徵的相對含量。

類胡蘿蔔素

葉片水含量　　　　　　葉綠素

植被圖繪製的未來

遙感探測的持續發展，使科學家能運用植被反射的額外光譜資料，在不同時空尺度測量具有重要生理功能的植物化合物濃度，並繪製與監測植物功能群分布，提升植被圖的細節與準確度。在現地實驗中，不同樹種在葉、枝與冠層尺度上的光吸收度有明顯差異，這讓科學家可以由光譜的差異來區分不同植物物種。同樣地，從遙感探測所得到的不同植物化學成分濃度（例如氮與葉綠素），通常也會與冠層結構有關，因而能區分功能獨特的物種或植群。這些遙感探測資料所得到的植物特性資訊，不只能精進植被分類，也能協助土地上的水含量、土壤與乾植質等等資訊。空載與衛星的遙感探測，不僅使科學家準確地繪製植物功能型與植群組成，也能以新穎方式來分類全球植被的功能。

近年來，研究人員應用更複雜的統計模型、機器學習演算法與雲端運算技術，整合從不同遙感探測平台所獲得的各類光譜資訊，從而在植被圖中納入植被型態、功能與組成的更多細節。國家與國際機構（例如美國太空總署與歐洲太空總署）所發射的地球觀測系

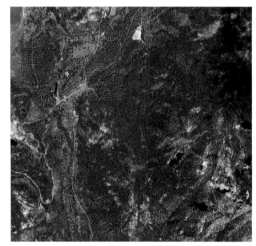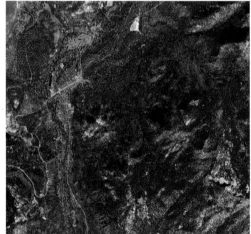

▶ **卡爾多大火（Caldor fire）的火痕**

WorldView-3衛星影像（1.24公尺的解析度）顯示出美國加州卡爾多山區大火發生前後的情況。第二張圖顯現的是燒毀森林面積超過八萬九千公頃的火痕，位置在內華達山脈的埃爾多拉多郡（El Dorado）與阿馬多爾郡（Amador）內。

▶ **卡爾多大火**

這場大火始於2021年8月14日，過了將近兩個月後才遭到抑制。

統，以及民營企業所建造與維護的一系列商業衛星，其所提供的單木層級資訊，已徹底
啟發科學家與決策者來進行各式各樣的應用，包括林業經營與氣候變遷的解決方案。

▲ **進展**
近期出現的超高解析度遙感
探測資料（公分尺度），使
物種層級的樹木結構研究得
以達成。

附　錄

Appendices

詞彙表

非生物因素（abiotic factor）：影響生態系組成、結構與功能的物理環境條件，例如溫度、養分供給與水分可用性。

離層（abscission layer）：形成於葉柄基部的軟木層，會促使樹葉脫落。

異速生長（allometry）：在應用於植物的情況下，是指植物型態之三維結構或建構發展的相關研究，特別是分枝形式與植物部位的大小及排列。

被子植物（angiosperm）：開花植物，其種子由具有保護作用的果實所包覆。（也參見裸子植物。）

負離子（anion）：屬於化學概念，是指帶負電的離子。

花青素（anthocyanin）：一個水溶性植物色素的類別，顏色通常包括紅色、紫色和藍色。

人為的（anthropogenic）：源自人類或人類影響所造成的。

頂端分生組織（apical meristem）：位於莖頂端的未分化組織，會產生植物型態的向外或延伸生長。

菊類植物（asterid）：一個主要的植物類群，構成了約三分之一的開花植物，從茄科植物到烏木都包含在內。

生物地理群落（biogeocoenosis）：在一劃定地區內，與彼此以及環境交互作用的一群生物。

生物量（biomass）：在一體積或地區內，有生命物質與生命衍生物質的重量。

北寒林（boreal forest）：亦稱為泰加林，是北半球最北的森林生物群系。通常在較古老的林分內是由針葉樹佔優勢。

形成層（cambium）：樹幹、樹枝與樹根形成新木材的區域。向內，由形成層增生的木質部朝髓心的方向發展。向外，負責運輸樹液的韌皮部則朝樹皮的方向生長。

冠層（canopy）：森林最上方的部份，包含成熟的樹冠。冠層形成了樹棲動物與特化植物群（例如附生植物或木質藤本植物）的生長地。

胡蘿蔔素（carotene）：一個類胡蘿蔔素的類別，屬於脂溶性色素，顏色通常為黃色和橘色。

類胡蘿蔔素（carotenoid）：一個脂溶性植物色素的類別，包含胡蘿蔔素與葉黃素，顏色通常包括淺黃色、較深的黃色與橘色，但有些類胡蘿蔔素會呈現紅色。

查帕拉爾植被（chaparral vegetation）：容易發生火災的灌木植被，處於美國奧勒岡州南部與加州冬濕夏乾的地中海型氣候下，並延伸至墨西哥的下加利福尼亞州（Baja California）北部。

葉綠素（chlorophyll）：一個綠色植物色素的類別。這類色素是在光合作用中捕捉光能的重要分子。

面量圖繪製（choropleth mapping）：一種製圖技巧，做法是利用地圖上劃定地區內有等級之分的陰影與顏色差異或是符號配置，以表示這些地區內某種特性或數量的平均值。

無性系（clone）：在森林中一系列從根或地下莖萌蘗的莖，因而彼此基因相同。

共演化（coevolution）：一種演化過程，期間兩個物種會相互影響對方的在特徵上（例如防禦、授粉或傳播）的演化。許多共演化的典型例子都與授粉昆蟲以及開花植物有關。

針葉樹（conifer）：結有毬果的植物，在這些毬果內有未受保護的種子。針葉樹隸屬於裸子植物底下的松柏門（Pinophyta），其內包含約615個物種。

趨同演化（convergent evolution）：一種演化過程，期間兩個物種會趨近相同的形態，以承受住不同區域或時期的相似環境限制。

樹冠羞避（crown shyness）：冠層中樹木的排列方式，藉此每棵樹在生長枝條時，會與鄰近樹木保持固定的距離，才不會侵犯到對方的樹冠。

年輪學（dendrochronology）：科學的方法論，會利用木材與樹幹內年輪的特有形式，估算干擾事件、環境變化與考古遺物的日期。

龍腦香科植物（dipterocarp）：龍腦香科的成員，主要可見於舊世界的低地熱帶森林中。世界上某些最高的樹屬於龍腦香科底下的16個屬。

乾降（dry-fall）：物質以灰塵的形態輸入陸地生態系中。（也參見濕降。）

生態系（ecosystem）：在一個由值得關注的時空尺度所劃定的地區內，與彼此以及環境交互作用的一群有機體。

有胚植物（embryophyte）：植物學名稱，用於描述具有專門生殖器官的所有陸地植物。蕨類、木賊類與所有的種子植物都是有胚植物。

伏芽枝（epicormic bud）：沿著樹幹與樹枝生長的芽，會在舊的莖受傷後萌發。

葉附生植物（epiphyll）：在另一個植物的葉表上完成整個生命周期的一種植物。葉附生植物多半屬於非維管束植物，例如苔蘚類（某些不屬於植物界的藻類也會長成葉附生植物）。

附生植物（epiphyte）：在其他植物上完成整個生命周期的一種植物。附生植物會從周遭累積的碎屑取得水和養分資源，也會善加利用高度的光可用性。附生植物不會寄生在支撐其生長的植物上。

蒸發散量（evapotranspiration）：蒸發與蒸散的總水量；前者是指森林地表的蒸發水量，後者是指移動到植物體內、通過植物、接著從植物進入到大氣層中的蒸散水量。

常綠的（evergreen）：描述那些一直都帶有一整簇活葉（綠葉）的植物。常綠植物會在較老的葉子掉落錢長出新葉。

凡波斯植被（fynbos）：容易發生火災的灌木叢林地、林地與小型森林，存在於南非開普敦（Cape）區域的地中海型氣候帶中。

GEDI軌道（GEDI Track）：國際太空站上的GEDI（全球生態系動態調查〔Global Ecosystem Dynamics Investigation〕的簡稱）感測器所收集的整組影像。「軌道」是指隨著時間持續收集的一連串影像。

大氣環流模式（general circulation model，簡稱GCM）：地球大氣環流的數學模型。除了其他的應用外，GCM也用於評估氣候變遷。

地理資訊系統（geographic information system，簡稱GIS）：整合的電腦硬體與軟體，用於記錄、儲存、分析與顯示地理參考資訊。

梯度（gradient）：在生態學中，梯度是指生物因應環境條件的規律變化而產生的分布形式。典型的例子包括植被隨著山岳海拔高度增加而產生的變化。

裸子植物（gymnosperm）：種子裸露的維管束植物。（也參見被子植物。）

習性／生長習性（habit/growth habit）：植物隨著生長而發展形成的樣式。許多木本植物（例如樹木）通常可獨力豎立，且具有單一的莖。但也有例外，包括木質藤本植物。

硬木（hardwood）：被子植物中的一個樹木類群。硬木是林業用語，用來指稱許多被子植物（也就是闊葉樹）物種所具備的強硬堅固木材。（也參見軟木。）

心材（heartwood）：樹幹的核心部分，一般會隨著樹木長出外側的邊材而由最內側的邊材所形成。心材通常顏色較深、密度較高，而且在某些（但並非所有）樹種中較為堅固。

半附生植物（hemiepiphyte）：某些植物會在冠層中展開生命週期（例如附生植物），但接著就會將根往地面送。在這些半附生植物中，有些只是利用這些根攝取水分與養分，但其他的則會慢慢從這些根建構出一個樹幹，就如同纏勒榕的例子所示。

冰河時期（ice age）：數個歷時約一億年的地球表面溫度下降時期，其形成與地球的極地冰蓋有關。過去的兩百五十萬年來，地球一直處於第四紀冰河時期（Quaternary Ice Age），但如今我們已進入較溫暖的間冰期了。

等溫線（isothermal line）：地圖上用來表示相等溫度的線，通常是以明定的平均溫度資料收集程序為基礎。洪保德算計算出一年中每日兩個不同溫度的平均值，以用來估算繪製植被圖所需的等溫線。

矮盤灌叢（krummholz）：krummholz的字面意思是「彎曲變形的樹林」，用來指稱那些能存在於高山林木線上、發育不良又受強風吹襲的低矮植被。

末次冰盛期（Last Glacial Maximum，簡稱LGM）：大約介於三萬三千年前到一萬八千年前之間的一段時期，當時極地冰蓋的擴張範圍達到最大，溫度比今日還要冷上6℃之多。

桂葉（laurophyll）：一種樹葉，特徵為常綠、大小中等、形狀橢圓以及具有全緣（即葉緣沒有鋸齒）；不僅常見於樟科（Laurophyllaceae），其名稱也是依此命名而來。

光達（lidar）：lidar是light detection and ranging（光線偵察與測距）的縮寫；這是一種主動式的光學遙感探測技術，會利用雷射光密集地在目標表面取樣，以產出準確度高的x、y、z測量值——分別代表地點（x、y）與垂直高度（z）。

木質素（lignin）：一種有機聚合物，在木材的細胞壁形成中是不可或缺的要素；對植物體內的水分輸送也很重要，因其驅除水分的特性（疏水性）會防止水分被吸收到細胞壁內。

木質塊莖（lignotuber）：形成大型木質結構的腫脹樹木根冠，通常含有儲存的澱粉以及能在火災後萌發的芽。這是一種能在野火後迅速復原的適應性變化。

馬利桉（mallee）：一種在野火後從木質塊莖形成的植物型態，特徵是高大、多莖。也可用來表示一種由馬利桉型態的植物佔優勢的植被類型。

減數分裂（meiosis）：會產生配子或孢子的細胞分裂形式；每一個配子或孢子的染色體數目是親代植物的一半。

單軸的（monopodial）：就植物而言，單軸是指具有單一垂直樹幹。單軸之所以形成，是因為頂芽持續向上生長，加上側枝的生長均不超過頂芽。

菌根菌（mycorrhiza，複數為mycorrhizae）：與植物根部共生的真菌，通常是以互利共生的形式，但有時也會寄生在植物根部。

底點（nadir）：某一地點正下方的方位。

滲透作用（osmosis）：水溶液經通透膜擴散的物理現象；擴散方向通常會導致該溶液在通透膜的兩邊達到相等。在植物中，水分是靠滲透作用進入到根部內。

沼澤化（paludification）：因蒸發散量與降水量差額減少而導致樹沼、酸沼與其他沼澤形成的過程。北寒林中有許多例子。

孢粉學（palynology）：分析從考古或地質研究場址取得的花粉粒與孢子，藉以判斷植被、植物形式與其他特徵。

寄生生物（parasite）：住在另一個生物體內或身上的生物，藉此方式將對方當成能量、養分與水分來源。

常乾／常濕（perarid/perhumid）：指蒸發散量超過降水量（常乾）或相反情況（常濕）的氣候條件。

多年生長／多年生長的（perennate/perennating）：持續存在超過一個生長季、並且會在未來數年新增的植物組織。

多年生（perennial）：持續存在超過一個生長季的植物。有些多年生植物的壽命短暫，只有兩年到數年的時間。其他的多年生植物則很長壽，通常會存活數十年或更久。

永凍層（permafrost）：常年存在於土壤內的冰層。

酸鹼值（pH）：在化學中，酸鹼值用於測量水溶液或濕潤介質的酸度或鹼度。土壤在酸鹼值低於7時屬於酸性，因為這樣的土壤富含某些養分或碳酸。酸鹼值高於7的土壤則稱為鹼性土。

挺空植物（phanerophyte）：在丹麥植物學家克里斯登·勞恩凱爾（Christen Raunkiær，1860-1938年）的植物生活型分類中，挺空植物指的是生長出芽的枝條位於空中的樹木或灌木。

物候學（phenology）：針對生物隨著時間變化的形態、生理與行為所進行的研究；這些變化不是依據季節就是依據發展階段而發生。

形相（physiognomy）：在生態學中，形相是指以植物功能或外觀為依據的生活型或生長型分類。植物能在分類上關係相當密切，但在形相上卻大不相同——舉例來說，胡椒屬物種中有樹木、灌木與藤蔓生活型。

壁孔導管（pit vessel）：相鄰木質部成分之間的結構，其細胞（壁孔細胞）具有較薄的細胞壁，使木質部成分之間得以交換物質。

出水通氣根（pneumatophore）：能交換物質以及攝取養分與水分的氣根，常見於紅樹林樹種。

羅漢松屬植物（podocarp）：羅漢松屬的樹木或灌木。羅漢松屬植物屬於裸子植物，在南半球發展得特別好。

正反饋迴路（positive feedback loop）：在一個交互作用的系統中，某一單元的改變導致其他單元產生反應，最終造成最初的單元又產生變化，因而形成了一個「迴路」。當變化發生後引發的反應與最初的改變趨勢相同時，此一迴路就具有正反饋。要注意的是，正反饋的正向並不是「有益」的意思。

原始林（primary forest）：這類森林具有大量較古老、成熟的樹木，且幾乎沒有證據顯示經歷過人為變動。

放射性碳定年法（radiocarbon dating）：活組織在其一生中持續累積放射性的碳-14同位素。在此一有機體死後，碳-14原子會慢慢衰變為氮，因此在舊組織中的碳-14濃度能用來測定其起源時間。

分株（ramet）：一株個別的莖，為某一無性系的成員。

生物避難所（refugia）：在古生態學中，指的是處於過去較寒冷氣候中、但仍有利於樹木生長的區域。這類例子包括末次冰盛期期間的美國南部與歐洲南部。

薔薇類植物（rosid）：一個重要的植物類群，構成了約四分之一的開花植物，從紫羅蘭到橡樹皆包含在內。

邊材（sapwood）：邊材位於心材（通常充滿了防腐的化學物質）與樹皮之間，是「功能型」的木材，因為它負責在樹木體內移動水分與溶解的物質（「樹液」）。

疏林草原（savanna）：植被類型，是穩定的禾草與木本植物（樹木與灌木）混合體，存在於降雨型態屬於冬乾／夏濕的亞熱帶到溫帶氣候中。

厚壁組織（sclerenchyma）：具有厚細胞壁的植物組織，通常木質素含量高。厚壁組織的作用是維持植物器官的物理形狀與耐久性。

硬葉植物（sclerophyll）：具有厚實、堅韌、常綠樹葉的樹木與灌木。其硬葉有利於在乾燥環境或乾季中保存水分。

次生林（secondary forest）：在人為或自然干擾後（例如森林清伐或伐木），以自然或人工的方式再生或復原的森林。

次級生長（secondary growth）：植物、樹幹、樹枝與樹根在生長時，以放射狀的形式增生一層層木質部與韌皮部。這樣的生長方式稱為次級生長，與初級生長截然不同，因為後者是指高度上的成長。

種子庫（seed bank）：累積於土壤內或儲存於冠層中的種子。這些種子的休眠期有可能長達數月到數十年，也可能更久。

老化（senescence）：隨著年齡增長而產生的各種生理與形態變化，特別是在趨向自然壽命的終點時。在本書中用於描述個別樹葉的衰老情況。

延遲開裂（serotiny）：當用於描述（裸子植物的）毬果或（被子植物的）果實時，延遲開裂是指兩者保持閉合的狀態，使種子在受到觸發事件（通常是野火）的刺激前，不會從「母體」植物上散播開來。

軟木（softwood）：林業用語，其實就是指針葉樹的木材。此一名稱是出自針葉樹的特性——許多針葉樹都具有較軟的木材，而這類木材不僅容易鋸開，也容易釘釘子。

種化（speciation）：使新物種崛起並變得獨特的演化過程。此一過程包含因生殖隔離（reproductive isolation）所確立的遺傳差異。

林分（stand）：一片特定的森林區域，通常會劃定成圓形、長方形或正方形的土地區塊，並且會在該區塊內對所有樹木進行調查或是進行測量。

氣孔（stoma，複數為stomata）：位於葉片下側的微小開口；葉片與周遭的空氣之間會透過氣孔交換二氧化碳與水蒸氣。

演替（succession）：一個生態系（森林）的物種組成隨著時間而產生的改變形式。初級演替是新基質的一連串改變（例如河裡的沙洲、冷卻的熔岩流）；次級演替則是干擾過後形成於一片現存森林中的變化現象。

共生（symbiosis）：兩個（或更多）物種之間互利的交互作用（例如授粉媒介與花、鳥的攝食與種子的傳播）。

分類群（taxon，複數為taxa）：依生物分類學定義的一個單元或類群（例如科、屬、種）。

管胞（tracheid）：所有的維管束植物都在其木質組織中輸送水分。在裸子植物中，負責傳輸樹液的細胞稱為管胞。

維管束植物（tracheophyte）：包括了蕨類與其親戚、裸子植物以及被子植物。

林木線（treeline）：樹木生長的海拔或緯度極限；高於此一限度樹木便無法生長。儘管樹木也可能受限於其他極端的環境，例如沙漠、沼澤、灌木叢林地、土壤淺薄的荒地與陡峭的懸崖，不過此一用語通常專指寒冷與短暫的生長季所施加的限度。其他限度也有其描述用語：封閉式森林的極限（森林線）與可銷售木材的極限（喬木線）。

營養瀑布（trophic cascade）：在食物網中，一個營養階層的變化導致其他非直接鄰近的營養階層產生改變。其中一個例子是移除掠食動物導致植食動物增加，接著植食動物所食用的植物會出現過度消耗的情形。如此掠食動物影響植物的例子，就是營養瀑布。

熱帶雨林（tropical rain forest）：一年中多半時間降水量都超過蒸發散量的熱帶地區所生長的森林。

液胞（vacuole）：在植物組織中被生物膜所包覆的胞器，內含液體。

維管束植物（vascular plant）：一個大型的陸地植物類群，這些植物具有木質化的組織。石松類、木賊類、蕨類、裸子植物與被子植物皆屬於維管束植物。

濕降（wet-fall）：在降水期間進入到陸地生態系內的物質輸入。

葉黃素（xanthophyll）：一個脂溶性類胡蘿蔔素植物色素的類別。

參考資源

延伸閱讀

通論

Box, Eugene O. "Predicting Physiognomic Vegetation Types with Climatic Variables." *Vegetation* 45 (1981): 127-139.

Box, Eugene O. "Vegetation Analogs and Differences in the Northern and Southern Hemispheres: A Global Comparison." *Plant Ecology* 163 (2002): 139-154.

Wilcox, Miko. *Trees of the World.* New York: Barnes and Noble, 2007.

第一章

Corner, E. J. H. "The Durian Theory or the Origin of the Modern Tree." *Annals of Botany* 13 (1949): 367-414.

Givnish, T. J. "The Adaptive Geometry of Trees Revisited." *American Naturalist* 195 (2020): 935-47.

Hallé, F., R. A. A. Oldeman, and P. B. Tomlinson. *Tropical Trees and Forests: An Architectural Analysis.* Berlin and Heidelberg: Springer-Verlag, 1978.

Horn, H. *The Adaptive Geometry of Trees.* Monographs in Population Biology 3. Princeton, NJ: Princeton University Press, 1971.

Kenrick, P., and P. Davis. *Fossil Plants.* London: Natural History Museum, 2004.

White, P. S. "Corner's Rules in Eastern Deciduous Trees: Allometry and its Implications for the Adaptive Architecture of Trees." Bulletin of the Torrey Botanical Club 110 (1983): 203-12.

Willis, K., and J. McElwain. *The Evolution of Plants.* Oxford: Oxford University Press, 2014.

第二章

Keith, David A., ed. *Australian Vegetation.* 3rd ed. Cambridge: Cambridge University Press, 2017.

Lund, H. G. *2018 Definitions of Forest, Deforestation, Afforestation, and Reforestation.* Gainesville, VA: Forest Information Services, 2018 revision, https://doi.org/10.13140/RG.2.2.31426.48323. Online publication, first published 1998.

Watt, A. S. "Pattern and Process in the Plant Community." *Journal of Ecology* 35 (1947): 1-22.

第三章

Connell, J. H. "Diversity in Tropical Rain Forests and Coral Reefs: High Diversity of Trees and Corals is Maintained Only in a Nonequilibrium State." *Science* 199 (1978): 1302-10.

Sollins, P., C. C. Grier, F. M. McCorison, K. Cromack, Jr., R. Fogel, and R. L. Fredriksen. "The Internal Element Cycles of an Old-Growth Douglas-Fir Ecosystem in Western Oregon." *Ecological Monographs* 50, no. 3 (1980): 261-85.

Walker, J., B. Lees, J. Olley, and C. Thompson. "Dating the Cooloola Coastal Dunes of South-Eastern Queensland, Australia." *Marine Geology* 398 (2018): 73-85, https//doi.org/10.1016/J.margeo.2017.12.010.

第四章

Bouvet, A., S. Mermoz, T. Le Toan et al. "An Above-Ground Biomass Map of African Savannahs and Woodlands at 25 m Resolution Derived from ALOS PALSAR." *Remote Sensing of Environment* 206 (2018): 156-173.

Egerton, F. N. "A History of the Ecological Sciences. Part 32: Humboldt, Nature's Geographer." *Bulletin of the Ecological Society of America* 90, no. 3 (2009): 253-82.

Emanuel, W. R., H. H. Shugart, and M. P. Stevenson. "Climate Change and the Broad-Scale Distribution of Terrestrial Ecosystem Complexes." *Climatic Change* 7, no. 1 (1985): 29-43.

Fiaschi, P., and J. R. Pirani. "Review of Plant Biogeographic Studies in Brazil." *Journal of Systematics and Evolution* 47, no. 5 (2009): 477-96.

Foresman, T. W. *The History of Geographic Information Systems: Perspectives from the Pioneers.* Hoboken, NJ: Prentice Hall, 1998.

Harley, J. B. *The New Nature of Maps: Essays in the History of Cartography.* Baltimore: Johns Hopkins University Press, 2002.

Holdridge, L. R. *Life Zone Ecology.* San José, Costa Rica: Tropical Science Center, 1967.

Humboldt, A. von, and A. Bonpland. *Essay on the Geography of Plants.* Edited by Stephen T. Jackson and translated by Sylvie Romanowski. Chicago: University of Chicago Press, 2009.

Humphries, C. J. "Form, Space and Time; Which Comes First?" *Journal of Biogeography* 27, no. 1 (2000): 11-15.

Iverson, L., A. Prasad, and S. Matthews. "Modeling Potential Climate Change Impacts on the Trees of the Northeastern United States." *Mitigation and Adaptation Strategies for Global Change* 13, no. 5 (2008): 487-516.

Köppen, W. *Das Geographische System der Klimate.* Handbuch der Klimatologie Band I, Teil C. Berlin: Gebrüder Borntraeger, 1936.

Küchler, A. W., and I. S. Zonneveld. *Vegetation Mapping.* Handbook of Vegetation Science 10. Dordrecht: Kluwer Academic Publishers, 1988.

Lomolino, M. V., B. R. Riddle, and J. H. Brown, D. *Biogeography.* 3rd ed. Cary, NC: Sinauer Associates, 2009.

Phaidon editors. *Map: Exploring the World.* London and New York: Phaidon Press, 2015.

Shugart, H. H., and F. I. Woodward. *Global Change and the Terrestrial Biosphere: Achievements and Challenges*. Oxford, Chichester, and Hoboken, NJ: Wiley-Blackwell, 2011.

Westhoff, V., and E. Van Der Maarel. The Braun-Blanquet Approach. In *Classification of Plant Communities*, 287-399. Dordrecht: Springer, 1978.

White, F. *The Vegetation of Africa*. Natural Resources Research 20. Paris: UNESCO, 1983.

Whitmore, T. C., and G. T. Prance. *Biogeography and Quaternary History in Tropical America*. Oxford: Clarendon Press, 1987.

第五章

Adams, J. M., W. A. Green, and Y. Zhang. "Leaf Margins and Temperature in the North American Flora: Recalibrating the Paleoclimatic Thermometer." *Global and Planetary Change* 60 (2008): 523-34.

Gehrig-Fasel, Jacquiline, Antoine Guisan, and Niklas E. Zimmerman. "Evaluation Thermal Treeline Indicators Based on Air and Soil Temperature Using an Air-to-Soil Temperature Transfer Model." *Ecological Modeling* 213 (2008): 345-55.

Givnish, Thomas J., and Ricardo Kriebel. "Causes of Ecological Gradients in Leaf Margin Entirety: Evaluating the Roles of Biomechanics, Hydraulics, Vein Geometry, and Bud Packing." *American Journal of Botany* 104 (2017): 354-366.

Hansson, Amanda, Paul Dargusch, and Jamie Shulmeister. "A Review of Modern Treeline Migration: The Factors Controlling it and the Implications for Carbon Storage." *Journal of Mountain Science* 18, no. 2 (2021): 291-306, https://doi.org/10.1007/s11629-020-6221-1.

Hashim, A. M., and D. B. Shahruzzaman. "Effectiveness of Mangrove Forest as Coastal Protection along the West Coast of Northern Peninsular Malaysia." Paper presented at the International UNIMAS STEM Engineering Conference (EnCon), Kuching, Sarawak, Malaysia, October 2016.

Irl, Severin D. H., F. Anthelm, D. E. V. Harter et al. "Patterns of Island Treeline Elevation—A Global Perspective. *Ecography* 39 (2016): 427-36.

Ricklefs, R. E., and R. E. Latham. "Global Pattern of Diversity in Mangrove Forests." In *Species Diversity in Ecological Communities: Historical and Geographical Perspectives*, edited by R. E. Ricklefs and D. Schluter, 215-29. Chicago: University of Chicago Press, 1993.

Ricklefs, R. E., H. Qian, and P. S. White. "The Region Effect on Mesoscale Plant Species Richness Between Eastern Asia and Eastern North America." *Ecography* 27 (2004): 1-6.

第六章

Corlett R. T., and R. T. Primack. *Tropical Rain Forests: An Ecological and Biogeographical Comparison*. Oxford, Chichester, and Hoboken, NJ: Wiley-Blackwell, 2011.

Ghazoul, J., and D. Sheil. *Tropical Rain Forest Ecology, Diversity, and Conservation*. Oxford: Oxford University Press, 2010.

Mabberley, D. *Tropical Rain Forest Ecology*. Glasgow and London: Blackie & Son, 1983.

Turner, I. M. *The Ecology of Trees in the Tropical Rain Forest*. Cambridge: Cambridge University Press, 2001.

第七章

Ponomarev, E. I., V. I. Kharuk, and K. K. Ranson. "Wildfires Dynamics in Siberian Larch Forests." *Forests* 7 (2016): 125, https://doi.org/10.3390/f7060125.

第八章

Bueno, M. L., K. G. Dexter, R. T. Pennington et al. "The Environmental Triangle of the Cerrado Domain: Ecological Factors Driving Shifts in Tree Species Composition Between Forests and Savannas." *Journal of Ecology* 106, no. 5 (2018): 2109-20, https://doi.org/10.1111/1365-2745.12969.

Sankaran, M., N. P. Hanan, R. J. Scholes et al. "Determinants of Woody Cover in African Savannas." *Nature* 438, no. 7069 (2005): 846-49.

Scholes, R. J., and S.R. Archer. "Tree-Grass Interactions in Savannah." *Annual Review of Ecology and Systematics* 28, no. 1 (1997): 517-44.

Walker, B. H., ed. *Determinants of Tropical Savannas*. Oxford: IRL Press Limited, 1987.

第九章

Allen, R. B., P. J. Bellingham, R. J. Holdaway, and S. K. Wiser. 2013. "New Zealand's Indigenous Forests and Shrublands." In *Ecosystem Services in New Zealand: Conditions and Trends*, edited by J. Dymond, 34-48. Lincoln: Manaaki Whenua Press, 2013.

Baird, J. S. "Temperate Forests of the Southern Hemisphere." *Vegetation* 89 (1990): 7-10.

Bradley, N. L., A. C. Leopold, J. Ross, and W. Huffaker. "Phenological Changes Reflect Climate Change in Wisconsin." *Proceedings of the National Academy of Sciences* 96 (1999): 9701-04.

Haddad, N. M., L. A. Brudvig, J. Clobert et al. "Habitat Fragmentation and its Lasting Impact on Earth's Ecosystems." *Science Advances* 1 (2015): e1500052.

Lechowicz, M. J. "Phenology." In *Encyclopedia of Global Environmental Change*. Vol. 2, *The Earth System: Biological and Ecological Dimensions of Global Environmental Change*, edited by Harold A. Mooney, Josep G. Canadell, and Ted Munn. London: Wiley, 2001.

Noss, R. F., William J. Platt, Bruce A. Sorrie et al. "How Global Biodiversity Hotspots May Go Unrecognized: Lessons from the North American Coastal Plain." *Diversity and Distributions* 21, no. 2 (2015): 236-44, https://doi.org/10.1111/ddi.12278

Peet, Robert K. "Forests and Meadows of the Rocky Mountains." In *North American Vegetation*, 2nd ed., edited by Michael Barbour and William Billings, 75-122. Cambridge: Cambridge University Press, 2000.

Primack, Richard B., and Abraham J. Miller-Rushing. "Uncovering, Collecting, and Analyzing Records to Investigate the Ecological Impacts of Climate Change: A Template from Thoreau's Concord." *BioScience* 62 (2012): 170-81.

Qian, H., R. E. Ricklefs, and P. S. White. "Beta Diversity of Angiosperms in Temperate Floras of Eastern Asia and Eastern North America." *Ecology Letters* 8 (2005): 15-22.

Rosenberg, Kenneth V., Adriaan M. Dokter, Peter J. Blancher et al. "Decline of North American Avifauna." *Science* 366, no. 6461 (2019): 120-24, https://doi.org/10.1126/science.aaw1313.

Whittaker, Robert H. *Vegetation the Great Smoky Mountains*. Ecological Monographs 26. Washington, DC: Ecological Society of America, 1956.

第十章

Büntgen, Ulf, Otmar Urban, Paul J. Krusic et al. "Recent European Drought Extremes Beyond Common Era Background Variability." *Nature Geoscience* 14 (2021): 190-96.

Clarkson, C., Z. Jacobs, B. Marwick et al. "Human Occupation of Northern Australia by 65,000 Years Ago." *Nature* 547 (2017): 306-10.

Jaramillo, Carlos, Milton J. Rueda, and Germán Mora. "Cenozoic Plant Diversity in the Neotropics." *Science* 311, no. 5769 (2006): 1893-96, https://doi.org/10.1126/science.1121380.

Lemmen, C., and Wirtz, K. W. "On the Sensitivity of the Simulated European Neolithic Transition to Climate Extremes." *Journal of Archaeological Science* 51 (2014): 65-72.

第十一章

Cole, K. "Past Rates of Change, Species Richness, and a Model of Vegetational Inertia in the Grand Canyon, Arizona." *American Naturalist* 125 (1985): 289-303.

Ma, J., H. H. Shugart, X. Yan, C. Cao, S. Wu, and J. Fang. "Evaluating Carbon Fluxes of Global Forest Ecosystems by Using an Individual Tree-Based Model FORCCHN." *Science of the Total Environment* 586 (2017): 939-51, http://dx.doi.org/10.1016/j.scitotenv.2017.02.073.

Smith T. M., and H. H. Shugart. "The Potential Response of Global Terrestrial Carbon Storage to a Climate Change." In *Terrestrial Biospheric Carbon Fluxes: Quantification of Sinks and Sources of CO_2*, edited by J. Wisniewski and R. N. Sampson, 629-42. Berlin and Heidelberg: Springer-Science+Business Media, 1993, https://doi.org/10.1007/978-94-011-1982-5_42.

Solomon, A. M., D. C. West, and J. A. Solomon. "Simulating the Role of Climate Change and Species Immigration in Forest Succession." In *Forest Succession: Concepts and Application*, edited by D. C. West, H. H. Shugart, and D.B. Botkin, 154-77. New York: Springer-Verlag, 1981.

第十二章

Arima, E. Y., R. T. Walker, S. G. Perz, and M. Caldas. "Loggers and Forest Fragmentation: Behavioral Models of Road Building in the Amazon Basin." *Annals of the Association of American Geographers* 95 no. 3 (2005): 525-541.

Chapin III, F. S., B. H. Walker, R. J. Hobbs, D. U. Hooper, J. H. Lawton, O. E. Sala, and D. Tilman. "Biotic Control Over the Functioning of Ecosystems." *Science* 277, no. 5325 (1997): 500-504.

Field, C. B., J. T. Ball, and J. A. Berry. "Photosynthesis: Principles and Field Techniques." In *Plant Physiological Ecology* (209-253). Dordrecht: Springer, 2000.

Oldeman, R. A. A. "Dynamics in tropical rain forests." In *Tropical Forests: Botanical Dynamics, Speciation and Diversity*, edited by L. D Holm Nielsen, 3-21. London: Academic Press, 1989.

Russell, E. S. *Form and Function: A Contribution to the History of Animal Morphology*. London: John Murray (1916).

Shugart, H. H., S. Saatchi, and F. G. Hall. "Importance of Structure and its Measurement in Quantifying Function of Forest Ecosystems." *Journal of Geophysical Research: Biogeosciences* 115, no G2 (2010).

Schwartz, M. D. (ed.). *Phenology: An Integrative Environmental Science* (p. 564). Dordrecht: Kluwer Academic Publishers, 2003

Tucker, C. J. "Red and Photographic Infrared Linear Combinations for Monitoring Vegetation." *Remote Sensing of Environment* 8, no. 2 (1979): 127-150.

Williams, M. *Deforesting the Earth*. Chicago: University of Chicago Press, 2010.

網站

美國太空總署地球觀測站的全球地圖與影像
NASA Earth Observatory Global Maps and Images
https://earthobservatory.nasa.gov/global-maps
https://earthobservatory.nasa.gov/images

美國農業部林務署
USDA Forest Service
https://www.fs.usda.gov/

美國農業部林務署的樹木地圖集
USDA Forest Service Tree Atlas
https://www.fs.fed.us/nrs/atlas/tree/

重要森林圖表
Vital Forest Graphics
https://www.grida.no/resources/5130

作者簡介

赫曼‧舒加特（Herman Shugart）

赫曼‧舒加特（別名「漢克」〔Hank〕）是美國維吉尼亞大學（University of Virginia）環境科學系自然史的科克倫榮譽教授，自1971年起持續教授生態學課程，研究與教學領域結合了全球生態學、森林生態學、保育科學，以及人類文化與其環境間的互動。漢克在博士班學生、學士班學生、博士後研究助理及許多同事的協助下，在澳洲、中國、非洲、俄羅斯與北美洲等地進行研究。他發表了487項科學出版物，包括刊登於同儕審查期刊的237篇論文。他也撰寫了十一本書，並參與了八本論文集。其近期的三本著作是關於保育和全球變遷：《地震鳥的名稱由來，以及其他與自然失衡有關的故事》（How the Earthquake Bird got Its Name and Other Tales of an Unbalanced Nature，2004年）、與F‧I‧伍德沃德（F. I. Woodward）合著的《全球變遷與陸地生物圈：成就與挑戰》（Global Change and the Terrestrial Biosphere: Achievements and Challenges，2011年），以及《地球基礎觀念：全球生態變遷與約伯記》（Foundations of the Earth: Global Ecological Change and The Book of Job，2014年）。他在2007年榮獲維吉尼亞大學首屆傑出科學家獎（Distinguished Scientist Award）。此外，他是美國地球物理聯盟（American Geophysical Union）的會士，也是俄羅斯科學院（Russian Academy of Science）的外籍院士。

傑羅姆‧夏夫（Jérôme Chave）

傑羅姆‧夏夫是法國土魯斯演化與生物多樣性研究單位（Evolution and Biological Diversity Research Unit）的主任。在取得統計物理學博士學位與理論生態學博士後研究職位後，傑羅姆受聘於法國國家科學研究中心（CNRS），從事熱帶森林生物多樣性與生態系推動力的研究。他在土魯斯的研究團隊結合了田野研究、分子生物學、遙感探測與數學建模，藉以探索生態群落中的物種共存機制，並揭開熱帶森林迷人的複雜性。傑羅姆在一般科學期刊（如《自然》、《科學》、《美國國家科學院院刊》〔PNAS〕）、生態學期刊（如《美國博物學家》〔American Naturalist〕、《生態學》、《生態學期刊》、《北歐生態學會期刊》〔Oikos〕）與涵蓋植物科學的期刊（如《美國植物學期刊》〔American Journal of Botany〕、《新植物學家》〔New Phytologist〕）中，與他人合著了超過200篇論文。

薩桑‧薩奇（Sassan Saatchi）

薩桑‧薩奇是美國加州理工學院（California Institute of Technology）噴射推進實驗室（Jet Propulsion Laboratory）碳循環與生態系小組的首席科學家。在取得電子物理學博士學位與美國太空總署戈達德太空飛行中心（NASA Goddard Space Flight Centre）水圈實驗室（Hydrosphere Laboratory）的博士後研究職位後，薩桑加入噴射推進實驗室的雷達科學與工程部門。其後，他以資深科學家的身分加入碳循環與生態系小組，並打造自己的研究團隊，專注於研究全球碳循環以及氣候與人為干擾對森林碳動態變化的衝擊。他的研究團隊結合了森林結構與覆蓋的衛星與空載資料，以及實地測量與數學建模，藉以監測森林的碳通量。薩桑與他人合著了超過250項出版物，刊登於同儕審查與高影響力的期刊（如《自然》、《科學》、《美國國家科學院院刊》）、遙測期刊（如《電氣電子工程師學會期刊》〔IEEE〕、《地球科技與遙感學報》〔TGARS〕、《環境遙感》〔Remote Sensing of Environment〕），以及涵蓋生物地球科學的期刊（如《全球變遷生物學》〔Global Change Biology〕、《美國地球物理聯盟生物地球科學》〔AGU Biogeosciences〕、《歐洲地球科學聯盟生物地球科學》〔EGU Biogeosciences〕、《生態學應用》〔Ecological Applications〕）。

彼得·懷特（Peter White）

彼得·懷特在美國北卡羅萊納大學（University of North Carolina）擔任了34年的生物學教授，以及北卡羅萊納植物園（North Carolina Botanical Garden，隸屬於該校）的園長，並於2020年退休。在那之前，他以研究生物學家的身分，在大煙山國家公園進行了八年的研究工作。彼得和他的學生及共同研究者廣泛從事生態學與保育生態學的研究，包括發表有關干擾生態學、生物多樣性形式、入侵種、生態復育與環境倫理的出版物。他是全分類群生物多樣性清單（All Taxa Biodiversity Inventory）的計畫領導人，致力於發掘與記錄大煙山國家公園的所有活物種。而他在北卡羅萊納植物園的工作成果，也為其他投入保育的植物園樹立了典範。彼得發表了超過150篇論文，除了收錄在書籍中，也刊登於下列期刊中：《生態學》、《生態學應用》、《生態學期刊》、《植被科學期刊》（Journal of Vegetation Science）、《應用植被科學》（Applied Vegetation Science）、《保育生物學》（Conservation Biology）、《生物保育》（Biological Conservation）、《美國植物學期刊》（American Journal of Botany）、《新植物學家》（New Phytologist）、《復育生態學》（Restoration Ecology）、《地景生態學》（Landscape Ecology）、《生態地理學》（Ecography）、《生態學快報》（Ecology Letters）、《生物地理學期刊》（Journal of Biogeography）、《PLOS生物學》（PLOS Biology）、《生物科學》（Bioscience）、《美國博物學家》。

作者致謝

赫曼·舒加特要感謝美國國家科學基金會（NSF）的資助，以及美國太空總署的持續支援，特別是在這項企畫期間的補助（案號NHH16DA001N-ESUSPI）。他也要感謝卡洛琳·厄爾（Caroline Earle）與蘇西·貝利（Susi Bailey）在這本書著作期間的協助、耐心與專業——沒有你們，我們就無法做到。

傑羅姆·夏夫由衷感謝法國國家研究總署（Agence Nationale de la Recherche）（Bridge、Secil、Alt計畫）、法國未來投資計畫（Programme Investissement d'Avenir）（補助案號CEBA，ANR-10-LABX-25-01；TULIP，ANR-10-LABX-0041；ANAEE-France，ANR-11-INBS-0001）、歐洲太空總署（European Space Agency）以及法國國家太空研究中心（CNES）的資助。他也十分感謝十魯斯與法屬圭亞那的長期共同研究者。

薩桑·薩奇要感謝美國太空總署陸域生態計畫（Terrestrial Ecology program）與碳循環計畫多年來的持續資助與支援，也要感謝噴射推進實驗室與世界各地的同事，與他共同研究新的森林監測技術。另外，他也非常感謝蕾拉·法賈米（Leila Farjami）在這項企畫期間給予的編輯建議，以及身為伴侶所能冀望的最誠摯支持。

彼得·懷特要感謝同事與共同研究者針對全球植被性質進行引人入勝的討論，特別是蘇珊·布拉頓（Susan Bratton）、瑞克·巴辛（Rick Busing）、貝弗利·柯林斯（Beverly Collins）、傑森·弗里德利（Jason Fridley）、馬克·哈蒙（Mark Harmon）、安克·延奇（Anke Jentsch）、傑夫·尼可拉（Jeff Nekola）、麥克·帕爾默（Mike Palmer）、巴布·皮特（Bob Peet）、錢紘、茱莉·塔特爾（Julie Tuttle）、迪恩·厄本（Dean Urban）、艾倫·威克利（Alan Weakley）、湯姆·溫特沃斯（Tom Wentworth）與蘇珊·懷澤（Susan Wiser）。

索引

圖片來源

以下頁數的圖片是由保羅・奧克利（Paul Oakley）所繪製：19、20、21、25、29下圖、39、41、42、49、52-3（樹木的圖解）、57、58、63、69、73下圖、89、93、96、97、101、103、105下圖、108-109、123下圖、127、134下圖、142-3、167左圖、171中圖、171下圖、180、188、193下圖、197、203下圖、205、210、219下圖、221上圖、227、228、237下圖、240、243、249、255上圖、266、270、288、291上圖、279下圖、307下圖、309、311下圖、312、315下圖、317、327下圖、331、346下圖、347、353、355、366上圖和下圖、379。

出版社要感謝下列圖片來源的許可，使其得以重製受版權保護之材料，並在插圖中使用參考資料。出版社已盡各種合理努力聯絡版權持有者及取得其許可，以使用受版權保護之材料。若有任何錯誤或遺漏，出版社在此鄭重致歉，並會在將來再版時虛心納入更正內容。

58　修改自Forest Cover and Definition graphic: https://www.grida.no/resources/5125（製圖者為菲利普・雷卡切維奇〔Philippe Rekacewicz〕，協助製圖者為瑟西兒・馬林〔Cecile Marin〕、艾格妮絲・史提恩〔Agnes Stienne〕、朱利歐・弗里傑里〔Guilio Frigieri〕、黎卡多・普拉維托尼〔Riccardo Pravettoni〕、蘿拉・瑪格利特〔Laura Margueritte〕與瑪莉詠・勒柯吉耶〔Marion Lecoquerire〕）。

69　修改自Fig 1 in Urban, Dean. "On Scale and Pattern." *Bulletin of the Ecological Society of America* 95, Issue 2 (2014): 124-125. DOI: 10.1890/0012-9623-95.2.26.

108-109　修改自Walker, J., B. Lees, J. Olley, and C. Thompson. "Dating the Cooloola Coastal Dunes of South-Eastern Queensland, Australia." *Marine Geology* 398 (2018): 73-85, https//doi.org/10.1016/J.margeo.2017.12.010.

129　© Copyright European Union, 2000. Licensed under Creative Commons CC BY 4.0. Creative Commons — Attribution 4.0 International — CC BY 4.0. Figure 2 in: Philippe Mayaux, Etienne Bartholome, Steffen Fritz and Alan Belward "A new land-cover map of Africa for the year 2000", Journal of Biogeography, 31 (2004): 861-877 https://doi. org/10.1111/j.1365-2699.2004.01073.x.（由歐盟聯合研究中心〔European Commission Joint Research Centre〕於2003年首次出版。）

134上圖　Fig 2 World Map of the Holdridge Classification Base reprinted by permission from Springer Nature Customer Service Centre GmbH from Emanuel, W. R., H. H. Shugart, and M. P. Stevenson. "Climate Change and the Broad-Scale Distribution of Terrestrial Ecosystem Complexes." *Climatic Change* 7, no. 1 (1985): 29-43.

142-3、228　修改自https://www.grida.no/resources/5086. 製圖者為菲利普・雷卡切維奇，協助製圖者為瑟西兒・馬林、艾格妮絲・史提恩、朱利歐・弗里傑里、黎卡多・普拉維托尼、蘿拉・瑪格利特與瑪莉詠・勒柯吉耶。

205　修改自Philip G. Curtis et al. "Classifying Drivers of Global Forest Loss." Science 361 (2018): 1108-1111, https://www.science.org/doi/10.1126/science.aau3445.

221上圖　修改自"Ecological Succession and Community Dynamics" by H.H. Shugart (2012).

223　Fig 1 and Fig 2 from Ponomarev, E. I., V. I. Kharuk, and K. K. Ranson. "Wildfires Dynamics in Siberian Larch Forests." *Forests* 7 (2016): 125, https://doi.org/10.3390/f7060125.

227　修改自Kraxner F., Schepaschenko D., Fuss S., Lunnan A., Kindermann G., Aoki K., Duerauer M., Shvidenko A., See L. "Mapping certified forests for sustainable management—a global tool for information improvement through participatory and collaborative mapping." *Forest Policy and Economics* 83 (2017) 10-18. 國際應用系統分析研究所（International Institute for Applied Systems Analysis〔IIASA〕，www.iiasa.ac.at）。國際北寒林研究協會（International Boreal Forest Research Association〔IBFRA〕，www.ibfra.org）。

297下圖　修改自Curtis, J. T,. "The modification of midlatitude grasslands and forests by man." In W. L. Thomas, Jr., ed., *Man's Role in Changing the Face of the Earth*. University of Chicago Press (1956).

309　修改自Fig 4 in Büntgen, Ulf, Otmar Urban, Paul J. Krusic et al. "Recent European Drought Extremes Beyond Common Era Background Variability." *Nature Geoscience* 14 (2021): 190-96.

311下圖　修改自Fig 1 in Davis, Margaret B., et al. "Range Shifts and Adaptive Responses to Quaternary Climate Change." *Science* 292, 673 (2001); DOI: 10.1126/science.292.5517.673.

315下圖　修改自Fig 1 in Jaramillo, Carlos, Milton J. Rueda, and Germán Mora. "Cenozoic Plant Diversity in the Neotropics." *Science* 311, no. 5769 (2006): 1893-96, https:// doi.org/10.1126/science.1121380.

327下圖　修改自Fig 1 in Ogden, John, Les Basher, and Matt McGlone. "Botanical Briefing: Fire, Forest Regeneration and Links with Early Human Habitation: Evidence from New Zealand." *Annals of Botany* 81 (1998): 687-696.

336　Fig 1.5 from IPCC, 2014: Topic 1 - Observed Changes and Their Causes. In: Climate Change 2014: Synthesis Report. Contribution of Working Groups I, II and III to the Fifth Assessment Report of the Intergovernmental Panel on Climate Change [Core Writing Team, R.K. Pachauri and L.A. Meyer (eds.)]. IPCC, Geneva, Switzerland, 151 pp.

344　Map by Tom Smith and Herman Shugart. Reprinted by permission from Springer Nature Customer Service Centre GmbH from Smith T. M., and H. H. Shugart. "The Potential Response of Global Terrestrial Carbon Storage to a Climate Change." *In Terrestrial Biospheric Carbon Fluxes: Quantification of Sinks and Sources of CO2*, edited by J. Wisniewski and R. N. Sampson, 629-42. Berlin and Heidelberg: Springer-Science+Business Media, 1993, https://doi.org/10.1007/978-94-011-1982-5_42.

346下圖　修改自Fig 1 in Cole, K. "Past Rates of Change, Species Richness, and a Model of Vegetational Inertia in the Grand Canyon, Arizona." *American Naturalist* 125 (1985): 289-303.

357　Fig 7 from Shugart, H.H., Foster, A., Wang, B. et al. "Gap models across micro- to mega-scales of time and space: examples of Tansley's ecosystem concept." *Forest Ecosystems*. 7, 14 (2020). https://doi.org/10.1186/s40663-020-00225-4 (Creative Commons CC BY-SA 4.0).

375下圖　Fig 1 from Burt, Andrew, Mathias Disney, and Kim Calders. "Extracting individual trees from lidar point clouds using treeseg." *Methods in Ecology and Evolution* 10, Issue 3 (2018): 438-445. DOI: 10.1111/2041-210X.13121. Creative Commons CC BY-SA 4.0.

Adobe Stock圖庫/Atelopus: 165上圖; / beres: 277; /COATESY: 287右圖; /Luciano Queiroz: 254左圖; /Pellinni: 74; /Sergey Belov: 214; / Uwe Bergwitz: 193上圖.

Alamy Photo Library圖庫/agefotostock: 337; /Ainars Aunins: 297上圖; / AlamyBest: 308上圖; /Antiqua Print Gallery: 119; / Artem Firsov: 282; / Ashley Cooper pics: 221右下圖; /Atmotu Image: 110-11; /Bill Gozansky: 346右上圖; /BIOSPHOTO: 221左下圖; /Bob Gibbons: 149右下圖, 341上圖; /Bruce Montagne/Dembinsky Photo Associates: 157; /Christoph Lischetzki: 195下圖; / Cícero Castro: 11; /Danita Delimont: 274; /David Lyons: 303; /David Tipling Photo Library: 334; /Dinodia Photos: 359; / Ernie Janes, agefotostock: 323; /Everett Collection Historical: 364; / Florilegius: 179; /George Blonsky: 222; / Gina Rodgers: 176; /Granger Historical Picture Archive: 365; /gravure française: 40左圖和右圖; / Hemis: 51右圖, 348; /H Lansdown: 200; /imageBROKER: 151下圖, 186, /Hans Blossey 304-5; /Image Professionals GmbH: 216; /Heritage Image Partnership Ltd: 320; /Ingo Oeland: 241左圖; /Juan Vilata: 149左下圖; /KGPA Ltd: 203上圖; /Margaret Burlingham: 289; / MARIUSZ PRUSACZYK: 238-9; /Mark Conlin: 278; /Martin Harvey 183, 184-5; / mauritius images GmbH: 169; /Michael Diggin: 161; /Mikko Mattila: 70下圖; /Minden Pictures: 167右圖, 196; /Morgan Trimble: 268-9; /Morley Read: 123上圖; /NASA/ Dembinsky Photo Associates: 107; /NNStock: 165下圖; /Padi Prints/Troy TV Stock: 217下圖; /Penny Tweedie: 252, 316; / Photoshot: 75右圖; /RealyEasyStar/Maurizio Sartoretto: 301上圖; /REUTERS: 384下圖; /Rick & Nora Bowers: 346左上圖; /Robert McGouey/Landscape: 225; /Roksana Bashyrova: 78-9; / Ross Frid: 70上圖; /RWI Fine Art Photography: 138; /Science History Images: 117上圖; /Stocktrek Images, Inc.: 32; /Tatiana Kornylyeva: 54-5; /The Print Collector: 56, 322; /Stephen Barnes/Plants and Gardens: 104; /Vsevolod Belousov: 307上圖; /Wolfgang Kaehler: 217上圖; /Yogi Black: 113下圖.

生物多樣性歷史文獻圖書館（Biodiversity Heritage Library）/The Peter H. Raven Library: 117下圖.

克里斯多福・J・厄爾裸子植物資料庫（Christopher J. Earle, Gymnosperm Database, www.conifers.org）73上圖.

澳洲聯邦科學暨工業研究院（CSIRO）59左上圖; /Gregory Heath 59右上圖.

Dreamstime圖庫/Adib Said : 14-15; /Alisali 16; /Chrisdunham: 244; /Artushfoto: 250; /Günter Albers: 12-13; /Gunter Nuyts: 189下圖; /Henrimartin: 327上圖; /Ivan Vander Biesen: 301下圖; /Jarmo Piironen: 208-9, 219中上圖; /Jeff Colburn 18上圖; / Jerry Whaley: 102上圖; /Jesse Kraft 18下圖; /Jezbennett: 251; / Joye Ardyn Durham: 162; / Katarzyna Druzbiak: 174-5; /Kim Hammar: 23; /Marcel Miz: 126下圖; / Massimilianofinzi: 313; /Maura Reap: 149中下圖; /Max5128: 211下圖; / Michal Bednarek: 259; /Minnystock: 219左上圖; /Mohan Kumar: 245; /Natalia Volkova: 219右上圖; /Nflane: 293中圖; /Norbert Dr. Lange: 106; / (null) (null): 281; /Perambulator: 144; /PeterPike: 88; / Ratowniczy: 27; /Rimidolove: 80-1; /Showface: 84右圖; /Stefan Schug: 215; /Stephan Pietzko: 231; /Steven Frame: 173; / Torsten Winter: 302; /Viktor Nikitin: 212; /Xue Chen: 290; / Yywcn7: 325下圖.

Flickr圖庫/Biodiversity Heritage Library 30下圖, 31; /British Library: 114; /lojjic: 159下圖; /NASA on The Commons: 371右下圖; / State Records of South Australia: 121中圖和下圖; /Tatters: 77右上圖.

美國森林史學會（Forest History Society）389.

Getty Images圖庫/Ed Sloane/World Surf League 17.

哈佛森林典藏（Harvard Forest Archives）/Author - John Green: 339（全）.

赫曼・舒加特（H.H. Shugart）59右中圖, 59左下圖, 59右下圖, 62, 130.

iStock圖庫/epantha: 354; /GracedByTheLight: 285上圖; / guenterguni: 360-1; /Leandro A. Luciano: 68; /lindsay_ imagery: 332-3; /Smileus: 10; / xingmin07: 126上圖.

美國國會圖書館（Library of Congress）/Detroit Publishing Company photograph collection: 94; Prints and Photographs Division: 300.

美國太空總署地球觀測站（NASA Earth Observatory）234; /Lauren Dauphin: 372（全）, 373（全）, 377（全）.

Nature in Stock圖庫/Chris & Tilde Stuart/FLPA: 149左上圖; / Jogchum Reitsma: 91; /Mark Moffett/Minden Pictures: 95, 207; /Parameswaran Pillai Karunakara/FLPA: 100; /Paul Oostveen: 66-7; /Roger Tidman/ FLPA: 189上圖; Tim Zurowski/ BIA/Minden Pictures: 168.

Nature Picture Library圖庫/Jussi Murtosaari: 90.

彼得・M・布朗，洛磯山脈年輪研究（Peter M. Brown, Rocky Mountain Tree-Ring Research）294右圖.

薩桑・薩奇，美國太空總署（Sassan Saatchi, NASA）/噴射推進實驗室（Jet Propulsion Laboratory）50, 52-3（地圖）, 370-1, 381（全）, 384左上圖和右上圖.

Shutterstock圖庫/Abdenour A: 85右圖; /Abidali manningal: 199; / Agami Photo Agency: 299; /Ahmadrifan95: 43右下圖; / Ajay Choudry: 375上圖; /Aleksandra Wilert: 257左下圖; /Alta Oosthuizen: 258; / Anneye_Imaging: 163; /A.PAES.: 255左下圖; / ArCaLu: 242上圖; / Arnain: 4-5; /Arturo Larrahondo: 187; /ASC Photography: 98; / balounm: 35右圖; / bcostelloe: 264; /Bob Coffen: 294左圖; /Branislav Cerven: 226下圖; /Bridget Moyer: 71左圖; /Cacio Murilo: 206; / Catmando: 33上圖, 34左上圖, 34右上圖, 37圖C-E; /CharlotteLouiseB: 262; /Creative Travel Projects: 342-3,362-3; /Cristian Gusa: 177上圖; /Damon Shaw: 293上圖; / Daniel Dat: 195上圖; /David Boutin: 233; /Dennis van de Water: 146; /Dewald Kirsten: 257右中圖, 260-1; /Dmitriy Kandinskiy: 224; /Dominic Gentilcore PhD: 159上圖; /Dragan Jovanovic: 34下圖; /Dr Morley Read: 201; /dugdax: 271; /Elisevonwinkle: 241右圖; /Erlo Brown: 149右上圖; /Everett Collection: 60, 328, 368; /evgenii mitroshin: 230; /Ewa Studio: 280; / Fabi Mingrino: 51左圖; /ForestSeasons: 71右圖; /Framalicious: 6-7; /Gaby a: 151上圖; /Kostiantyn Ivanyshen: 33下圖; /Kristian Bell: 253; / Kurit afshen: 61右上圖; /Leon_14: 358; /LHBLLC: 298; /Liliia Hryshchenko: 37圖F; /Lillian Tveit: 284; /Linda Armstrong: 293下圖; /Maksim Safaniuk: 61右下圖; /mart: 37圖A; /Martin Mecnarowski: 341下圖; /Marzolino: 113上圖; /Matt Gibson: 61左上圖; /Matt Gush : 321; /Michelle Nyss: 102下圖; /Mike Ver Sprill: 26; /Mny-Jhee: 2; /M. Rinandar Tasya tayaphotolab: 242中圖; /Nattapon Ponbumrungwong: 171上圖; /Nature Capture Realfoto: 147; /Norm Lane: 229; /Oleg Senkov: 273; / Okyela: 137; /Ondrej Prosicky: 315上圖; /optimarc: 43左下圖; / Paul Feikema: 153; /Peter Gudella: 22上圖; /Peter van Haastrecht: 314上圖; /Petr Bonek: 140-1; /Pongpawan Sethanant: 64; / Potapov Alexander: 37圖G; /Ragulina: 246-7; /Ralf Broskvar: 158; /Rich Carey: 191; /riekephotos: 324; /Robert Mutch: 105上圖; /Roger William: 319下圖; /Sam Rino: 65; /Serg Zastavkin: 155上圖; /Sergey Kohl: 121上圖; /Shey_of_Wander: 386-7; /Simon Dannhauer: 267; /Smileus: 349; / Songquan Deng: 47; / Sorang: 155下圖; /spline_x: 30中圖, 37圖B; /sruilk ID: 311上圖; /Stefano Termanini: 286-7; /Stephen Bridger: 172; /Stereo Lights: 211上圖; /steve estvanik: 85左圖; /structuresxx: 385; /Sun_Shine: 265; /SylvainB: 190; /Tamara Kulikova: 87; /Tarcisio Schnaide: 204; /tayaphotolab: 242下圖; /tczambezi: 257左上圖; / ted.ns.: 235; /Teo Tarras: 330; /Thorsten Schier: 318; /Thye-Wee Gn: 276; /travellight: 325上圖; /TTphoto: 160, 226上圖; /Uwe Bergwitz: 255右下圖; /Vahan Abrahamyan: 28; /WildMedia: 61左下圖; /Wirestock Creators: 29上圖; / Wojciech Woszczyk: 43上圖; / worldclassphoto: 350-1; /Worraket: 38; / YegoroV: 166; /Yuriy Kulik: 83; /Zaruba Ondrej: 44-5.

蘇黎世大學（University of Zurich）/Fabian Schneider: 383下圖.

美國農業部森林局（USDA Forest Service）: 139（全）from Peters, M.P., Prasad, A.M., Matthews, S.N., & Iverson, L.R. 2020. Climate change tree atlas, Version 4. U.S. Forest Service, Northern Research Station and Northern Institute of Applied Climate Science, Delaware, OH. https://www.nrs.fs.fed.us/ atlas.

美國農業部南方研究站（U.S. Forest Service Southern Research Station）/NASA-Stennis ForWarn team: 380.

美國地質調查局（U.S. Geological Survey）178.

維亞切斯拉夫・科拉克（Viacheslav Kharuk）237上圖.

倫敦衛爾康博物館（Wellcome Collection）116, 124, 343.

維基共享資源（Wikimedia Commons）/Andreza Oliveira Borges: 254右圖; /Aymatth2: 182; /Badener: 383上圖; /Cgoodwin: 77左上圖; / ChandraGiri by permission of Giri, C., Z. Zhu, L.L. Tieszen, A. Singh, S. Gillette and J.A. Kelmelis. 2008. Mangrove forest distribution and dynamics (1975-2005) of the tsunami-affected region of Asia. Journal of Biogeography 35: 519-528. (adapted by Paul Oakley): 171下圖; /CoolKoon (adapted by Paul Oakley): 103; /Detlef Gronenborn, Barbara Horejs, Börner, Ober adapted by Paul Oakley: 319上圖; / Malene Thyssen (adapted by Paul Oakley): 164; /Mark Marathon: 59中下圖; /Maximilian Dörrbecker (Chumwa) ,adapted by Paul Oakley: 317; /NASA Worldview: 152; / Nossedotti (Anderson Brito): 255中下圖; /Owengaffney. Source: International Geosphere-Biosphere Programme (IGBP) synthesis: Global Change and the Earth System, Steffen et al 2004 (adapted by Paul Oakley): 203下圖; /Peter Halasz (adapted by Paul Oakley): 133; /PhnomPencil (adapted by Paul Oakley): 335; /Poyt448 Peter Woodard: 77左下圖, 77右下圖; / Rpildes: 125; / Terpsichores (adapted by Paul Oakley): 240, 255上圖, 270; /Tomas Sobek: 35左圖; /Vincent van Zeijst: 261.

維基百科（WikiPedia）/Adam Peterson (adapted by Paul Oakley): 134下圖; /Kieran Hunt: 86; /Mark Marathon (adapted by Paul Oakley): 180, 188.